Richard P. Feynman
Es ist so einfach

Richard P. Feynman

Es ist so einfach

Vom Vergnügen, Dinge zu entdecken

Herausgegeben
von Jeffrey Robbins

Mit einem Vorwort
von Freeman J. Dyson

Aus dem Amerikanischen
von Inge Leipold

Piper
München Zürich

Die Originalausgabe erschien 1999 unter dem
Titel »The Pleasure of Finding Things Out«
bei Helix Books / Perseus Books, Cambridge, Massachusetts.

Hinweis zur deutschen Ausgabe
Gegenüber der amerikanischen Originalausgabe wurde
die deutsche Ausgabe um drei Kapitel gekürzt. Es handelt
sich um die Kapitel 6, 7 und 11 der Originalausgabe.
Sie finden sich in dem Band
»Kümmert Sie, was andere Leute denken?«
(Piper, München 1991) auf den
Seiten 233–242, 213–231 und 52–57.

ISBN 3-492-04251-1
© 1999 by Carl Feynman and Michelle Feynman
© 1999 by Jeffrey Robbins (Einleitung des Herausgebers,
Einleitungen zu den Kapiteln, Fußnoten)
Deutsche Ausgabe:
© Piper Verlag GmbH, München 2001
Gesetzt aus der Baskerville
Satz: Satz für Satz. B. Reischmann, Leutkirch
Druck und Bindung: Ebner Ulm
Printed in Germany

INHALT

Fast ein Idol

»Mehr als jemanden sonst habe ich diesen Menschen nahezu abgöttisch geliebt«, schrieb der Elisabethanische Dramatiker Ben Jonson. »Dieser Mensch« war Jonsons Freund und Lehrer William Shakespeare. Beide waren sie erfolgreiche Dramatiker – Jonson: gebildet und gelehrt, Shakespeare: draufgängerisch und genial. Eifersucht aufeinander war den beiden fremd. Als Jonson zu schreiben begann, wurden die Stücke des neun Jahre älteren Shakespeare bereits mit großem Erfolg auf den Londoner Bühnen aufgeführt. Er war, wie Jonson einmal sagte, »ehrlich und hatte ein offenes und freimütiges Wesen« und half seinem jüngeren Freund mit Rat und Tat. Wohl am wichtigsten war, daß er eine der Hauptrollen in Jonsons erstem Stück, *Every Man in His Humour** übernahm, das 1598 uraufgeführt und ein durchschlagender Erfolg wurde. Es markierte den Beginn von Jonsons Karriere; er war damals fünfundzwanzig, sein Freund vierunddreißig. In der Folgezeit schrieb Jonson weiterhin Gedichte und Dramen; viele seiner Theaterstücke wurden von Shakespeares Truppe aufgeführt. Als Dichter und Gelehrter erlangte Jonson eigenständig Ruhm, und nach seinem Tod ehrte man ihn mit einem Begräbnis in der Westminster Abbey. Doch nie vergaß er, was er seinem alten Freund verdankte. Als Shakespeare starb, verfaßte Jonson das Gedicht *To the Memory of*

---

* *Jedermann hat seine Schwächen.*

My Beloved Master William Shakespeare*; einige Zeilen erlangten
Berühmtheit:

»Nicht unsrer Zeit gehört' er an, war über aller Zeit.«

»Kaum kanntest du Latein noch weniger das Griechisch,
So daß, zu ehren dich, nach Namen ich nicht suche.
Aufrufe vielmehr jene Wortgewaltigen: den Aischylos
Euripides und Sophokles ...
Zu neuem Leben, daß dein' Kothurn sie stampfen hören.«

»War doch Natur selbst stolz auf seine Werke,
Und schwelgte im Gewande seiner Zeilen ...
Doch schenkt Natur nicht alles: Deiner Kunst,
mein holder Shakespeare, gebührt der gleiche Ruhm.
Mag die Natur auch Stoff dem Dichter sein,
Sein' Kunst verleiht ihr Form; er wirket dann
im Schweiße dieser Last die lebensvollen Worte ...
Wohl wahr: ein guter Dichter schafft sich selbst,
In gleichem Maß, wie er geboren wird.«

Was haben Jonson und Shakespeare mit Richard Feynman zu tun?
Ganz einfach – wie Jonson kann ich sagen: »Mehr als jemanden
sonst habe ich diesen Menschen nahezu abgöttisch geliebt.« Vom
Schicksal war mir das ungeheure Glück beschieden, Feynman als
Lehrer zu haben. Als ich, der gebildete, gelehrte Student, 1947
aus England an die Cornell University kam, war ich vom ersten
Augenblick an von der ungestümen Genialität Feynmans hinge-
rissen. In jugendlicher Überheblichkeit kam ich zu dem Schluß,
ich könnte für Feynman das sein, was Jonson einst für Shakespeare war. Zwar hatte ich nicht damit gerechnet, ausgerechnet in

---

* *Zum Gedenken an meinen geliebten Lehrer William Shakespeare.*

Amerika Shakespeare zu begegnen, doch als ich ihn sah, fiel es mir nicht weiter schwer, ihn zu erkennen.

Ehe ich Feynman kennenlernte, hatte ich bereits eine Reihe mathematischer Abhandlungen voll raffinierter Gedankenspielereien veröffentlicht, die jedoch ohne jegliche Bedeutung waren. Als ich dann Feynman begegnete, war mir schlagartig klar, ich war in eine andere Welt eingetreten. Ihm lag nichts daran, hübsche Traktate zu veröffentlichen. Er rang, angespannter als ich je irgend jemanden kämpfen sah, um ein Verständnis dessen, wie die Natur funktioniert, indem er die Physik von Grund auf umgestaltete. Ich kann von Glück reden, daß ich ihn zu einem Zeitpunkt kennenlernte, als dieser acht Jahre währende Kampf sich seinem Ende näherte. Die neue Physik, die sieben Jahre zuvor, als er noch Schüler John Wheelers gewesen war, in seinen Gedanken allmählich Gestalt angenommen hatte, verschmolz endlich zu einer in sich geschlossenen Vorstellung von Natur, zu einer Sichtweise, die er als den »Raum-Zeit-Ansatz« bezeichnete. 1947 war diese Vision noch nicht ganz zu Ende gedacht, steckte voller offener Fragen und Widersprüchlichkeiten. Doch ich wußte sofort, sie mußte einfach richtig sein. Ich nutzte jede Gelegenheit, Feynman zuzuhören, in der Flut seiner Ideen schwimmen zu lernen. Und er redete gerne, hieß mich als Zuhörer willkommen. So wurden wir Freunde fürs Leben.

Ein Jahr lang sah ich zu, wie Feynman seine Methode, die Natur mittels Bildern und Diagrammen zu beschreiben, vervollkommnete, bis er alle losen Enden verknüpft und alle Widersprüchlichkeiten ausgeräumt hatte. Dann stellte er anhand seiner Diagramme Berechnungen an. Mit erstaunlicher Schnelligkeit berechnete er physikalische Größen, die er unmittelbar mit Experimenten vergleichen konnte. Und deren Ergebnissen stimmten mit den von ihm berechneten Zahlen überein. Im Sommer 1948 wurden Jonsons Worte wahr: »War doch Natur selbst stolz auf seine Werke / Und schwelgte im Gewande seiner Zeilen ...«

Im selben Jahr, als ich mich oft und lange mit Feynman unterhielt, las ich auch die Arbeiten der beiden Physiker Schwinger und Tomonaga, die eher konventionellen Pfaden folgten, jedoch zu ähnlichen Ergebnissen gelangten. Mit ihren umständlicheren, komplizierteren Verfahren hatten Schwinger und Tomonaga jeder für sich ihr Ziel erreicht und zogen die gleichen Schlußfolgerungen, wie Feynman sie unmittelbar aus seinen Diagrammen ablesen konnte. Schwinger und Tomonaga begründeten keine neue Physik: Sie bedienten sich der Physik, die sie vorfanden, und führten lediglich neue mathematische Berechnungsmethoden ein, um aus der Physik bestimmte Zahlen abzuleiten. Als sich zeigte, die Ergebnisse ihrer Berechnungen stimmten mit den Zahlen Feynmans überein, war mir klar: Hier bot sich die einmalige Gelegenheit, die drei Theorien zusammenzubringen. Ich schrieb eine Abhandlung mit dem Titel: »The Radiation Theories of Tomonaga, Schwinger and Feynman«*, in der ich darlegte, warum die Theorien zwar anders aussahen, im Grunde genommen jedoch auf das gleiche hinausliefen. Der Aufsatz wurde 1949 in der *Physical Review* veröffentlicht und gab auf ebenso entscheidende Weise den Anstoß zu meiner Karriere wie *Every Man in His Humour* derjenigen Jonsons. Damals war ich, wie Jonson, fünfundzwanzig. Feynman war einunddreißig, drei Jahre jünger, als Shakespeare 1598 gewesen war. Ich legte großen Wert darauf, meinen drei Protagonisten mit dem gleichen Respekt, der gleichen Hochachtung zu begegnen, doch im Grunde war mir klar, Feynman überragte die beiden anderen, und mein vorrangiges Anliegen war es, mit meiner Abhandlung seine revolutionären Ideen Physikern auf der ganzen Welt zugänglich zu machen. Feynman ermutigte mich begeistert, seine Vorstellungen zu veröffentlichen, und beklagte sich nie, daß ich ihm sozusagen die Schau stahl. Er war der Hauptdarsteller in meinem Stück.

---

* »Die Strahlungstheorien Tomonagas, Schwingers und Feynmans«.

Wie einen Schatz hütete ich etwas, das ich aus England mit nach Amerika gebracht hatte. *The Essential Shakespeare* von J. Dover Wilson, eine knapp gefaßte Shakespeare-Biographie*, ein Buch, das irgendwo zwischen Roman und einer geschichtlichen Darstellung angesiedelt ist; es gründet auf Zeugnissen aus erster Hand, das heißt von Jonson und anderen. Allerdings nutzte Wilson seine Vorstellungskraft in Verbindung mit den spärlichen historischen Dokumenten, um Shakespeare neu zum Leben zu erwecken. Beispielsweise findet sich der erste Nachweis, daß Shakespeare in Jonsons Stück auftrat, in einem aus dem Jahre 1709 datierten Schriftstück, das also mehr als hundert Jahre später verfaßt wurde. Wie wir wissen, war Shakespeare als Schauspieler ebenso berühmt wie als Stückeschreiber, und ich sehe keinen Grund, warum ich die überlieferte Geschichte, so wie Wilson sie erzählt, anzweifeln sollte.

Gücklicherweise sind die Dokumente, die Hinweise auf Feynmans Leben und Denken liefern, nicht so karg. Der vorliegende Band ist eine Zusammenstellung solcher Zeugnisse; in ihnen hören wir den authentischen Feynman, wie er in seinen Vorlesungen und gelegentlichen Schriften zu Wort kam. Es handelt sich um zwanglose Äußerungen, die eher an ein allgemeines Publikum als an seine Kollegen aus der Wissenschaft gerichtet sind. In ihnen erleben wir Feynman so, wie er war: Stets spielte er mit Ideen, doch das, was wirklich für ihn zählte, nahm er immer ernst: Aufrichtigkeit, Unabhängigkeit, die Bereitschaft, Unwissenheit einzugestehen. Er verabscheute gesellschaftliche Rangordnungen und genoß die Freundschaft mit Leuten aus den unterschiedlichsten Lebensbereichen. Wie Shakespeare war er ein Schauspieler mit einer Neigung zum Komödiantischen.

Neben seiner schier unermeßlichen Leidenschaft für Naturwissenschaften war Feynman handfesten Scherzen und ganz norma-

---

* *Shakespeare der Mensch. Betrachtungen über Leben und Werk nach einem Porträt.* (Hamburg: Marion von Schröder Verlag, 1953).

len menschlichen Vergnügungen alles andere als abgeneigt. Eine Woche nachdem ich ihn kennengelernt hatte, beschrieb ich ihn in einem Brief an meine Eltern in England als »halb Genie, halb Clown«. In den kurzen Pausen zwischen seinen heroischen Kämpfen um ein Verständnis der Naturgesetze entspannte er sich gern in Gesellschaft von Freunden, spielte auf seiner Bongo, unterhielt die anderen mit kleinen Spielereien und Geschichten. Auch darin ähnelte er Shakespeare. Aus Wilsons Buch zitiere ich, was Jonson über diesen schrieb:

»Sobald er sich ans Schreiben gemacht hatte, arbeitete er Tag und Nacht durch, trieb sich selber ohne Unterlaß bis zur Bewußtlosigkeit an: doch war er dann fertig, gab er sich erneut aller nur erdenklichen Kurzweil und zügellosem Lebensgenuß hin. Schier unmöglich war es, ihn wieder ans Schreibpult zurückzuholen; doch kaum wieder dort, war er nach der Entspannung noch stärker, noch ernster.«

Das war Shakespeare, und das war auch jener Feynman, den ich kannte und schätzte: fast ein Idol.

Freeman J. Dyson
Institute for Advanced Study
Princeton, New Jersey

EINFÜHRUNG DES HERAUSGEBERS

Kürzlich hörte ich im altehrwürdigen Jefferson Lab der Harvard University einen Vortrag von Dr. Lene Hau vom Rowland Institute, die eben erst ein Experiment durchgeführt hatte, über das nicht nur die angesehene wissenschaftliche Zeitschrift *Nature* berichtete, sondern auch die *New York Times* auf der Titelseite. Bei diesem Experiment hatte sie (zusammen mit ihrer Forschergruppe, die sich aus Studenten und Wissenschaftlern zusammensetzte) einen Laserstrahl durch eine neue, Bose-Einstein-Kondensation genannte Art von Materie geleitet (einen seltsamen Quantenzustand, in dem nahezu bis zum absoluten Nullpunkt abgekühlte Atome sich fast nicht mehr bewegen und sich als Gesamtheit wie ein einziges Teilchen verhalten); dabei hatte der Lichtstrahl sich auf die unglaublich geringe Geschwindigkeit von 61 Kilometer pro Stunde verlangsamt. Licht, das sich gemeinhin im Vakuum mit der halsbrecherischen Geschwindigkeit von 300 000 Kilometer pro *Sekunde* oder mehr als einer Milliarde Kilometer pro Stunde ausbreitet, wird normalerweise langsamer, wenn es irgendein Medium, etwa ein Gas oder Glas, durchläuft, allerdings nur um den Bruchteil eines Prozents seiner Geschwindigkeit im Vakuum. Aber Sie brauchen nur nachzurechnen, dann sehen Sie, die 61 Stundenkilometer geteilt durch über eine Milliarde Stundenkilometer ergibt 0,00000006 – das ist ein *sechsmillionstel Prozent* der Geschwindigkeit im Vakuum. Um sich eine Vorstellung davon zu machen: Das wäre in etwa so, als hätte Galilei seine Kanonenkugeln vom Turm von Pisa herunterfallen lassen, und sie wären erst nach zwei Jahren auf dem Boden aufgetroffen.

Der Vortrag verschlug mir beinahe den Atem (ich glaube, selbst Einstein wäre beeindruckt gewesen). Zum ersten Mal in meinem Leben erlebte ich andeutungsweise das, was Richard Feynman »das Erregende am Entdecken« nannte, das unvermittelte Gefühl (vielleicht am ehesten mit einer Epiphanie zu vergleichen, wenn auch in diesem Fall einer nachempfundenen), daß ich auf eine wundervolle neue Idee gestoßen war, daß etwas Neues in dieser Welt existierte; daß ich Zeuge eines wissenschaftlichen Geschehens von ungeheurer Tragweite wurde, das wohl um nichts weniger dramatisch und aufregend war als das Gefühl, das Newton überkam, als ihm klarwurde, daß die geheimnisvolle Kraft, die den legendären Apfel auf seinem Kopf hatte landen lassen, dieselbe war, die den Mond seine Bahn um die Erde ziehen läßt; oder die Erregung, die Feynman verspürte, als er den ersten mühsamen Schritt zum Verständnis dessen tat, was der Wechselwirkung zwischen Licht und Materie zugrunde liegt, der ihm schließlich den Nobelpreis einbrachte.

Ich saß im Publikum und spürte fast körperlich, wie Feynman mir über die Schulter sah und mir ins Ohr flüsterte: »Begreifst du jetzt? Das ist der Grund, warum Wissenschaftler immer weiter suchen, warum sie so verzweifelt um jede noch so kleine Erkenntnis ringen, nächtelang durcharbeiten, um die Antwort auf eine ungelöste Frage zu finden, das größte Hindernis überwinden, um wieder ein Bruchstück Verständnis zu erhaschen, um schließlich jene überwältigende Erregung zu spüren, die einen Teil des Vergnügens daran ausmacht, etwas herauszufinden.«* Feynman

---

* Ein weiteres, ungemein aufregendes Erlebnis – wenn schon nicht in meinem Leben, so doch in meiner beruflichen Laufbahn – war es, als ich die lange unentdeckt gebliebene, unveröffentlichte Transkription

erklärte immer wieder, er beschäftige sich mit Physik nicht des Ruhmes oder der Auszeichnungen und Preise wegen, sondern aus schierer Freude daran herauszufinden, wie diese Welt funktioniert, was sie am Laufen hält.

Feynmans Vermächtnis ist seine Vertiefung in und Hingabe an die Naturwissenschaften – ihre Logik, ihre Methoden, ihre Ablehnung von Dogmen, ihre unendliche Fähigkeit zu zweifeln. Feynman glaubte – und lebte gemäß diesem Glauben –, Wissenschaft mache nicht nur Spaß, sondern könne zudem, wenn man verantwortungsbewußt damit umgeht, von unschätzbarem Wert für die Zukunft der Menschheit sein. Und wie alle großen Wissenschaftler liebte Feynman es, an seinem Staunen über die Naturgesetze Kollegen und Laien gleichermaßen teilhaben zu lassen. Nirgendwo zeigt Feynmans leidenschaftliche Begeisterung für Erkenntnis sich deutlicher als in vorliegender Sammlung kleinerer Werke (die bis auf eines schon anderweitig veröffentlicht wurden).

Wenn Sie den Zauber, den Feynman ausübte, wirklich schätzenlernen wollen, dann lesen Sie dieses Buch. Denn hier wird ein breites Spektrum von Themen ausgebreitet, über die Feynman sich eingehend Gedanken gemacht und über die er so charmant geplaudert hat: nicht nur über Physik – die anderen nahezubringen niemandem besser gelang als ihm –, sondern auch über Religion, Philosophie und akademisches Lampenfieber, über die Zukunft der Computerwissenschaften und der Nanotechnologie, zu deren ersten Pionieren er gehörte, über Bescheidenheit, Freude an der Wissenschaft, über die Zukunft der Wissenschaft und der Zivilisation sowie darüber, wie angehende Wissenschaftler die Welt betrachten sollten.

---

von drei Vorlesungen fand, die Feynman Anfang der sechziger Jahre an der University of Washington gehalten hatte und aus denen das Buch *The Meaning of It All* (*Was soll das alles?* München: Piper, 1999) wurde. Doch dies war eher das Vergnügen daran, etwas auf-, als etwas herauszufinden.

Auffallend ist, daß es in diesen Texten kaum Überschneidungen gibt; an den wenigen Stellen, wenn eine Geschichte in einem anderen Zusammenhang nochmals erzählt wird, habe ich mir die Freiheit genommen, ein oder zwei der Vorfälle zu streichen, um dem Leser eine unnötige Wiederholung zu ersparen. In diesen Fällen habe ich eine Klammer eingefügt (...), um darauf hinzuweisen, daß hier ein in doppelter Ausführung vorhandenes »Juwel« ausgelassen wurde.

Wie man nahezu allen Texten – Transkriptionen von Vorträgen oder Gesprächen – anmerkt, hatte Feynman ein ziemlich legeres Verhältnis zur Grammatik. Um die spezifisch Feynmansche Aura zu bewahren, habe ich im allgemeinen seine grammatikalisch nicht ganz korrekte Redeweise übernommen. Wo jedoch eine mangelhafte oder nur auszugsweise Abschrift ein Wort oder einen Satz unverständlich machte oder plump wirken ließ, habe ich um der Lesbarkeit willen eingegriffen. Ich glaube, das Ergebnis ist praktisch unverfälschter, aber lesbarer Feynman.

Feynman – zu Lebzeiten gerühmt, nach seinem Tod verehrt – ist und bleibt eine Quelle der Weisheit für Menschen aus allen Lebensbereichen. Möge dieses Schatzkästchen, das seine gelungensten Vorträge, Gespräche und Abhandlungen enthält, Generationen begeisterter Anhänger wie auch jenen, für die Feynmans einzigartige, oft übersprudelnde Denkweise neu ist, Anregung und Unterhaltung zugleich sein.

Lesen Sie, genießen Sie die Lektüre und scheuen Sie sich nicht, gelegentlich laut zu lachen oder auch ein, zwei Lektionen für Ihr Leben zu lernen; lassen Sie sich inspirieren und vor allem: Kosten Sie das Vergnügen aus, einiges über einen außergewöhnlichen Menschen zu erfahren.

Mein Dank gebührt Michelle und Carl Feynman für ihre Großzügigkeit und beständige Unterstützung in jeder Hinsicht, ebenso Dr. Judith Goodstein, Bonnie Ludt und Shelley Erwin vom Caltech-Archiv für ihre Hilfe, ohne die das ganze Unternehmen nicht zu schaffen gewesen wäre, wie auch für ihre Gastfreundschaft, vor allem jedoch Professor Freeman Dyson für sein so elegant formuliertes, aufschlußreiches Vorwort.

Außerdem möchte ich John Gribbin, Tony Hey, Melanie Jackson und Ralph Leighton für ihre zahlreichen hervorragenden Ratschläge bei der Zusamenstellung des Buches danken.

Jeffrey Robbins
Reading, Massachusetts,
September 1999

KAPITEL 1

Vom Vergnügen,
etwas herauszufinden

Bei vorliegender Textsammlung handelt es sich um die Abschrift eines Interviews, das Feynman für das 1981 aufgezeichnete BBC-Fernsehprogramm Horizon *gab; in den Vereinigten Staaten wurde es im Rahmen der Serie* Nova *ausgestrahlt. Zu diesem Zeitpunkt hatte Feynman bereits den Großteil eines erfüllten Lebens hinter sich (er starb im Jahre 1988) und konnte von einem Standpunkt aus, der jüngeren Menschen oft noch nicht zugänglich ist, über seine Erfahrungen und das, was er erreicht hatte, sprechen. Das Ergebnis sind freimütige, gelassene und sehr persönliche Äußerungen über viele Dinge, die Feynman am Herzen lagen: Warum es, wenn man nur den Namen einer Sache kennt, das gleiche ist, als wüßte man überhaupt nichts darüber; wie er und die Atomwissenschaftler, die mit ihm zusammen am Manhattan Project gearbeitet hatten, feiern und im Erfolg der schrecklichen Waffe, die sie entwickelt hatten, schwelgen konnten, während diese auf der anderen Seite des Erdballs in Hiroshima Tausende ihrer Mitmenschen tötete oder verseuchte. Und warum er ganz gut auch ohne den Nobelpreis ausgekommen wäre.*

Von der Schönheit einer Blume

Ein Freund von mir ist Künstler; von Zeit zu Zeit vertritt er eine Ansicht, die mir nicht sonderlich behagt: Er hält mir eine Blume hin und sagt: »Sieh nur, wie schön die ist«; ich finde das auch.

Doch dann erklärt er: »Verstehst du, ich als Künstler sehe ihre Schönheit, aber du als Wissenschaftler, na ja, du zerlegst sie in ihre Einzelteile, und dann wird sie langweilig.« Ich halte das für ein bißchen blöde. Erstens sind auch andere Menschen für die Schönheit, die er sieht, empfänglich, ich folglich ebenfalls, glaube ich, selbst wenn mein Sinn für Ästhetik vielleicht nicht so ausgeprägt ist wie seiner; doch ich weiß die Schönheit einer Blume sehr wohl zu schätzen. Gleichzeitig sehe ich in der Blume viel mehr als er. Ich kann mir die Zellen darin vorstellen, die komplizierten Wechselwirkungen, die in ihr ablaufen; auch die sind auf ihre Weise schön. Ich meine, es geht nicht nur um die Schönheit im Maßstab eines Zentimeters, vielmehr gibt es auch eine Schönheit in einer kleineren Größenordnung, nämlich die innere Struktur. Das heißt die einzelnen Abläufe, die Tatsache, daß die Farben der Blume sich allmählich zu dem Zweck genau so entwickelt haben, um Insekten anzulocken, damit die sie bestäuben. Das ist interessant, denn es bedeutet, Insekten können die Farbe wahrnehmen. Und das führt zu einer weiteren Frage: Verfügen auch niedrigere Lebewesen über einen solchen Sinn für Ästhetik? Warum ist die Blume schön? Alle möglichen interessanten Fragen, die zeigen, wissenschaftliches Verständnis steigert die Aufregung, das Geheimnis – und die Ehrfurcht vor einer Blume. Es trägt dazu bei; wieso es etwas davon wegnehmen soll, ist mir schleierhaft.

Die Scheu vor Geisteswissenschaften

Ich war immer ein wenig einseitig und hatte seit jeher eine Vorliebe für Naturwissenschaften: In jungen Jahren konzentrierte ich mich fast ausschließlich darauf. Ich hatte einfach nicht die Zeit und brachte auch nicht die nötige Geduld für die sogenannten Geisteswissenschaften auf, obwohl man an der Universität einige solche Fächer belegen mußte. Ich bemühte mich außerordentlich, auf diesem Gebiet nichts zu lernen oder Arbeit darauf zu verschwenden. Erst später, als ich älter war, wurde meine Einstellung etwas lockerer, erweiterte mein Blickfeld sich ein wenig. Ich habe zeichnen gelernt und einiges gelesen. Trotzdem bin ich immer noch recht einseitig und weiß nicht besonders viel. Meine Intelligenz ist beschränkt, und ich setzte sie in einer bestimmten Richtung ein.

Ein Tyrannosaurier kommt durchs Fenster

Zu Hause hatten wir die *Encyclopaedia Britannica,* und als ich noch ein kleiner Junge war, nahm [mein Vater] mich oft auf den Schoß, und dann lasen wir zum Beispiel etwas über Dinosaurier; möglicherweise ging es um den Brontosaurier oder den Tyrannosaurier, und da stand ungefähr so etwas in der Art: »Das Tier ist siebeneinhalb Meter groß, und sein Schädel hat einen Durchmesser von fast zwei Metern.« Und dann, verstehen Sie, hörte mein Vater einfach auf vorzulesen und meinte: »Mal sehen, was das bedeutet. Das würde heißen, wenn der Saurier in unserem Vorgarten stünde, wäre er groß genug, um den Kopf durchs Fenster zu strecken. Aber nicht ganz, weil sein Schädel nämlich ein bißchen zu breit ist. Er würde also das Fenster zerbrechen, wenn er bei uns reinschaut.«

Alles, was wir zusammen lasen, übersetzten wir, so gut wir konnten, in die Wirklichkeit, und auf die Weise habe ich das gelernt – bei allem, was ich lese, versuche ich rauszukriegen, was es in Wirklichkeit bedeutet, was es wirklich aussagt, indem ich es übersetze. Ich habe also *(lacht)* als kleiner Junge die *Encyclopaedia* nur in einer Übersetzung gelesen, verstehen Sie. Und auf die Weise wurde es ungeheuer aufregend und interessant, sich vorzustellen, daß es einmal so riesige Tiere gegeben hat – ich hatte überhaupt keine Angst, daß nun deswegen so ein Viech eines Tages durch mein Fenster kommen würde, nein, ich glaube nicht, aber ich fand es sehr, sehr interessant, daß die alle ausgestorben sind und damals noch niemand gewußt hat, warum eigentlich.

Oft sind wir in die Catskill Mountains gefahren. Wir wohnten in New York, und im Sommer sind die Leute eben dorthin gefahren; die Väter – jede Menge Leute waren dort, aber die Väter sind immer alle nach New York zurückgefahren, um dort die Woche über zu arbeiten, und dann erst am Wochenende wiedergekommen. Wenn mein Vater kam, hat er mich auf Spaziergänge durch den Wald mitgenommen und mir einiges darüber erzählt, was im Wald so alles passiert – ich erkläre das gleich näher. Als aber die anderen Mütter das gesehen haben, fanden sie es natürlich ganz wunderbar und meinten, die anderen Väter sollten ihre Söhne auch auf Spaziergänge mitnehmen. Sie haben auf sie eingeredet, aber anfangs nichts damit erreicht. Also wollten sie, daß mein Vater alle Kinder mitnimmt, aber das wollte wiederum der nicht, weil er zu mir eine ganz besondere Beziehung hatte – das war etwas nur zwischen uns beiden –, und am Ende mußten die anderen Väter am nächsten Wochenende ebenfalls Spaziergänge mit ihren Kindern unternehmen. Am Montag darauf, als alle Väter wieder zum Arbeiten gefahren waren, spielten alle Kinder auf der Wiese, und einer hat zu mir gesagt: »Siehst du den Vogel da? Was für ein Vogel ist das?«

Und ich sagte: »Keine Ahnung, was für ein Vogel das ist.«

Er meinte: »Das ist eine Wacholderdrossel«, oder irgend so was, »dein Vater erklärt dir überhaupt nichts.«

Es war aber genau andersrum: Mein Vater hat mir sehr wohl etwas erklärt. Wenn er einen Vogel sah, fragte er: »Weißt du, was für ein Vogel das ist? Das ist ein Wacholderdrossel; auf portugiesisch heißt sie . . . auf italienisch . . .«, erklärt er weiter, »aber auf chinesisch nennt man sie . . . auf japanisch . . .« und so weiter. »Also«, sagt er schließlich, »jetzt weißt du den Namen des Vogels da in allen möglichen Sprachen, aber wenn du damit fertig bist, weißt du überhaupt nichts über den Vogel. Du weißt nur, wie

Menschen in verschiedenen Ländern ihn nennen. Also«, fährt er fort, »schauen wir uns mal den Vogel selber an.«

Er hat mir beigebracht, auf die Dinge zu achten. Eines Tages habe ich mit einem Expreßwagen gespielt – das ist so ein kleiner Wagen mit einem Geländer drum herum, mit dem Kinder spielen und den sie durch die Gegend ziehen können. Und in den Wagen hatte ich einen Ball gelegt – das weiß ich noch ganz genau –, ein Ball lag da drin. Ich zog den Wagen hinter mir her, und dabei ist mir etwas an dem Ball aufgefallen. Also bin ich zu meinem Vater und sagte: »Hör mal, Pop, mir ist da was aufgefallen: Wenn ich den Wagen vorwärtsziehe, rollt der Ball im Wagen nach hinten; wenn ich ihn länger hinter mir herziehe und dann plötzlich stehenbleibe, rollt der Ball aber nach vorn. Warum ist das so?« frage ich.

Und er meint: »Das weiß niemand. Das allgemeine Prinzip ist folgendes: Dinge, die sich bewegen, wollen weiter in Bewegung bleiben, und Dinge, die stillstehen, wollen stehen oder liegen bleiben, außer man gibt ihnen einen kräftigen Schubs.« Und dann fährt er fort: »Man nennt das Trägheit, aber kein Mensch weiß, warum das so ist.«

Nun, das nenne ich etwas wirklich verstehen – er nannte mir nicht irgendeinen Namen. Ihm war das klar: Den Namen von irgend etwas zu wissen, und etwas über das Ding selber zu wissen, das ist etwas Grundverschiedenes; das habe ich schon sehr früh gelernt. Und dann hat er gesagt: »Wenn du genauer hinsiehst, merkst du, daß der Ball gar nicht nach hinten zur Rückwand des Wagens rollt, sondern daß du die Rückwand des Wagens vorwärtsziehst, auf den Ball zu. Der Ball liegt aber da und bewegt sich nicht, oder, genauer gesagt: aufgrund der Reibung fängt der Ball in Wirklichkeit an, nach vorne zu rollen, nicht nach hinten.« Ich bin also zu meinem kleinen Wagen zurückgerannt, hab den Ball wieder hineingelegt und den Wagen vorwärtsgezogen und von der Seite aus zugesehen und gemerkt, er hatte recht – wenn ich an dem Wagen gezogen habe, ist der Ball nie nach hinten gerollt. In bezug auf den Wagen ist er zwar nach hinten gerollt, aber im Hinblick auf den Gehsteig ist er ein bißchen nach vorne gerollt. Nur hat der Wagen ihn gleich eingeholt. Auf diese Weise hat mein Vater mir vieles beigebracht, mit solchen Beispielen und Unterhaltungen, ohne jeden Druck: Er hat mir einfach fabelhaft interessante Geschichten erzählt.

Algebra für den Praktiker

Mein Cousin, der drei Jahre älter ist als ich, war damals auf der High-School, hatte aber ziemliche Schwierigkeiten mit Algebra; er bekam also Nachhilfestunden, und ich durfte dabeisein. Ich saß in einer Ecke *(lacht)*, und der Nachhilfelehrer plagte sich ab, um meinem Cousin Algebra beizubringen, Aufgaben wie 2 x plus irgendwas. Irgendwann habe ich dann zu meinem Cousin gesagt: »Was machst du da eigentlich?« Weil er ständig von irgendwelchen x geredet hat. Er antwortet: »Was weißt denn du schon – – 2 x + 7 ist gleich 15; man versucht also rauszukriegen, was x ist.« Darauf ich: »Du meinst 4.« Er sagt: »Schon, doch du hast das arithmetisch berechnet, man muß es aber mit Algebra machen.« Und deswegen hat mein Cousin Algebra nie kapiert, weil ihm nicht klar war, wie er das anstellen soll. Aussichtslos. Ich habe glücklicherweise Algebra nicht in der Schule gelernt; aber ich habe wußte, es dreht sich einfach darum herauszufinden, wie groß x ist. Wie man das macht, ist völlig egal – verstehen Sie, das ist einfach Unsinn: arithmetisch berechnen, algebraisch berechnen. Es war etwas ganz und gar Falsches, was die in der Schule sich da ausgedacht hatten, damit die Kinder, die Algebra lernen müssen, bei den Prüfungen durchkommen. Sie haben ein paar Regeln erfunden, und wenn man sich an die gehalten hat, ohne weiter nachzudenken, konnte man mit der Antwort aufwarten: Man zieht auf beiden Seiten 7 ab; hat man einen Multiplikator, dann teilt man die Zahlen auf beiden Seiten durch diesen Multiplikator und so weiter, und wenn man dann eins nach dem anderen machte, hat man die Antwort rausgekriegt. Aber nur wenn man nicht verstanden hat, was man da eigentlich tut.

Es gab da so eine Serie von Mathematikbüchern; angefangen hat es mit *Arithmetik für den Praktiker,* dann kam *Algebra für den Praktiker* und schließlich *Trigonometrie für den Praktiker;* mit dem Buch habe ich Trigonometrie gelernt. Allerdings habe ich das alles bald wieder vergessen, weil ich es nicht so richtig verstanden habe, aber die Serie wurde fortgesetzt, und in der Bibliothek wollten sie *Infinitesimalrechnung für den Praktiker* anschaffen. Mir war damals schon klar – und zwar hatte ich das in der *Encyclopaedia* gelesen, daß Infinitesimalrechnung wichtig ist, außerdem war es interessant, also dachte ich, das sollte ich lernen. Ich war mittlerweile schon etwas älter, so um die Dreizehn. Und als das Infinitesimalbuch schließlich rausgekommen ist, war ich ganz aufgeregt und bin in die Bibliothek gerannt, um es auszuleihen. Die Aufsicht hat mich angeschaut und gesagt: »Du bist ja noch ein Kind, wieso willst du denn ausgerechnet das Buch da haben – das ist etwas [für Erwachsene].« Es war einer der seltenen Augenblicke in meinem Leben, in denen mir wirklich unbehaglich zumute war. Ich habe also gelogen und gesagt, es sei für meinen Vater, der habe es ausgesucht. Dann habe ich das Buch mit nach Hause genommen und damit Infinitesimalrechnung gelernt. Anschließend habe ich versucht, sie meinem Vater zu erklären. Er hat also auch das Buch gelesen, fand es aber verwirrend, und das hat mich wirklich ein bißchen gestört. Ich hatte ja keine Ahnung, daß er derart beschränkt ist, verstehen Sie, daß er das nicht versteht, während ich es doch relativ einfach und unkompliziert fand. Aber er hat es nicht kapiert. Das war das erste Mal, daß ich gemerkt habe, in gewisser Weise hatte ich mehr gelernt als er.

Epauletten und der Papst

Außer Physik *(lacht)* – ob sie nun richtig war oder nicht – hat mein Vater mir unter anderem auch Respektlosigkeit Dingen gegenüber beigebracht, vor denen man eigentlich ... na ja, gewissen Dingen gegenüber. Als ich noch klein war, kam beispielsweise in der *New York Times* zum ersten Mal eine Tiefdruckbeilage heraus – gedruckte Bilder in einer Zeitung –, und er hat mich auf den Schoß genommen und die Seiten mit Bildern aufgeschlagen. Auf einem dieser Bilder war der Papst zu sehen, vor dem alle anderen sich verbeugten. Mein Vater sagte: »Jetzt schau dir mal die Leute da an. Hier steht ein Mensch, und alle anderen verbeugen sich vor ihm. Und warum? Das da ist der Papst« – den mochte er ohnehin nicht –, »und der Grund dafür sind nur die Epauletten.« Das galt natürlich nicht für den Papst, aber wenn er ein General gewesen wäre – es ging immer um die Uniform, um den Rang. »Aber dieser Mensch da hat die gleichen Probleme wie jeder andere Mensch, er ißt zu Mittag wie jeder andere, er geht aufs Klo wie jeder andere, er hat die gleichen Probleme wie jeder andere – er ist auch nur ein Mensch. Und warum verbeugen sich alle vor ihm? Nur wegen seines Namens und seiner Stellung, seiner Uniform wegen, nicht weil er irgend etwas Besonderes geleistet hat oder besonders ehrwürdig ist oder so.« Übrigens hatte er von Berufs wegen mit Uniformen zu tun; er kannte also den Unterschied zwischen einem Mensch mit seiner Uniform und ohne sie; in seinen Augen war es ein und derselbe Mensch.

Mit mir war er, glaube ich, recht zufrieden. Obwohl, einmal – ich kam gerade vom MIT* zurück, wo ich ein paar Jahre verbracht hatte – sagte er zu mir: »Also, du hast jetzt das alles gelernt. Es gibt da eine Frage – so ganz habe ich das nie verstanden, und jetzt möchte ich gerne wissen, denn schließlich hast du

---

* Massachusetts Institute of Technology (Anm. d. Ü.).

das studiert, ob du mir das erklären kannst.« Ich habe ihn also gefragt, worum es ginge. Er erklärte, soweit er das verstanden habe, sende ein Atom, wenn es von einem Zustand in einen anderen übergeht, ein Lichtteilchen aus, das man als Photon bezeichnet. Ich sagte: »Das stimmt.« Daraufhin fragte er weiter: »Alsdann, ist das Photon schon in dem Atom drin, ehe es ausgesendet wird, oder ist anfangs kein Photon da?« Ich erklärte: »Nein, das taucht erst dann auf, wenn das Elektron in Bewegung gerät.« – »Na schön, aber wo kommt es dann her, wieso wird es ausgesendet?« Nun konnte ich ja nicht einfach antworten: »Der allgemeinen Auffassung nach bleibt die Anzahl der Photonen nicht erhalten; sie entstehen erst durch die Bewegung des Elektrons. « Ich konnte es ihm auch nicht auf die Weise erklären, daß ich beispielsweise sagte: »Das Geräusch, das ich jetzt von mir gebe, war nicht schon vorher in mir drin.« Bei meinem kleinen Sohn ist das ganz etwas anderes: Als der zu sprechen angefangen hat, erklärte er plötzlich, er könne ein bestimmtes Wort nicht mehr sagen – das Wort »Katze« war es –, weil es ihm in seiner Worttasche ausgegangen sei *(lacht)*. So etwas gibt es nun mal nicht, eine Worttasche, die in einem drin ist, so daß man die Wörter aufbraucht, wenn man sie sagt – man bildet sie einfach ganz nach Bedarf. Und genauso gibt es in dem Atom keine Photonentasche; wenn die Photonen ausgesendet werden, kommen sie nicht von irgendwoher. Besser konnte ich es einfach nicht erklären. Folglich war er in der Hinsicht ganz und gar nicht zufrieden mit mir: Nie konnte ich ihm auch nur eines der Probleme erklären, die er nicht verstand *(lacht)*. Es war also alles umsonst gewesen: Da hatte er mich auf alle diese Universitäten geschickt, um derlei Dinge herauszufinden, und trotzdem hat er sie nie verstanden.

Einladung zur Bombe

[In der Zeit, als er an seiner Dissertation arbeitete, bat man Feynman, am Projekt zur Entwicklung der Atombombe mitzuarbeiten.]
Das war etwas völlig anderes. Es bedeutete, ich mußte mit meinen Forschungen auf dem Gebiet, auf dem ich gerade arbeitete, aufhören, obwohl genau das mein sehnlichster Wunsch war: weiterzumachen. Ich müßte mir für einige Zeit freinehmen, und das sollte ich, zumindest hatte ich das Gefühl, auch wirklich tun, um das, was man als Zivilisation bezeichnet, zu verteidigen. Okay? Das mußte ich ganz allein mit mir selber ausmachen. Meine erste Reaktion war – na ja, ich wollte einfach meine Arbeit nicht unterbrechen, um diese Aufgabe außer der Reihe zu übernehmen. Und dann war da natürlich auch die Frage der Moral. Ich wollte mit nichts etwas zu tun haben, das irgendwie mit Krieg zusammenhing. Aber irgendwie bekam ich es mit der Angst zu tun, als mir klarwurde, um was für eine Waffe es sich handelte, denn da es möglich schien, sie herzustellen, würde man dies auch schaffen. Meines Wissens deutete nichts darauf hin, daß die anderen das, was uns gelingen könnte, nicht auch fertigbrächten. Und deshalb schien es mir wichtig, bei dem Projekt mitzuarbeiten.

[Anfang 1943 schloß Feynman sich in Los Alamos der Gruppe um Oppenheimer an.]
Ohne näher auf Fragen der Moral einzugehen, möchte ich dazu etwas sagen. In Angriff genommen wurde das Projekt, weil die Deutschen eine Gefahr darstellten; ich ließ mich also darauf ein, an der Entwicklung der Bombe mitzuarbeiten, zuerst in Princeton, dann in Los Alamos. Wir versuchten alles mögliche, um sie immer weiter zu entwickeln, zu einer immer schrecklicheren Waffe zu machen und so. Wir arbeiteten alle sehr, sehr angestrengt, hatten alle das gleiche Ziel. Und mit jedem Projekt dieser Art macht man, sobald man sich einmal dazu entschlossen hat, immer weiter, um es ständig zu verbessern. Allerdings habe ich

folgendes gemacht – und das, würde ich sagen, war unmoralisch: Ich vergaß den Grund, weshalb ich mich ausgerechnet damit beschäftigte, und als die ursprüngliche Begründung wegfiel, weil Deutschland besiegt war, kam mir nicht ein einziges Mal in den Sinn, daß dies bedeutete, ich müßte mir erneut Gedanken darüber machen, warum ich das weiterhin mache. Ich hab' einfach nicht nachgedacht, okay?

Ein Erfolg?

[Am 6. August 1945 wurde über Hiroshima die erste Atombombe abgeworfen.]

Ich kann mich nur daran erinnern – möglicherweise hatte meine Reaktion mich für alles andere blind gemacht –, daß unglaubliche Hochstimmung und Begeisterung herrschten; wir feierten, alle betranken sich. Wollte man dem, wie es in Los Alamos zuging, gegenüberstellen, was gleichzeitig in Hiroshima passierte, der Kontrast wäre ungeheuerlich. Natürlich feierte ich auch und trank und hatte schließlich einen ziemlichen Schwips, setzte mich auf die Motorhaube eines Jeeps und spielte auf einer Trommel; jedermann in Los Alamos war völlig aus dem Häuschen – und zur selben Zeit starben in Hiroshima Menschen oder kämpften ums Überleben.

Nach dem Krieg allerdings überkam mich ein sehr merkwürdiges Gefühl – vielleicht lag es an der Bombe, vielleicht hatte es auch irgendwelche anderen psychologischen Gründe. Ich hatte gerade meine Frau verloren, aber möglicherweise war es noch etwas anderes, jedenfalls, ich erinnere mich, kurze Zeit nach [Hiroshima] saß ich mit meiner Mutter in New York in einem Restaurant; ich wußte, wie gewaltig die Sprengkraft der Hiroshima-Bombe gewesen war, welch riesiges Areal sie zerstört hatte und so, und da wurde mir auf einmal klar: Würde man eine solche Bombe über der 34th Street abwerfen, hätte das bis dorthin, wo wir gerade saßen – ich weiß nicht mehr genau, wo, 59th Street glaube ich –, verheerende Auswirkungen. All die Leute um uns herum wären dann tot, alles läge in Schutt und Asche. Und es gab ja nicht nur diese eine Bombe – es war sehr einfach, immer mehr solche Dinger zu bauen. Deshalb war im Grunde genommen alles zum Untergang verdammt, denn schon jetzt – sehr früh, früher als anderen, die optimistischer waren – wurde mir folgendes klar: Die internationalen Beziehungen und die Art und Weise, wie die Leute sich verhielten, all das unterschied sich in nichts von dem, wie es vorher gewesen war. Es würde alles beim alten bleiben, alles würde genauso weitergehen wie vorher. Daher war ich überzeugt, bald würde man erneut eine solche Bombe explodieren lassen. Mir war also ausgesprochen unbehaglich zumute, und ich dachte, nein: ich glaubte, glaubte das wirklich: Eigentlich ist es doch albern – ich sah, wie Leute eine Brücke bauten, und sagte: »Die haben nichts kapiert.« Ich habe wirklich geglaubt, es sei sinnlos, noch irgend etwas zu bauen, weil ohnehin bald alles zerstört würde; die anderen hätten das nur nicht begriffen. Während ich jedesmal, wenn ich irgendwo Leute sah, die irgend etwas bauten, dachte, wie närrisch die doch sind, daß sie versuchen, etwas aufzubauen. Stimmt, ich war eindeutig ziemlich deprimiert.

»Ich brauche nicht gut zu sein, nur weil die Leute das erwarten.«

[Nach dem Krieg schloß Feynman sich Hans Bethe* an der Cornell University an; ein Angebot des Institute for Advanced Study in Princeton lehnte er ab.]

---

* Bethe (*1906) erhielt 1967 den Nobelpreis für Physik, und zwar für seinen Beitrag zur Theorie der Kernreaktionen, insbesondere für seine Entdeckungen hinsichtlich der Erzeugung von Energie in Sternen (Anm. d. Hrsg.).

Die haben bestimmt geglaubt, ich würde Wundersames leisten, weil sie mir diese Stelle angeboten hatten; ich habe aber durchaus nichts Wunderbares vollbracht, und auf die Weise habe ich einen neuen Grundsatz entdeckt: Ich bin nicht für das verantwortlich, was andere Leute glauben, daß ich leisten kann; ich muß nicht gut sein, nur weil sie mich für gut halten. Und irgendwie war ich in der Hinsicht ganz gelassen. Ich dachte mir, ich habe nichts Wichtiges getan, und ich werde auch nie etwas wirklich Wichtiges tun. Aber die Physik und alles Mathematische haben mir Spaß gemacht, und weil ich damit herumgespielt habe, ist es mir gelungen, in sehr kurzer Zeit die Dinge herauszukriegen, für die ich später den Nobelpreis bekommen habe.*

Der Nobelpreis – war er das wert?

[Für seine Leistungen auf dem Gebiet der Quantenelektrodynamik wurde Feynman mit dem Nobelpreis ausgezeichnet.]

Im wesentlichen haben ich und völlig unabhängig davon zwei andere Wissenschaftler – [Sin-Itiro] Tomanaga in Japan und [Julian] Schwinger – folgendes gemacht: Wir haben herausgefunden, wie man die ursprüngliche, 1928 entwickelte Quantentheorie der Elektrizität und des Magnetismus überprüfen, analysieren, ausbauen und so anwenden kann, daß man ohne unendliche Größen auskommt und Berechnungen anstellen kann, die zu sinnvollen Ergebnissen führen; mittlerweile hat sich gezeigt, diese Ergebnisse stimmen exakt mit allen Experimenten überein, die man bislang durchgeführt hat: Die Quantenelektrodynamik trifft also in allen Einzelheiten dort zu, wo sie anwendbar ist –

---

* 1965 teilten Richard Feynman, Julian Schwinger und Sin-Itiro Tomanaga sich den Nobelpreis für Physik, mit dem sie für ihre grundlegende Arbeit auf dem Gebiet der Quantenelektrodynamik und deren weitreichende Folgen für die Physik der Elementarteilchen ausgezeichnet wurden.

nicht jedoch beispielsweise bei Kernkräften –, und genau dafür habe ich den Nobelpreis bekommen.

[BBC: War das den Nobelpreis wert?]

Als *(lacht)* ... Mit dem Nobelpreis, da kenne ich mich nicht aus, ich kapier' nicht, was das eigentlich soll oder was wieviel wert ist. Aber wenn die Leute in der schwedischen Akademie beschließen, daß X, Y oder Z den Nobelpreis kriegen sollen, dann sei's drum. Ich persönlich möchte mit dem Nobelpreis nichts zu tun haben ... irgendwie ist der mir lästig ... *(lacht)*. Ich halte nichts von Auszeichnungen. Ich schätze ihn für die Arbeit, die ich geleistet habe, und wegen der Leute, die sie zu schätzen wissen; ich weiß, eine Menge Physiker arbeiten mit dem, was ich herausgefunden habe – mehr brauche ich nicht, ich glaube, alles andere ist überflüssig. Für mich ergibt es keinen Sinn, wenn irgend jemand in der schwedischen Akademie beschließt, ausgerechnet diese oder jene Arbeit sei »nobel« genug, um ausgezeichnet zu werden – den eigentlichen Preis habe ich ja bereits bekommen. Der wirkliche Preis ist das Vergnügen daran, etwas herauszufinden, die Erregung, wenn man etwas entdeckt, und zu sehen, daß andere Leute etwas damit [mit meiner Arbeit] anfangen können – das ist es, was zählt. Das ist etwas ganz Reales – Auszeichnungen sind für mich irgendwie nicht real. Ich glaube nicht an Auszeichnungen, sie stören mich eher; Auszeichnungen, das bedeutet Epauletten, Auszeichnungen, das bedeutet Uniformen. So hat Papa mich erzogen. Ich kann derlei nicht ausstehen, es geht mir gegen den Strich.

Auf der High-School bestand eine meiner ersten Auszeichnungen darin, daß ich Mitglied von Arista wurde. Das ist eine Gruppe von Studenten, die gute Noten haben – hm? –, und jeder wollte bei Arista aufgenommen werden. Als ich dann dazugehörte, habe ich festgestellt, die haben bei ihren Versammlungen nur rumgesessen und darüber debattiert, wer würdig ist, in diesen wundervollen Club aufgenommen zu werden – okay? Wir saßen also alle da und haben versucht zu entscheiden, wer bei Arista zugelassen werden soll. Derlei stört mich aus dem einen oder anderen Grund, warum, weiß ich selber nicht so genau – ich fühle mich dabei unbehaglich – Auszeichnungen – derlei hat mich von jeher gestört. Als ich Mitglied der National Academy of Sciences wurde, mußte ich schließlich zurücktreten, weil das wieder so eine Organisation war, in der man die meiste Zeit nichts anderes tat, als zu überlegen, wer berühmt genug war, um dazuzugehören, dazugehören zu dürfen. Und dann kam es zu so Fragen, ob wir Physiker unter uns bleiben und zusammenhalten sollten, denn die hätten da einen sehr guten Chemiker, den sie in dem Verein unterbringen wollten, aber wir hätten doch gar nicht genügend Platz für diesen oder jenen. Was gibt es denn an Chemikern auszusetzen? Das Ganze war irgendwie schäbig, denn es ging hauptsächlich darum, wem man diese Auszeichnung zugestehen sollte – okay? Ich kann Auszeichnungen nicht leiden.

Die Spielregeln

[Von 1950 bis 1988 lehrte Feynman als Professor für Theoretische Physik am California Institute of Technology.]

Irgendwie ist es eine spaßige Analogie: Um sich eine Vorstellung davon zu machen, was wir tun, wenn wir versuchen, die Welt zu verstehen, könnte man sich die Götter bei irgendeinem gigantischen Spiel vorstellen, etwa Schach. Wir kennen die Spielregeln nicht, aber zumindest hin und wieder dürfen wir einen Blick auf das Schachbrett werfen, auf eine kleine Ecke davon vielleicht. Und anhand dieser Beobachtungen versuchen wir, die Spielregeln rauszukriegen. Nach einer Weile stellt man vielleicht folgendes fest: Wenn sich nur ein Läufer auf dem Spielbrett befindet, bleibt er immer auf den Kästchen mit der gleichen Farbe. Später entdeckt man dann vielleicht die Regel, daß der Läufer sich nur in der Diagonalen bewegt; das würde das Gesetz erklären, das man

vorher schon herausgefunden hat, daß nämlich der Läufer immer
auf derselben Farbe bleibt – und das wäre eine Analogie dazu, daß
man ein Naturgesetz entdeckt und später seine tiefere Bedeutung
versteht. Doch dann passiert irgend etwas – alles läuft wunderbar,
man kennt alle Regeln, es sieht wirklich gut aus, und plötzlich passiert in irgendeiner Ecke etwas ganz Seltsames, also versucht man
dahinterzukommen, was da los ist – nehmen wir mal an, es handelt sich um eine Rochade, etwas, womit man nicht gerechnet
hat. Übrigens versuchen wir in der Grundlagenphysik ständig,
genau die Dinge zu untersuchen, deren Auswirkungen wir nicht
verstehen. Wenn wir sie ausreichend überprüft haben, dann ist
für uns die Welt wieder in Ordnung.

Was nicht ins System paßt, ist das Allerinteressanteste, das, was
nicht so abläuft, wie man es erwartet hat. Auch in der Physik kann
es zu Revolutionen kommen: Nachdem man festgestellt hat, die
Läufer bleiben immer auf der gleichen Farbe und bewegen sich
in der Diagonalen, und zwar über einen langen Zeitraum hinweg;
nachdem also jeder nun weiß, das stimmt, stellt man eines Tages
bei irgendeinem Schachspiel plötzlich fest, der Läufer bleibt
eben nicht auf seiner Farbe, sondern wechselt zur anderen. Erst
später entdeckt man eine neue Möglichkeit: Ein Läufer wurde
gefangengenommen, und ein Bauer hat den ganzen Weg bis zur
Königin hinunter zurückgelegt, damit ein neuer Läufer daraus
wird – das kann passieren, aber bis dahin wußte man das nicht.
Mit unseren Naturgesetzen ist das ganz ähnlich: Manchmal sieht
es so aus, als stimmten sie, und alles funktioniert prächtig. Aber
völlig unerwartet entdeckt man irgendeinen kleinen Dreh, der
zeigt, man hat sich geirrt. Dann müssen wir die Bedingungen
untersuchen, unten denen der Läufer zur anderen Farbe gewech-
selt hat und so fort, und allmählich verstehen wir die neue Regel,
die das Ganze genauer erklärt. Anders als beim Schach, wo die
Regeln im Lauf des Spiels immer komplizierter werden, sieht in
der Physik das Ganze, sobald man etwas Neues entdeckt, einfa-

cher aus. Aufs Ganze gesehen erscheint es komplizierter, eben weil wir über immer mehr Dinge etwas herausfinden – das heißt, wir finden neue Teilchen und so –, und deshalb sieht das Naturgesetz wieder kompliziert aus. Aber immer wieder, je weiter unsere Erfahrung in immer abenteuerlichere Bereiche vorstößt, stellt man fest – und irgendwie ist das ganz wundervoll –, es passiert hin und wieder, daß alles sich in einer Art Vereinheitlichung ineinanderfügt, und dann ist alles in Wirklichkeit viel einfacher, als es vorher den Anschein hatte.

Wenn man an der grundlegenden Beschaffenheit der physikalischen – oder der gesamten – Welt interessiert ist, dann haben wir zur Zeit nur die eine Möglichkeit, sie zu verstehen, nämlich anhand mathematischer Überlegungen. Ich glaube, ohne Mathematik kann niemand wirklich voll und ganz – oder auch nur zu einem Teil – diese speziellen Aspekte der Welt begreifen und verstehen, wie tiefreichend die Allgemeingültigkeit der Naturgesetze, der Beziehungen zwischen den Dingen ist. Ich wüßte nicht, wie man anders vorgehen könnte; nur auf diese Art und Weise kann man es genau beschreiben ... und ohne Mathematik versteht man auch die Wechselbeziehungen nicht. Ich glaube also nicht, daß jemand, der nicht über einen gewissen Sinn für Mathematik verfügt, in der Lage ist, diesen Aspekt der Welt zu begreifen – mißverstehen Sie mich nicht, es gibt viele, sehr viele Dinge auf dieser Welt, zu deren Verständnis man keine Mathematik braucht – etwa Liebe –, die ganz herrlich und wundervoll sind und die man gar nicht hoch genug schätzen kann und die einen mit Ehrfurcht erfüllen und etwas Geheimnisvolles an sich haben; ich will also damit keineswegs sagen, Physik sei das einzige auf dieser Welt, aber wir sprechen nun mal über Physik, und da muß man sagen: Wenn man keine Ahnung von Mathematik hat, beeinträchtigt das ein Verständnis der Welt gewaltig.

Atome zertrümmern

Zur Zeit arbeite ich an einem sehr speziellen Problem der Physik, auf das wir gestoßen sind. Ich will es kurz beschreiben. Bekanntlich besteht alles aus Atomen; soweit sind wir schon, die meisten Leute wissen das und auch, daß jedes Atom einen Kern hat, der von Elektronen umkreist wird. Wie sich diese Elektronen außen herum verhalten, weiß man inzwischen ganz genau; man versteht die Naturgesetze, soweit dies im Rahmen der Quantenelektrodynamik möglich ist, von der bereits die Rede war. Anschließend stellte sich die Frage, was im Atomkern abläuft, wie die Teilchen aufeinander einwirken, wie und warum sie zusammenbleiben. Eines der Nebenprodukte dieser Frage war die Entdeckung der Kernspaltung, die die Entwicklung der Atombombe möglich machte. Die Erforschung der Kräfte, die die Kernteilchen zusammenhalten, war allerdings eine langwierige Angelegenheit. Anfangs dachte man, es handle sich um einen Austausch irgendwelcher Teilchen im Innern; erfunden hat diese Pionen oder Pi-Mesonen genannten Teilchen Yukawa; man sagte voraus, wenn man Protonen – das Proton ist eines der Teilchen im Kern – gegen einen Kern prallen läßt, schleudern sie solche Pionen heraus. Und es stimmte, solche Teilchen kamen tatsächlich heraus.

Aber nicht nur Pionen sind herausgekommen, sondern auch noch andere Teilchen, und allmählich sind uns die Namen ausgegangen – Kaonen (K-Mesonen) und Sigmas und Lamdas und so weiter; insgesamt bezeichnet man sie jetzt als Hadronen. Wir haben dann die Reaktionsenergie immer weiter heraufgesetzt und immer mehr unterschiedliche Arten von Teilchen erhalten, bis es schließlich Hunderte davon gab. Das Problem bestand nun – in den vierziger bis in die fünfziger Jahre und eigentlich bis heute – natürlich darin, das Muster oder System zu entdecken, das dem Ganzen zugrunde liegt. Allem Anschein nach gab es eine Unmenge interessanter Beziehungen und Muster zwischen den

Teilchen, bis man schließlich eine Theorie entwickelte, laut der alle diese Teilchen in Wirklichkeit aus etwas ganz anderem bestehen, nämlich aus Quarks – beispielsweise bilden drei Quarks ein Proton –, und das Proton eines der Kernteilchen, ein weiteres das Neutron ist. Es gab verschiedene Quarks – anfangs genügten drei, um die Hunderte von Teilchen zu erklären; sie wurden als u-Typ, d-Typ und s-Typ bezeichnet. Zwei us und ein d ergaben ein Proton, zwei ds und ein u ein Neutron. Wenn sie sich im Kerninnern in eine andere Richtung bewegten, handelte es sich um irgendein anderes Teilchen. Dann tauchte folgendes Problem auf: Wie genau verhalten sich die Quarks, und was hält sie zusammen? Man dachte sich also eine Theorie aus, die ganz einfach ist; eine ziemlich genaue – nicht ganz genaue, aber ziemlich ähnliche – Analogie zur Quantenelektrodynamik, in der die Quarks den Elektronen, die als Gluonen bezeichneten Teilchen – die zwischen den Elektronen hin und her wandern, so daß sie einander elektrisch anziehen –, den Photonen entsprechen. Die entsprechende Mathematik dazu sieht ebenfalls sehr ähnlich aus; allerdings werden einige Begriffe ein wenig anders definiert. Die Gleichungen erriet man anhand von Grundsätzen, die so schön und so einfach sind, daß der Unterschied in der Form der Gleichungen nicht willkürlich, sondern ganz genau festgelegt ist. Willkürlich ist lediglich die Anzahl der verschiedenen Arten von Quarks, nicht jedoch das Wesen der zwischen ihnen wirkenden Kraft.

Doch etwas ist ganz anders als in der Elekrodynamik, in der man zwei Elektronen beliebig weit voneinander wegziehen kann; wenn sie sehr weit voneinander entfernt sind, wird die Kraft schwächer. Würde dies auch für Quarks gelten, wäre eigentlich zu erwarten, daß Quarks herauskommen, wenn man Dinge heftig genug aufeinanderprallen läßt. Statt dessen kam jedoch, wenn man ein Experiment durchführte, bei dem die Energie groß genug war, daß Quarks hätten freigesetzt werden können, ein großer Strahl heraus – das heißt, alle Teilchen bewegten sich ungefähr in der gleichen Richtung wie die Hadronen, waren also keine Quarks. Aufgrund der Theorie war klar: Wenn Quarks herauskommen, müssen sie neue Quarkpaare bilden, die in kleinen Gruppen auftreten und Hadronen bilden.

Die Frage lautet nun, warum es sich in der Elektrodynamik so ganz anders verhält, warum diese winzigen Unterschiede, diese kleinen Ausgangsbedingungen, die in den Gleichungen anders sind, so unterschiedliche, so völlig andersartige Wirkungen hervorrufen. Dies überraschte die meisten Leute so sehr, daß man anfangs glaubte, die Theorie sei falsch. Doch je genauer man sie überprüfte, desto eindeutiger stellte sich heraus, es ist sehr wohl möglich, daß diese zusätzlichen Begriffe derlei Auswirkungen haben. Wir befinden uns nun in einer Lage wie nie zuvor in der Geschichte der Physik – obwohl, eigentlich ist die jeweilige Ausgangssituation zu jedem Zeitpunkt immer ganz anders als alles Vorhergehende. Wir haben eine Theorie, eine umfassende, eindeutige Therorie für all diese Hadronen, und wir haben ungeheuer viele Experimente und kennen jede Menge Einzelheiten, warum können wir also die Theorie nicht einfach überprüfen, um festzustellen, ob sie richtig ist oder nicht? Denn unsere Aufgabe besteht nun darin, die Schlußfolgerungen aus dieser Theorie zu berechnen. Wenn die Theorie stimmt, was sollte dann passieren, und ist das tatsächlich eingetreten? Nun, in diesem Fall liegen die Schwierigkeiten beim ersten Schritt. Es ist sehr schwer herauszubekommen, was passieren sollte, falls die Theorie gültig ist. Wie sich herausgestellt hat, stellt uns die Mathematik, die erforderlich wäre, um die Folgerungen aus der Theorie zu berechnen, vor derzeit unüberwindliche Schwierigkeiten. Derzeit – einverstanden? Mein Problem liegt daher auf der Hand: Ich versuche, eine Möglichkeit auszuarbeiten, aus dieser Theorie Zahlen abzuleiten, um sie wirklich sorgfältig, nicht nur qualitativ, zu überprüfen, damit ich sehe, ob möglicherweise das richtige Ergebnis herauskommt.

Ein paar Jahre lang habe ich versucht, mathematische Tricks zu erfinden, die es mir ermöglichen, die Gleichungen zu lösen, aber das hat nichts gebracht. Daher bin ich zu dem Schluß gekommen, wenn ich das machen will, muß ich zuerst mehr oder weniger genau wissen, wie die Antwort wahrscheinlich aussieht. Es ist schwierig, dies einigermaßen einleuchtend zu erklären, doch ich mußte eine qualitative Vorstellung davon bekommen, wie das Phänomen abläuft, ehe ich eine passende quantitative Vorstellung entwickeln konnte. Anders gesagt: Man hat nicht einmal annähernd verstanden, wie das Ganze funktioniert. In der letzten Zeit, seit ein, zwei Jahren, habe ich mich also darum bemüht zu verstehen, was da ungefähr vor sich geht – allerdings noch nicht quantitativ –, in der Hoffnung, daß dieses ansatzweise Verständnis sich irgendwann in der Zukunft zu einem präzisen mathematischen Instrument, einer Methode, einem Algorithmus verfeinern läßt, um von der Theorie zu den Teilchen zu kommen. Sie sehen, wir befinden uns in einer komischen Situation: Diesmal suchen wir nicht nach einer Theorie; wir haben eine – eine sehr, sehr gute Kandidatin sogar –, sondern wir sind an der Stelle hängengeblieben, an der wir die Theorie mit Experimenten vergleichen und beobachten müssen, was dabei herauskommt, um dann die Theorie zu überprüfen. Wir haben uns bei dem Problem festgefahren, wie diese Ergebnisse aussehen sollen. Mein Ziel, mein sehnlicher Wunsch ist es nun, eine Möglichkeit auszuarbeiten, die Schlußfolgerungen aus dieser Theorie herauszufinden *(lacht)*. Irgendwie eine verrückte Situation, eine Theorie zu haben, deren Auswirkungen man nicht berechnen kann ... derlei ertrage ich nicht, ich muß es herausfinden. Eines Tages, vielleicht.

»Soll George das doch machen«

Um in der Physik wirklich gute, erstklassige Arbeit zu leisten, braucht man unbedingt genügend Zeit: Wenn man noch verschwommene Ideen, die man sich deshalb nur schwer merken kann, zusammenfügen will, ist das ziemlich genau so, als würde man ein Kartenhaus bauen: Jede einzelne Karte wackelt, und vergißt man auch nur eine einzige, fällt das ganze Ding wieder in sich zusammen. Man hat keine Ahnung, wie man es bis dahin geschafft, was man eigentlich gemacht hat, und muß wieder ganz von vorn anfangen. Wird man dabei gestört, vergißt man die Hälfte von dem, was man sich beim Aufeinanderschichten der Karten gedacht hat – die Karten sind verschiedenartige Bruchstücke von Ideen, Ideen verschiedener Art, die man zusammenfügen muß, um eine Gesamtvorstellung zu entwickeln. Der springende Punkt ist, Sie basteln das Ganze zusammen, ein ziemlicher Turm ist es geworden, der Gefahr läuft umzufallen, man muß sich ungeheuer konzentrieren – das heißt, man braucht genügend Zeit, um gründlich nachzudenken. Muß man aber irgendwelche Verwaltungsangelegenheiten erledigen, dann hat man diese Zeit nicht. Also habe ich für meine Person noch einen Mythos erfunden – daß ich nicht zuständig bin. Allen Leuten erkläre ich, daß ich keinerlei Pflichten übernehme. Wenn jemand mich bittet, einem Komitee für Zulassungen beizutreten – nein, dafür bin ich nicht zuständig, die Studenten sind mir verdammt egal – natürlich sind mir die Studenten verdammt *nicht* egal, aber ich weiß, irgend jemand anderer wird das übernehmen. Ich stelle mich also auf den Standpunkt: »Soll George das doch machen«, eine Einstellung, die eigentlich nicht richtig ist, einverstanden, weil es nicht richtig ist, wenn man sich so verhält. Aber ich mache das, weil ich mich gerne mit Physik beschäftige und sehen will, ob ich das noch beherrsche. Ich bin also selbstsüchtig, okay? Ich will meine Physik machen.

Geschichte ist langweilig

Da sind alle diese Studenten in dem Kurs. Und jetzt fragen Sie mich, was ist die beste Methode, sie zu unterrichten. Soll ich ihnen die Dinge vom wissenschaftsgeschichtlichen Standpunkt aus beibringen, oder soll ich ihnen etwas über die Anwendungsmöglichkeiten erzählen? Meine Theorie lautet: Die beste Methode zu unterrichten ist es, keinerlei genaue Vorstellung davon zu haben. Das Ganze muß chaotisch und in dem Sinn durcheinander und verworren sein, daß man sich jeder Möglichkeit bedient. Das ist in meinen Augen die einzig mögliche Antwort auf diese Frage. Denn so kann man im Verlauf des Unterrichts mit ganz unterschiedlichen Dingen den einen oder anderen ködern. Während ich über abstrakte Mathematik rede, langweilt sich also derjenige, den Geschichte interessiert; dafür ödet den, dem Abstraktionen Spaß machen, Geschichte an – wenn man das hinkriegt, dann langweilt man nicht alle die ganze Zeit über, und das ist doch immerhin etwas. Ich weiß wirklich nicht, wie man so was macht. Ich weiß nicht, wie ich auf die Frage verschiedener Einstellungen, verschiedener Interessen eingehen soll – was sie reizt, was sie interessiert, wie man sie dazu bringt, sich für etwas Bestimmtes zu interessieren. Eine Möglichkeit wäre, so eine Art Zwang auszuüben: Ihr müßt diesen und jenen Kurs absolvieren, ihr müßt die und die Prüfungen ablegen – eine sehr wirksame Methode. Viele Leute kommen auf die Weise glatt durch die Schule; vielleicht ist das irgendwie die erfolgreichere Methode. Tut mir leid, aber nach vielen, vielen Jahren, in denen ich zu unterrichten versucht und alle möglichen Methoden ausprobiert habe, weiß ich immer noch nicht, wie man das am besten macht.

Wie der Vater, so der Sohn

Als Kind hat es mir unglaublich Spaß gemacht, wenn mein Vater mir etwas erzählt hat; also versuche ich, meinem Sohn etwas Interessantes über die Welt zu erzählen. Als er noch klein war, haben wir ihn immer ins Bett gebracht und Gutenachtgeschichten erzählt. Ich habe mir zum Beispiel eine Geschichte über kleine Leute ausgedacht, die ungefähr so groß waren und herumspaziert sind, Picknicks veranstaltet haben und so weiter. Gehaust haben sie im Ventilator. Sie sind durch Wälder gestreift, die aus großen, hohen, langen blauen Dingern bestanden haben; wie Bäume haben sie ausgesehen, aber ohne Blätter, nur so Halme, und zwischen denen mußten sie durchgehen und so weiter. Mit der Zeit hat er kapiert, daß das die Decke war, die Fäden der Decke, der blauen Decke. Dieses Spiel hat er sehr gemocht, weil ich alle Sachen von einem komischen Standpunkt aus beschrieben habe. Er hat sich gern solche Geschichten angehört, in denen alle möglichen wunderlichen Dinge vorkamen – er ist sogar in eine feuchte Höhle gestiegen, durch die ständig der Wind blies: Die Luft ist kalt rein- und warm rausgekommen und so. Sie sind in die Nasenlöcher von einem Hund geschlüpft, und da konnte ich ihm natürlich alles über Physiologie erzählen. Unglaublich gern hat er das gemocht, also habe ich ihm jede Menge solcher Geschichten erzählt. Auch mir selber hat es Spaß gemacht, weil ich über etwas reden konnte, das mich interessierte. Wir haben uns immer prächtig amüsiert, wenn er dann geraten hat, was dieses oder jenes ist. Ich habe aber auch eine Tochter, und bei der habe ich das gleiche probiert – na ja, meine Tochter ist ganz anders. Sie wollte keine solche Geschichte hören, sie wollte, daß ich die Geschichte im Buch noch mal erzähle, sie ihr noch mal vorlese. Sie wollte, daß ich ihr vorlese und nicht irgendwelche Geschichten erfinde: Sie ist einfach ganz anders. Wenn man mich also nach einer guten Methode, Kindern etwas Wissenschaftliches beizubringen, fragte, dann würde ich sagen: solche Geschichten mit den kleinen Leuten zu erfinden. Bei meiner Tochter funktioniert das nicht; bei meinen Sohn hat es zufällig geklappt – okay?

»Wissenschaften, die keine sind ...«

Aufgrund des Erfolgs der Naturwissenschaften gibt es, glaube ich, so eine Art Pseudowissenschaften. Sozialwissenschaft ist ein Beispiel für eine Wissenschaft, die keine ist; die Leute, die sich damit beschäftigen, gehen nicht auf wissenschaftliche Weise vor, sie halten sich nur der Form nach daran – sammeln Daten, tun dies und jenes und so weiter. Doch nie finden sie irgendwelche Naturgesetze heraus – sie haben überhaupt nichts herausgefunden, haben überhaupt noch nichts erreicht. Vielleicht gelingt es ihnen ja eines Tages, schließlich stecken diese sogenannten Wissenschaften noch in den Kinderschuhen, doch was da wirklich abläuft, spielt sich auf einer noch viel banaleren Ebene ab. Wir haben Experten für alles mögliche, und die tönen, als wären sie irgendwelche wissenschaftlichen Experten. Sie sind keine Wissenschaftler – sie sitzen vor einer Schreibmaschine und denken sich etwas aus, beispielsweise, na ja, mit biodynamischem Düngemitteln behandelte Nahrungsmittel seien besser für Sie als solche, bei denen man Kunstdünger einsetzt. Vielleicht stimmt das, vielleicht auch nicht, aber weder das eine noch das andere ist bewiesen. Doch die sitzen da vor ihrer Schreibmaschine und denken sich das alles aus und tun so, als handelte es sich dabei um Wissenschaft. Auf diese Weise werden sie Experten für Nahrungsmittel, biodynamische Ernährung und so weiter. Überall gibt es alle nur denkbaren Mythen und Pseudowissenschaften.

Vielleicht liege ich ja völlig falsch, vielleicht wissen sie das alles wirklich. Aber ich glaube nicht, daß ich mich da irre. Sehen Sie, ich bin insofern im Vorteil, als ich am eigenen Leib erlebt habe, wie schwer es ist, wirklich etwas zu wissen, wie sorgfältig man vorgehen und alle Experimente genauestens überprüfen muß. Und wie leicht einem Fehler unterlaufen und man sich selber an der Nase herumführt. Ich weiß, was es bedeutet, etwas zu wissen, aber ich glaube nicht, daß die das wissen. Ich sehe, wie sie sich ihre Informationen beschaffen, und da kann ich mir einfach nicht vorstellen, daß sie wirklich Bescheid wissen: Sie haben nicht die dafür erforderliche Arbeit geleistet, haben nicht die notwendigen Tests durchgeführt, sind nicht sorgfältig genug vorgegangen. Ich werde den Verdacht nicht los, dieser ganze Krempel ist schlichtweg falsch, und sie wollen die Leute nur einschüchtern. Das ist meine Ansicht. Ich weiß nicht sehr viel über unsere Welt, aber davon bin ich überzeugt.

Zweifel und Ungewißheit

Wenn sie erwartet haben, daß die Naturwissenschaften Ihnen alle Antworten auf die hehren Fragen geben, was wir sind, wohin wir gehen, was es mit dem Universum auf sich hat und so weiter, dann könnte es, glaube ich, leicht passieren, daß Sie binnen kurzem desillusioniert nach irgendwelchen mystischen Antworten auf diese Fragen suchen. Wie ein Wissenschaftler es fertigbringt, eine mystische Erklärung zu akzeptieren, weiß ich nicht, denn der Sinn des Ganzen ist es doch, etwas zu verstehen – na ja, lassen wir das. Ich jedenfalls begreife das nicht. Überlegen Sie doch mal: Wenn wir forschen, versuchen wir, soviel wie möglich über diese unsere Welt herauszufinden. Die Leute fragen mich: »Suchen Sie nach den allem zugrunde liegenden Naturgesetzen?« Nein, das tue ich nicht, ich versuche lediglich, mehr über die Welt herauszukriegen. Falls sich herausstellt, daß es ein einfaches, letztgültiges Gesetz gibt, das alles erklärt, um so besser; würde Spaß machen, es zu entdecken.

Falls sich jedoch herausstellt, das Ganze ist wie eine Zwiebel mit Millionen Häuten, und wir es einfach leid sind, alle diese Häute zu untersuchen, dann ist es eben so. Aber was auch immer herauskommt, es ist so, wie es ist, und genau das wird herauskommen. Wenn wir uns daranmachen, es zu untersuchen, sollten wir nicht schon vorher festlegen, was wir herausbekommen wollen. Wir sollten lediglich versuchen, mehr darüber herauszufinden. Wenn Ihr Problem, der Grund, warum Sie mehr herausfinden wollen, der ist, daß Sie eine Antwort auf irgendeine tiefschürfende philosophische Frage wollen, dann liegen Sie möglicherweise falsch. Es könnte durchaus passieren, daß Sie zwar mehr über das Wesen der Natur erfahren, aber keine Antwort auf diese spezielle Frage finden. Ich sehe das allerdings nicht so. Mein Interesse an der Wissenschaft besteht einfach darin, mehr über die Welt herauszufinden, und je mehr ich herausfinde, desto besser.

Es ist wirklich etwas Geheimnisvolles, warum wir in der Lage sind, so viel mehr Dinge zu tun als Tiere. Und es gibt noch mehr solche Fragen. Doch das sind Geheimnisse, die ich enträtseln will, ohne von vornherein die Antwort zu kennen. Und deshalb kann ich alle diese Geschichten, die man sich über unser Verhältnis zum Universum als Ganzem ausgedacht hat, nicht glauben: Sie erscheinen mir zu einfach, zu beschränkt, zu begrenzt, zu sehr auf uns bezogen. Die Erde: ER ist auf die Erde gekommen, einer der Aspekte Gottes ist auf die Erde gekommen, wohlgemerkt, und jetzt schauen Sie sich mal an, wie es aussieht. Das steht in keinerlei Verhältnis. Wie auch immer, es hat keinen Sinn, darüber zu streiten. Ich kann es nicht widerlegen, ich versuche lediglich, Ihnen klarzumachen, daß meine wissenschaftlichen Ansichten sich irgendwie auf meinen Glauben auswirken. Und auch noch etwas anderes hängt mit der Frage zusammen, wie man herausfinden soll, ob etwas stimmt. Wenn jede Religion eine andere Theorie anbietet, dann beginnt man zu zweifeln. Und wenn man erst einmal angefangen hat zu zweifeln – und Sie sollen zweifeln –, dann fragen Sie mich bitte nicht, ob die Naturwissenschaften Wahrheiten liefern. Sie sagen: Nein, wir wissen nicht, was wahr ist, wir versuchen, es herauszufinden, und möglicherweise ist alles falsch.

Vielleicht sollte man, wenn man Religion verstehen will, damit beginnen, daß man sagt, möglicherweise stimmt das alles nicht. Und dann sehen wir mal. Sobald Sie das tun, riskieren Sie einen Absturz, von dem man sich nur schwer erholt und so weiter. Von einem wissenschaftlichen oder einem solchen Standpunkt aus, wie mein Vater ihn vertrat: daß man überprüfen sollte, was wahr ist und was möglicherweise wahr, möglicherweise aber auch nicht wahr ist, fängt man an zu zweifeln. Zu zweifeln und zu fragen ist, glaube ich, ein grundlegender Zug meines Wesens. Und wenn man zweifelt und fragt, fällt es einem etwas schwerer, zu glauben.

Verstehen Sie, einerseits kann ich durchaus mit Zweifel und Ungewißheit leben: ohne etwas zu wissen. Ich finde es weit interessanter, so zu leben, daß man nichts weiß, anstatt Antworten zu haben, die möglicherweise falsch sind. Ich habe annähernde Antworten und Glaubensvorstellungen, die möglicherweise richtig sind, und bei verschiedenen Dingen bin ich mir in unterschiedlichem Maße sicher, aber absolut gewiß bin ich mir keiner Sache, und es gibt vieles, über das ich überhaupt nichts weiß. Etwa, ob es Sinn hat zu fragen, warum wir hier sind, und was diese Frage bedeuten könnte. Vielleicht denke ich ein wenig darüber nach, und wenn ich es nicht rauskriege, dann beschäftige ich mich mit etwas anderem: Ich brauche nicht unbedingt eine Antwort darauf, ich bekomme es nicht mit der Angst zu tun, wenn ich etwas nicht weiß, wenn ich ohne Sinn und Zweck in irgendeinem geheimnisvollen Universum umhertaumle. Denn genauso sieht es aus, soweit ich weiß. Aber das macht mir keine Angst.

Die Computer der Zukunft

Auf den Tag genau vierzig Jahre nach dem Abwurf der Atombombe über Nagasaki hält Feynman, Veteran des Manhattan Project, einen Vortrag in Japan; das Thema ist allerdings friedlicher Art und beschäftigt nach wie vor die klügsten Köpfe: Wie wohl die Computer der Zukunft aussehen werden. Im Verlauf des Vortrags handelt Feynman unter anderem ein Thema ab, das ihn zu einer Art Nostradamus der Computerwissenschaft machte – die allerunterste Grenze für die Größe eines Computers. Für einige Leser ist dieses Kapitel möglicherweise etwas schwer verständlich, doch es stellt einen so wichtigen Teil von Feynmans Beitrag zur Wissenschaft dar, daß sie sich hoffentlich dennoch die Zeit nehmen, es zu lesen, auch wenn sie einige der eher technischen Passagen überspringen müssen. Den Abschluß bildet ein kurzer Abriß einer der Lieblingsideen Feynmans, die zur derzeitigen Revolution in der Nanotechnologie führte.

Einführung

Es ist mir ein großes Vergnügen und eine Ehre, im Gedenken an einen Wissenschaftler, den ich so sehr geachtet und bewundert habe wie Professor Nishina, vor Ihnen zu sprechen. Nach Japan zu reisen, um über Computer zu sprechen, ist ungefähr so, als wolle man Buddha eine Predigt halten. Doch ich habe mir einige Gedanken über Computer gemacht, und es war das einzige

Thema, das mir eingefallen ist, als ich die Einladung erhielt, hier einen Vortrag zu halten.

Als erstes möchte ich gleich sagen, worüber ich nicht sprechen werde. Zwar will ich über die Computer der Zukunft reden, doch gerade zu den wichtigsten möglichen Neuerungen auf diesem Gebiet werde ich mich nicht äußern. Beispielsweise beschäftigt man sich intensiv mit der Entwicklung von klügeren Maschinen, von Geräten, die besser mit Menschen kommunizieren können, um Input und Output zu vereinfachen und nicht mehr auf das heute noch erforderliche komplizierte Programmieren angewiesen zu sein. Oft wird derlei unter dem Namen Künstliche Intelligenz gehandelt, doch ich mag diese Bezeichnung nicht. Vielleicht erweisen sich die nicht-intelligenten Maschinen sogar als besser als die intelligenten.

Ein weiteres Problem ist die Vereinheitlichung der Programmiersprachen: Es gibt heute noch viel zuviele verschiedene solcher Sprachen; es wäre also durchaus eine gute Idee, sich für eine zu entscheiden. (Hier in Japan sage ich das mit großen Vorbehalten, denn hier wird man schlicht noch mehr Standardsprachen einführen – Sie verfügen bereits über vier Schreibweisen, und Versuche, irgend etwas zu standardisieren, laufen offenbar auf mehr und nicht auf weniger Normierungen hinaus!)

Ein anderes interessantes Problem, das der Mühe wert ist, sich um seine Lösung zu bemühen, über das ich jedoch ebenfalls nicht sprechen werde, betrifft automatische Programme zum Austesten von Programmen – Austesten bedeutet Fehlerbeseitigung: die Feststellung von Irrtümern in einem Programm oder in einem Gerät. Je komplizierter solche Geräte werden, desto schwieriger ist es erstaunlicherweise, derlei Fehler aufzuspüren und zu beheben.

Bei einer weiteren möglichen Verbesserung geht es darum, physikalische Geräte dreidimensional zu gestalten, anstatt alles auf der zweidimensionalen Fläche eines Chips unterzubringen.

Das muß nicht auf einen Schlag geschehen, vielmehr kann man dabei schrittweise vorgehen – wenn man mehrere Schichten nimmt und im Lauf der Zeit immer mehr hinzufügt. Ein weiteres wichtiges Gerät wäre eine Apparatur zur automatischen Aufspürung schadhafter Einzelteile auf einem Chip; dieser würde sich dann automatisch neu verdrahten und dabei die kaputten Elemente aussparen. Die großen Chips, die wir derzeit herstellen, haben oft schad- oder fehlerhafte Stellen; dann werfen wir den ganzen Chip weg. Weit wirtschaftlicher wäre es, den Teil des Chips weiterzuverwenden, der einwandfrei arbeitet. Ich erwähne all dies, um Ihnen klarzumachen, daß ich mir sehr wohl der eigentlichen Probleme bei der Entwicklung der Computer der Zukunft bewußt bin. Worüber ich sprechen will, ist jedoch etwas ganz Einfaches, ein paar kleine technische, physikalisch interessante Dinge, die sich im Prinzip gemäß den Naturgesetzen bewerkstelligen lassen. Mit anderen Worten: Ich werde über die Geräte, nicht jedoch über die Art und Weise, wie wir uns ihrer bedienen, reden.

Beispielsweise über einige technische Möglichkeiten zur Herstellung solcher Geräte. Dabei will ich mich auf drei Themen konzentrieren. Das eine sind parallelgeschaltetete Rechenmaschinen, die in allernächster Zukunft, beinahe jetzt schon, entwickelt werden. Etwas länger wird es dauern, die Frage des Energieverbrauchs der Geräte zu lösen; derzeit stellt dies scheinbar noch eine Einschränkung dar, ist jedoch in Wirklichkeit keine. Und schließlich möchte ich über die Größe sprechen. Je kleiner die Geräte, desto besser; die Frage ist nur, um wieviel kleiner man im Prinzip Geräte im Einklang mit den Naturgesetzen machen kann. Ich werde nicht näher darauf eingehen, was von alldem in Zukunft tatsächlich entwickelt wird. Das hängt von den ökonomischen und gesellschaftlichen Gegebenheiten ab, und ich habe nicht vor, darüber irgendwelche Mutmaßungen anzustellen.

Parallelgeschaltete Computer

Das erste Thema betrifft parallelgeschaltete Computer. Nahezu alle derzeit gebräuchlichen, konventionellen Computer arbeiten nach dem von Neumann* erdachten Muster oder Schema: Ein sehr großer Speicher sammelt alle Informationen, während eine zentrale Einheit einfache Berechnungen durchführt. Wir nehmen eine Zahl von einer bestimmten Stelle im Speicher sowie eine Zahl von einer anderen Stelle dort und schicken die beiden in die zentrale Recheneinheit, um sie zu addieren; die Antwort wird dann zu einer anderen Stelle im Speicher geschickt. Im Grunde genommen haben wir also einen zentralen Prozessor, der sehr, sehr schnell und unaufhörlich arbeitet; daneben befindet sich der Speicher: eine Art schnell arbeitendes Datenablagesystem mit Karteikarten, die man nur äußerst selten benutzt. Es liegt auf der Hand, daß wir die Berechnungen beschleunigen könnten, wenn mehrere Prozessoren gleichzeitig arbeiteten. Das Problem ist jedoch folgendes: Möglicherweise benutzt irgend jemand einen Prozessor und bedient sich dabei einer Information aus dem Speicher, die jemand anderer ebenfalls braucht; das Ganze wird dann ziemlich verwirrend. Man vertrat daher die Ansicht, es sei äußerst schwierig, viele Prozessoren parallel arbeiten zu lassen.

Bei den als »Vektorprozessoren« bezeichneten großen konventionellen Maschinen hat man einige Schritte in dieser Richtung unternommen. Will man gelegentlich bei verschiedenen Einzelberechnungen genau den gleichen Vorgang ausführen, kann man dies möglicherweise gleichzeitig tun. Man hofft einfach, normale Programme auf die übliche Weise schreiben zu können; ein

---

* Der aus Ungarn stammende amerikanische Mathematiker Johann von Neumann (1903–1957) gilt als einer der Väter des Computers (Anm. d. Hrsg.).

Übersetzungsprogramm werde dann automatisch feststellen, wann es nützlich ist, die Möglichkeit mit den Vektoren zu nutzen. Beim Cray und bestimmten »Supercomputern« in Japan geht man von genau dieser Vorstellung aus. Andere wollen im Grunde genommen sehr viele relativ (aber nicht ganz) einfache Computer nach einem bestimmten Muster miteinander verbinden, die dann alle an einem Teil des Problems arbeiten. In Wirklichkeit stellen sie alle voneinander unabhängige Computer dar, die einander Informationen übermitteln, sobald der eine oder andere sie braucht. Dieses Systems bedient man sich beispielsweise beim Caltech Cosmic Cube; es ist nur eine von zahlreichen Möglichkeiten; derzeit werden viele solcher Anlagen hergestellt. Eine weitere Möglichkeit ist es, sehr viele sehr einfache zentrale Prozessoren über den ganzen Speicher zu verteilen. Jeder einzelne dieser auf ausgeklügelte Weise zusammengeschalteten Prozessoren befaßt sich nur mit einem kleinen Teil des Speichers. Ein Beispiel dafür stellt die Connection Maschine am MIT dar. Sie verfügt über 64 000 Prozessoren und ein Leitwegsystem, bei dem jeweils 16 mit 16 beliebigen anderen kommunizieren können, es also 4000 solcher möglichen Leitwegverbindungen gibt.

Allem Anschein nach könnte man wissenschaftliche Probleme wie etwa die Wellenausbreitung in einem Material mittels einer parallelen Verarbeitung ganz einfach berechnen. Denn was in jedem gegebenen Bereich des Raums zu einem beliebigen Zeitpunkt abläuft, kann man logisch berechnen; man braucht lediglich die Drücke und Spannungen der angrenzenden Rauminhalte zu kennen. Sie lassen sich gleichzeitig für jeden einzelnen Raum berechnen; anschließend kann man diese Grenzbedingungen durch die einzelnen Räume übermitteln. Daher funktioniert dieses System bei derartigen Problemen. Wie sich herausgestellt hat, kann man sehr viele Probleme der unterschiedlichsten Art parallel lösen. Solange das Problem so groß ist, daß eine Menge Berechnungen erforderlich sind, kann eine parallele Berechnung die Lösung erheblich beschleunigen; zudem beschränkt dieses Prinzip sich nicht auf wissenschaftliche Probleme.

Und was ist mit dem Vorurteil passiert, das man noch vor zwei Jahren hegte, daß nämlich paralleles Programmieren schwierig sei? Schwierig, ja beinahe unmöglich war es lediglich, so stellte sich heraus, ein normales Programm herzunehmen und dann automatisch herauszufinden, wie man mit diesem Programm parallele Berechnungen durchführen kann. Statt dessen muß man ganz von vorn anfangen und von der Möglichkeit einer parallelen Berechnung ausgehen; dann muß man das Programm mit einem neuen [Verständnis dessen], was in der Rechenmaschine vor sich geht, ganz neu schreiben. Es ist schlicht unmöglich, mit den alten Programmen zu arbeiten. Sie müssen umgeschrieben werden. Dies stellt bei den meisten industriellen Nutzanwendungen einen großen Nachteil dar und ist auf beträchtlichen Widerstand gestoßen. Doch die meisten umfangreichen Programme gehören Wissenschaftlern oder anderen – nicht so »offiziellen« – intelligenten Programmierern, die von der Computerwissenschaft begeistert und bereit sind, wieder ganz von vorn anzufangen und das Programm umzuschreiben, wenn sie es dadurch leistungsfähiger machen können. Die wirklich umfangreichen, großen Programme für diese Rechenmaschinen werden also zuerst von Fachleuten neu geschrieben; allmählich wird dann jeder dahinterkommen, wie das geht, und schließlich wird man immer mehr solche Programme schreiben. Die Programmierer müssen einfach lernen, wie man das macht.

Reduzierung des Energieverlusts

Das zweite Thema, dem ich mich zuwenden will, ist der Energieverlust in Computern. Die Tatsache, daß sie gekühlt werden müssen, stellt für die größten Computer eindeutig eine Einschränkung dar – ein Großteil der Energie wird für die Kühlung der

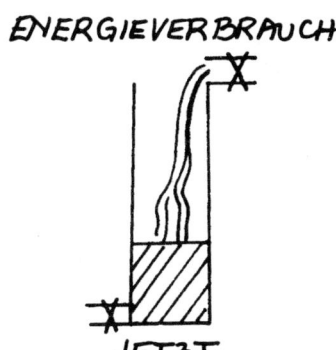

Abb. 1

Maschine verbraucht. Ich möchte gern erklären, warum dies einfach eine Folge unzulänglicher Technik und keineswegs ein grundlegendes Problem ist. Im Computer steuert ein Draht mit einer Spannung, die entweder die eine oder die andere Größe hat, ein Informationsbruchstück. Man nennt dies »ein Bit«, und wir müssen die Spannung im Draht von dem einen zu dem anderen Wert hin ändern, das heißt, sie erhöhen oder senken. Stellen Sie sich das analog zu Wasser vor: Wir müssen ein Gefäß mit Wasser füllen, um den einen Pegel zu erreichen, oder aber es entleeren, um den anderen Pegel zu erzielen. Dies ist bloß eine Analogie – wenn Ihnen Elektrizität besser gefällt, können Sie sich das auch auf diese Weise vorstellen. Im Fall von Wasser machen wir nun folgendes: Wir füllen das Gefäß, indem wir von einem oberen Pegel aus Wasser nachfüllen (Abb. 1), und senken den Wasserspiegel, indem wir das Ventil unten öffnen und das Wasser vollständig ablaufen lassen. In beiden Fällen kommt es durch die plötzliche Veränderung des Wasserstands zu einem Energieverlust auf der Strecke von oben, wo das Wasser hereinströmt, nach unten, ebenso, wenn Sie erneut Wasser nachgießen, um das Gefäß wieder zu füllen. Im Fall von Spannung und Ladung geschieht das gleiche.

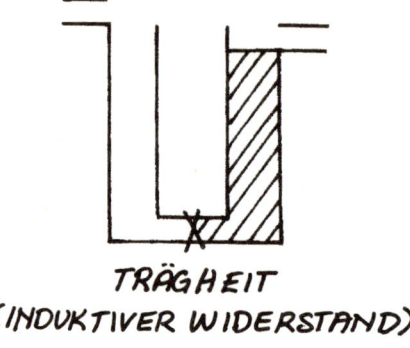

TRÄGHEIT
(INDUKTIVER WIDERSTAND)

Abb. 2

Das ist, wie Mr. Bennett erklärt hat, gerade so wie bei einem Auto, das anfährt, wenn man den Motor einschaltet, und stehenbleibt, wenn man bremst. Beim Anlassen des Motors wie auch beim Bremsen kommt es jedesmal zu einem Energieverlust. Eine andere Möglichkeit bestünde darin, die Räder mit Schwungrädern zu verbinden. Wenn das Auto jetzt stehenbleibt, beschleunigt sich das Schwungrad, und man speichert auf diese Weise die Energie – die sich dann für ein erneutes Starten einsetzen läßt. Die Wasser-Analogie dazu wäre eine U-förmige Röhre mit einem Ventil unten in der Mitte, das die beiden Schenkel des U miteinander verbindet (Abb. 2). Anfangs ist der rechte Schenkel mit Wasser gefüllt, der linke jedoch leer; das Ventil ist geschlossen. Öffnen wir nun das Ventil, fließt das Wasser auf die andere Seite, und wir können das Ventil wieder schließen, sobald das Wasser sich im linken Schenkel befindet. Wollen wir andersherum vorgehen, öffnen wir wiederum das Ventil: Das Wasser fließt in den anderen Schenkel zurück, in dem wir es durch Verschließen des Ventils ebenfalls festhalten können. Bei diesem Vorgang kommt es zu einem gewissen Verlust, und das Wasser steigt nicht mehr ganz so hoch wie vorher. Wir brauchen jedoch nur ein wenig Wasser nachzufüllen, um den Verlust auszugleichen – ein weit geringerer Energieverlust

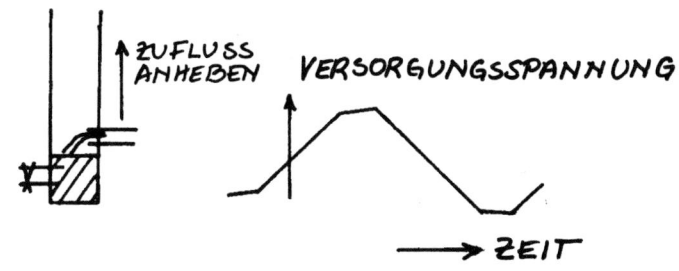

Abb. 3

als bei der anderen Methode, bei der man das Wasser direkt einfüllt. Man nutzt bei diesem Kunstgriff die Trägheit des Wassers; bei Elektrizität entspricht ihr die Induktivität. Allerdings erweist es sich bei den heutigen Silikontransistoren als außerordentlich schwierig, auf den Chips Induktivität aufzubauen. Für die derzeitige Technologie ist diese Technik also nicht sonderlich geeignet.

Ein anderes Verfahren wäre, den Behälter mit Wasser aus einem Versorgungstank aufzufüllen, dessen Pegel nur ein wenig über dem Wasserspiegel im Behälter liegt, und dabei den Tank anzuheben (Abb. 3), damit während des gesamten Vorgangs der Wasserstand im Tank nur geringfügig absinkt. Ebensogut könnten wir über eine Abflußöffnung den Pegel im Behälter senken, jedoch nur Wasser von weit oben wegnehmen und die Röhre nach unten bewegen, damit der Wärmeverlust nicht an der Stelle auftritt, wo der Transistor sitzt, oder zumindest gering bleibt. Der tatsächliche Verlust hängt von dem Abstand zwischen dem Versorgungstank und dem Wasserspiegel in dem Behälter während des Auffüllens ab. Diese Methode entspricht einer Veränderung der Spannungszufuhr in der Zeit. Wir könnten uns also dieser Methode bedienen, wenn

wir eine in Abhängigkeit von der Zeit variierende Spannungsquelle haben. Natürlich kommt es in der Spannungsquelle zu
einem Energieverlust, doch lediglich an einer Stelle, um dort
einen großen induktiven Widerstand zu erzielen. Man bezeichnet
diese Methode als »Hot-clocking«, da die Spannungszufuhr zeit-
gleich mit der Uhr arbeitet, die den gesamten zeitlichen Ablauf
bestimmt. Darüber hinaus brauchen wir kein eigenes Zeitsignal
wie bei konventionellen Modellen, um die einzelnen Abläufe zeit-
lich abzustimmen.

Bei den beiden letzteren Vorrichtungen verbraucht man weniger Energie, wenn man langsam vorgeht. Bewege ich den Wasserspiegel im Nachfülltank zu rasch, kann das Wasser in der Röhre
nicht mithalten, und es kommt zu einem massiven Absinken des
Wasserspiegels. Damit das Ganze funktioniert, muß es langsam
vonstatten gehen. Auf ähnliche Weise funktioniert das System
mit der U-Röhre nur, wenn das Ventil in der Mitte sich schneller
öffnen und schließen kann, als das Wasser braucht, um in der
U-Röhre hin- und herzufließen. Meine Geräte müssen also langsamer arbeiten – zwar halte ich den Energieverlust niedrig, doch
alles geht langsamer. Tatsache ist, der Energieverlust multipliziert
mit der Zeit, die der gesamte Vorgang in Anspruch nimmt, bleibt
konstant. Dennoch erweist sich dies als sehr praktisch, da normalerweise weit mehr Zeit zur Verfügung steht, als die Transistoren
brauchen; das können wir nutzen, um den Energieaufwand zu
verringern. Oder wir können auch, wenn wir beispielsweise bei
unseren Berechnungen dreimal langsamer vorgehen, ein Drittel
der Energie über dreimal die Zeit verwenden, das heißt wir verbrauchen neunmal weniger Energie. Das ist es vielleicht wert.
Möglicherweise steht uns etwas mehr Zeit zur Verfügung als bei
einer maximalen Ablaufgeschwindigkeit, wenn wir uns für eine
große Maschine, die praktisch ist und bei der wir dennoch den
Energieverlust reduzieren können, neue Modelle mit Parallel-
berechnungen und anderen Methoden ausdenken.

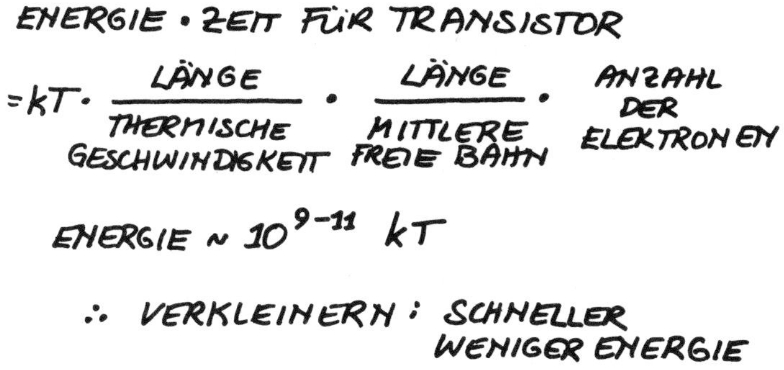

$$ENERGIE \cdot ZEIT \ FÜR \ TRANSISTOR$$

$$= kT \cdot \frac{LÄNGE}{\substack{THERMISCHE \\ GESCHWINDIGKEIT}} \cdot \frac{LÄNGE}{\substack{MITTLERE \\ FREIE \ BAHN}} \cdot \substack{ANZAHL \\ DER \\ ELEKTRONEN}$$

$$ENERGIE \sim 10^{9-11} \ kT$$

$$\therefore \ VERKLEINERN : \substack{SCHNELLER \\ WENIGER \ ENERGIE}$$

Abb. 4

Bei einem Transistor ist der Energieverlust das Ergebnis mehrerer Faktoren (Abb. 4):

1. thermische Energie proportional zur Temperatur kT;
2. Länge des Transistors zwischen Zufuhr und Abfluß dividiert durch die Geschwindigkeit der Elektronen im Innern (thermische Geschwindigkeit $\sqrt{3kT/m}$);
3. Länge des Transistors in Einheiten der mittleren freien Bahn für Elektronenkollisionen im Transistor;
4. Gesamtzahl der Elektronen im Innern des Transistors, wenn er in Betrieb ist.

Setzt man für alle diese Zahlen die richtigen Werte ein, stellt sich heraus, die heutzutage in Transistoren verwendete Energie liegt irgendwo zwischen der einmilliarden- und zehnmilliardenfachen thermischen Energie kT. Soviel Energie brauchen wir, um den Transistor umzuschalten – und das ist sehr viel. Daher empfiehlt es sich, den Transistor kleiner zu machen. Wir verringern den Abstand zwischen Zufuhr und Abfluß; darüber hinaus können wir die Anzahl der Elektronen verringern und auf diese Weise eine Menge Energie einsparen. Außerdem stellt sich heraus, daß ein kleinerer Transistor viel schneller arbeitet, da die Elektronen ihn rascher durchqueren und schneller umschalten können. Es spricht also alles dafür, den Transistor zu verkleinern – etwas, das alle schon die ganze Zeit versuchen.

Angenommen, es ergibt sich eine Situation, in der die mittlere freie Bahn länger als der Transistor ist; dann stellen wir fest, der Transistor funktioniert nicht mehr richtig. Er verhält sich nicht so, wie wir es erwartet haben. Das erinnert mich an die vor Jahren vieldiskutierte Schallmauer. Man war der Ansicht, Flugzeuge könnten nicht schneller fliegen als mit Schallgeschwindigkeit, denn wenn man sie auf die gängige Weise konstruiere und dann versuche, die Schallgeschwindigkeit in die Gleichungen einzusetzen, arbeite der Propeller nicht, das Flugzeug steige nicht auf und überhaupt funktioniere nichts richtig. Dennoch können Flugzeuge mit Überschallgeschwindigkeit fliegen. Man braucht nur zu wissen, welche Naturgesetze unter welchen Umständen gelten, und die Maschine entsprechend diesen Gesetzen zu konstruieren. Man kann nicht erwarten, daß alte Modelle unter neuen Voraussetzungen funktionieren. Doch *neue* Geräte können unter *neuen* Umständen sehr wohl funktionieren, und ich versichere Ihnen, es liegt völlig im Bereich des Machbaren, Transistoren oder, genauer gesagt: Schaltsysteme und Rechenmaschinen herzustellen, deren Ausmaße kleiner sind als die mittlere freie Bahn. Das heißt natürlich: »im Prinzip«; ich spreche keineswegs von der konkreten Herstellung solcher Geräte. Wir wollen uns daher ansehen, was passiert, wenn wir diese Geräte so klein wie möglich zu machen versuchen.

Reduzierung der Größe

Mein drittes Thema ist die Größe von Rechenelementen, und jetzt begebe ich mich auf das Gebiet reiner Theorie. Wenn Dinge sehr klein werden, würden Sie sich als erstes wegen der Brown-

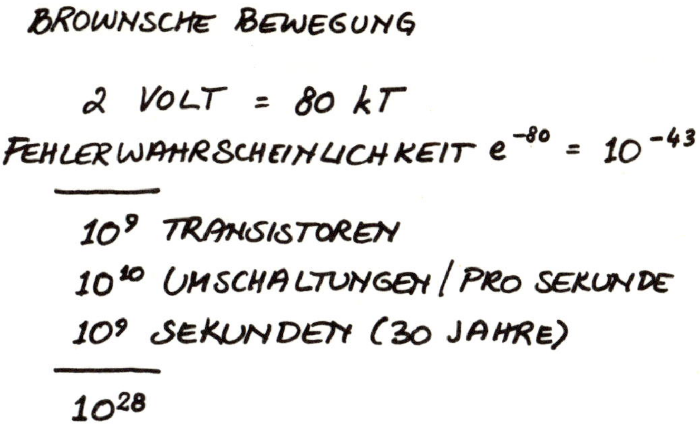

BROWNSCHE BEWEGUNG

$$2 \; VOLT = 80 \; kT$$

FEHLERWAHRSCHEINLICHKEIT $e^{-80} = 10^{-43}$

10^9 TRANSISTOREN
10^{10} UMSCHALTUNGEN / PRO SEKUNDE
10^9 SEKUNDEN (30 JAHRE)

10^{28}

Abb. 5

schen Bewegung* Gedanken machen – alles wackelt, nichts bleibt an Ort und Stelle. Wie soll man jetzt die Kreisläufe regulieren?

Besteht zudem nicht die Möglichkeit, daß ein Kreislauf, wenn er denn ordnungsgemäß abläuft, jetzt zufällig zurückspringt? Wenn wir zwei Volt für die Energie dieser elektrischen Vorrichtung ansetzen – das ist der übliche Wert (Abb. 5) –, das heißt achtzigmal die thermische Energie bei Raumtemperatur ($kT = 1/40$ Volt), dann ist die Wahrscheinlichkeit, daß irgend etwas auf achtzigmal die thermische Energie zurückspringt gleich e (die Basis des natürlichen Logarithmus) zur Kraft hoch minus achtzig oder 10^{-43}. Was bedeutet das? Hätten wir in einem Computer eine Milliarde Transistoren (was noch nicht der Fall ist), die alle 10^{10}mal pro Sekunde umschalten (das entspricht einer Schaltzeit von einer zehntel Nanosekunde), und das fortwährend über 10^9 Se-

---

* Die infolge fortwährender zufälliger Molekülkollisionen ruckartigen Bewegungen von Teilchen wurden erstmals 1828 von dem Botaniker Robert Brown in einer Druckschrift erwähnt; 1905 erklärte Albert Einstein sie in einer Abhandlung in den *Annalen der Physik* (Anm. d. Hrsg.).

kunden, was dreißig Jahren entspricht, dann betrüge die Gesamtzahl der Schaltoperationen in einer solchen Maschine 10^{28}. Die Wahrscheinlichkeit, daß einer der Transistoren rückwärts schaltet, liegt also bei lediglich 10^{-43} – im Verlauf der dreißig Jahre werden daher thermische Schwankungen keinerlei Fehler verursachen. Falls Ihnen das nicht gefällt, setzen Sie einfach 2,5 Volt ein, dann wird die Wahrscheinlichkeit noch geringer. Lange ehe derlei passiert, könnte tatsächlich ein Fehler unterlaufen, wenn nämlich zufällig ein kosmischer Strahl den Transistor durchläuft. Doch warum sollten wir vollkommener sein?

Allerdings liegt in Wirklichkeit noch weit mehr im Bereich des Möglichen; ich verweise Sie auf einen Artikel von C. H. Bennett und R. Landauer in der neuesten Ausgabe des *Scientific American,* »The Fundamental Physical Limits of Computation«*. So läßt sich ein Computer konstruieren, in dem jedes einzelne Element, jeder Transistor, nach vorne schalten, aber auch zufällig in die andere Richtung gehen kann; trotzdem funktioniert der Computer. In dem Computer können alle Operationen vorwärts oder rückwärts ablaufen. Die Berechnung verläuft eine Weile in der einen Richtung, hebt sich dann selber auf, »entrechnet sich«, geht dann wieder vorwärts und so weiter. Wir brauchen nur ein wenig »anzuschieben«, dann erfüllt der Computer seine Aufgabe und beendet die Berechnung: Wir machen es lediglich etwas wahrscheinlicher, daß er vorwärts geht und nicht rückwärts.

Bekanntlich kann man alle denkbaren Berechnungen bewerkstelligen, indem man einige einfache Elemente wie Transistoren zusammensetzt oder, um dies logisch abstrakter zu formulieren, beispielsweise ein sogenanntes NAND-Gate (NAND steht für NOT-AND = NICHT-UND) konstruiert. Ein NAND-Gate verfügt über zwei »Drähte«, die hinein-, und einen, der herausführt (Abb. 6). Und jetzt vergessen Sie einmal das NOT. Was ist ein

---

* *Scientific American,* Juli 1985 (Anm. d. Hrsg.).

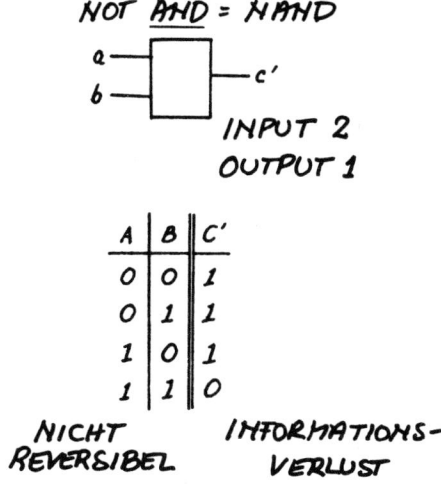

Abb. 6

AND-Gate? Ein AND-Gate ist eine Vorrichtung, deren Output nur dann gleich 1 ist, wenn beide Input-Drähte gleich 1 sind; ansonsten beträgt der Output 0. NOT-AND bedeutet das Gegenteil. Der Output-Draht zeigt also 1 an (das heißt, das Spannungsniveau entspricht 1), außer wenn beide Input-Drähte 1 angeben; in diesem Fall gilt für den Output-Draht der Wert 0 (das heißt, das Spannungsniveau entspricht 0). Abb. 6 ist eine kleine Tabelle mit den Input- und Output-Werten eines solchen NAND-Gate. A und B sind die Inputs, C der Output.

Betragen A und B beide 1, ist der Output gleich 0, ansonsten gleich 1. Eine derartige Vorrichtung ist jedoch irreversibel: Information geht verloren. Wenn wir nur den Output kennen, können wir den Input nicht daraus ableiten. Bei einem derartigen System kann man nicht damit rechnen, daß es vorwärts springt, dann wieder zurückgeht und weiterhin korrekt rechnet. Wenn wir beispielsweise wissen, der Output beträgt jetzt 1, dann können wir nicht sagen, ob er sich aus $A=0$, $B=1$ oder $A=1$, $B=0$ oder aber

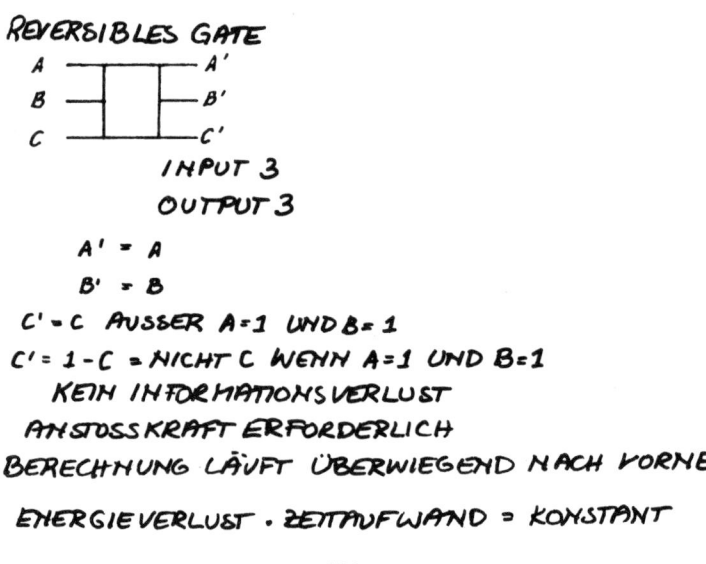

Abb. 7

$A=0$, $B=0$ ergeben hat, und man kann nicht zurückgehen. Eine solche Anordnung stellt ein irreversibles Gate dar. Die großartige Entdeckung Bennetts und – unabhängig davon – Fredkins besteht darin, daß es möglich ist, mit einer anderen Art grundlegender Gate-Einheit Berechnungen durchzuführen, nämlich mit einer reversiblen. Ich habe ihre Entdeckung veranschaulicht, und zwar mit Hilfe einer Einheit, die ich als reversibles NAND-Gate bezeichnen könnte. Sie verfügt über drei Inputs und drei Outputs (Abb. 7). Zwei der Outputs, A' und B', haben den gleichen Wert wie zwei der Inputs, A und B; beim dritten Input verhält es sich folgendermaßen: C' entspricht C, außer A und B sind beide gleich 1; in diesem Fall ändert sich C', gleichgültig, welchen Wert C hat. Ist beispielsweise C gleich 1, dann wird es zu 0; ist C gleich 0, wird C' zu 1 – doch dies tritt nur dann ein, wenn sowohl A als auch B gleich 1 sind. Ordnet man zwei solche Gates hintereinander an, dann bleiben A und B gleich, und sofern C in beiden nicht geändert wird, bleibt es ebenfalls gleich. Ändert C sich, dann geschieht dies zweimal, so daß es gleichbleibt. Das Gate kann sich also selber umkehren, doch keine Information geht verloren. Es ist möglich festzustellen, was hineingegangen ist, wenn man weiß, was herausgekommen ist.

Ein nur aus solchen Gates bestehendes Gerät führt, falls alles nach vorne geht, Berechnungen durch. Geht es jedoch eine Weile hin und her, schließlich aber weit genug vorwärts, funktioniert es immer noch ordnungsgemäß. Springt alles zurück und geht später wieder vorwärts, ist nach wie vor alles in Ordnung. Das Ganze ähnelt in hohem Maße einem Gaspartikel, das von den Atomen ringsum bombardiert wird. Normalerweise bewegt das Teilchen sich nirgendwohin, wenn es aber nur ein kleines bißchen gezogen wird, so daß die Wahrscheinlichkeit, sich in der einen Richtung zu bewegen, höher wird als die, in die andere Richtung zu driften, dann bewegt das Teilchen sich schließlich langsam vorwärts und geht – trotz der Brownschen Bewegung, die es durchgemacht hat – von einem Ende zum anderen. Auf die gleiche Weise führt unser Computer die Berechnung durch, vorausgesetzt, wir setzen eine Driftkraft ein, um das Ganze durchzuziehen. Zwar erledigt er sie nicht gerade elegant, aber trotzdem schließt er letztlich die Berechnung ab, indem er mal vorwärts, mal rückwärts rechnet. Wenn wir das Partikel im Gas nur ganz leicht ziehen, verlieren wir nur sehr wenig Energie; allerdings braucht es dann ziemlich lange, um von der einen Seite auf die andere zu gelangen. Haben wir es eilig und zerren kräftig, verbrauchen wir eine Menge Energie. Genauso verhält es sich bei diesem Computer. Sind wir geduldig und nehmen uns Zeit, dann funktioniert er praktisch ohne Energieverlust, nämlich weniger als kT pro Schritt; der Energieaufwand kann minimal bleiben, wenn Sie genügend Zeit haben. Haben Sie es jedoch eilig, müssen Sie mehr Energie aufwenden. Und wieder ist die beim Durchführen der Berechnung aufgebrauchte Energie multipliziert mit der verfügbaren Zeit eine Konstante.

Nun wollen wir uns unter Berücksichtigung all dieser Möglichkeiten einmal überlegen, wie klein wir einen Computer machen
können. Wie groß muß eine Zahl sein? Wie wir alle wissen, können wir Zahlen in einem binären System als Aufeinanderfolgen
von »Bits« schreiben, von denen jedes den Wert eins oder null
hat. Das nächste Atom könnte dann eine Eins oder eine Null sein;
eine kleine Aneinanderreihung von Atomen reicht also aus, um
für eine Zahl zu stehen: ein Atom für jedes Bit. (Da ein Atom mehr
als nur zwei Zustände kennt, könnten wir sogar mit noch weniger
Atomen auskommen, doch eines pro Bit ist wenig genug!) Überlegen wir uns also – einfach als intellektuelle Spielerei –, ob wir
einen Computer konstruieren könnten, in dem die Darstellung
eines Bits so klein wie ein Atom ist, in dem ein Bit beispielsweise
bei einem Aufwärtsspin 1, bei einem Abwärtsspin hingegen 0
ist. Dann entspräche unser »Transistor«, der die Bits an verschiedenen Stellen ändert, irgendeiner Wechselwirkung zwischen Atomen, deren Zustand sich verändert. Das einfachste Beispiel wäre,
wenn in einem solchen Computer das grundlegende Element
oder Gate eine Wechselwirkung zwischen 3 Atomen wäre. Doch
auch in diesem Fall würde die Maschine nicht richtig funktionieren, wenn wir sie gemäß den für große Gegenstände gültigen
Regeln konstruieren. Wir müssen mit den neuen Naturgesetzen
arbeiten, den Gesetzen der Quantenmechanik, jenen Gesetzen,
die für atomare Bewegungen gelten (Abb. 8).

Die Frage muß daher lauten, ob die Prinzipien der Quantenmechanik die Anordnung einer so geringen Anzahl von Atomen
zulassen, daß sie nur einem geringen Vielfachen der Anzahl
von Gates in einem Computer, der als solcher funktioniert, entspricht. Man hat dies im Prinzip untersucht und festgestellt, es ist
in der Tat möglich. Da die Gesetze der Quantenmechanik reversibel sind, müssen wir uns der Erfindung Bennetts und Fredkins,
der reversiblen logischen Gates, bedienen. Untersucht man diese
quantenmechanische Situation, so stellt man fest, die Quanten-

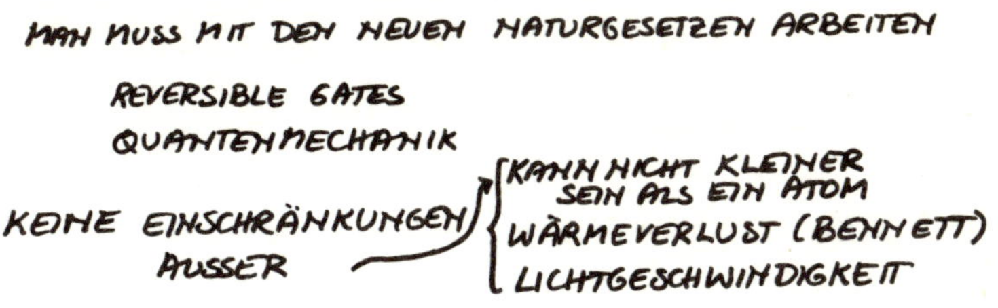

MAN MUSS MIT DEN NEUEN NATURGESETZEN ARBEITEN

REVERSIBLE GATES

QUANTENMECHANIK

KEINE EINSCHRÄNKUNGEN ⎱
AUSSER ⎰

⎡ KANN NICHT KLEINER
⎢ SEIN ALS EIN ATOM
⎨ WÄRMEVERLUST (BENNETT)
⎣ LICHTGESCHWINDIGKEIT

Abb. 8

mechanik erlegt dem, was Bennett vom Thermodynamischen her gesagt hat, keinerlei weitere Einschränkungen auf. Natürlich gibt es eine Einschränkung praktischer Art, daß nämlich die Bits die Größe eines Atoms haben und die Transistoren aus 3 oder 4 Atomen bestehen müssen. Das quantenmechanische Gate, mit dem ich gearbeit habe, besteht aus 3 Atomen. (Ich versuche besser nicht, meine Bits auf Atomkerne zu schreiben – lieber warte ich, bis die technologische Entwicklung so weit fortgeschritten ist, daß sie bei den Atomen anlangt, ehe ich zu noch kleineren Einheiten übergehe!) Damit bleiben nur folgende Einschränkungen: (a) die Einschränkung hinsichtlich der Größe, die der von Atomen entsprechen muß; (b) die erforderliche Energie hängt von der Zeit ab, so wie Bennett dies berechnet hat; und (c) ein Merkmal, das ich noch nicht erwähnt habe, die Lichtgeschwindigkeit – wir können Signale nicht schneller als mit Lichtgeschwindigkeit senden. Dies sind die einzigen physikalischen Einschränkungen bei Computern, die ich kenne.

Gelänge es uns irgendwie, einen Computer atomarer Größe herzustellen, würde dies bedeuten (Abb. 9), daß die Dimension, die *lineare* Dimension, tausend- bis zehntausendmal kleiner ist als bei den winzigsten Chips, die bislang entwickelt wurden. Das bedeutet, das Volumen des Computers entspräche lediglich einem Hundertmilliardstel oder 10^{-11} des derzeitigen Umfangs, da die Größe des »Transistors« um einen Faktor von 10^{-11} kleiner wäre als

$10^{-3} - 10^{-9}$ DER LINEAREN DIMENSION
10^{-11} DES VOLUMENS
10^{-11} DER ENERGIE
$10^{-4.5}$ DER ZEIT

} MÖGLICHE VERRINGERUNGEN PRO GATE

THEORETISCH MÖGLICH!

Abb. 9

die der heutigen Transistoren. Die erforderliche Energie für einen einzigen Schaltvorgang wäre ebenfalls um etwa elf Größenordnungen geringer als die Energie, die man heute aufwenden muß, um den Transistor umzuschalten; und jeder einzelne Schaltvorgang ginge pro Berechnungsschritt mindestens zehntausendmal schneller. Es gibt also reichlich Verbesserungsmöglichkeiten für Computer, und ich überlasse es Ihnen – Praktikern, die unmittelbar mit Computern arbeiten –, darauf hinzuarbeiten. Leider habe ich die Zeit unterschätzt, die Mr. Etawa für die Übersetzung meiner Ausführungen brauchte, und ich werde jetzt nicht noch mehr von dem vortragen, was ich für heute vorbereitet habe. Haben Sie vielen Dank! Wenn Sie wollen, beantworte ich Ihnen gerne irgendwelche Fragen.

Fragen und Antworten

Frage: Sie haben erwähnt, daß ein Informationsbit in einem Atom gespeichert werden kann; ich frage mich, ob sich die gleiche Menge Information auch in einem Quark unterbringen läßt.

Antwort: Ja. Allerdings haben wir die Quarks nicht unter Kontrolle; daher wäre es eine reichlich unpraktische Vorgehensweise. Vielleicht glauben Sie, das, worüber ich spreche, sei vom Praktischen her nicht durchführbar; ich glaube das nicht. Ich spreche hier von Atomen, weil ich überzeugt bin, daß wir eines Tages in der Lage sein werden, sie einzeln einzusetzen und zu kontrollieren. Bei Wechselwirkungen zwischen Quarks kämen jedoch derartige Energiemengen ins Spiel, daß es wegen der Radioaktivität und so weiter gefährlich würde. Die Atomenergien, von denen ich spreche, sind uns jedoch in chemischer und elektrischer Energie sehr vertraut; und die Zahlen, die ich genannt habe, liegen im Bereich des Möglichen, glaube ich, so widersinnig dies im Augenblick auch erscheinen mag.

F: Sie haben gesagt, je kleiner das Rechenelement ist, desto besser. Ich glaube aber, die Geräte müssen größer sein, weil …

A: Sie meinen, Ihr Finger ist zu groß, um auf die Tasten zu drücken? Wollen Sie das damit sagen?

F: Ja, ganz genau.

A: Natürlich, Sie haben vollkommen recht. Doch ich spreche hier von internen Computern für Roboter und andere Apparate. Über Input und Output habe ich mich nicht näher geäußert – ob der Input über das Betrachten von Bildern, das Wahrnehmen von Stimmen oder das Betätigen von irgendwelchen Tasten erfolgt. Ich spreche davon, wie man im Prinzip Berechnungen durchführt, nicht jedoch, welche Form der Output haben sollte. Mit Sicherheit trifft zu, daß Input und Output in den meisten Fällen menschliche Dimensionen nicht unterschreiten dürften. Schon jetzt ist es ziemlich schwierig, mit unseren großen Fingern auf bestimmten Computern die richtigen Tasten zu treffen. Komplizierte Rechenoperationen, die mehrere Stunden in Anspruch nehmen, könnte man jedoch sehr schnell auf den winzig kleinen Maschinen mit geringem Energieverbrauch durchführen. Diese Art von Geräten hatte ich im Sinn. Nicht die einfachen Nutzanwendungen, um zwei Zahlen zusammenzuzählen, sondern um komplizierte Berechnungen durchzuführen.

F: Ich wüßte gern, wie Ihre Methode zur Umwandlung der Information von einem atomaren Größenmaßstab in einen anderen aussieht. Sobald Sie mit einer quantenmechanischen oder natürlichen Wechselwirkung zwischen den beiden Elementen arbeiten, wird ein solches Gerät der Natur sehr ähnlich. Wenn wir beispielsweise eine Computersimulation durchführen, die Monte-Carlo-Simulation eines Magneten, um kritische Phänomene zu untersuchen, dann würde Ihr Computer mit seinem atomaren Maßstab sich dem Magneten weitgehend annähern. Wie denken Sie darüber?

A: Ja. Alles, was wir machen, ist Natur. Wir richten es im Umgang mit ihr so ein, daß, wenn wir eine Berechnung für einen bestimmten Zweck durchführen, dies unseren jeweiligen Absichten entspricht. In einem Magneten gibt es eine bestimmte Art von Beziehung, wenn Sie so wollen; man könnte dies so auffassen, daß darin so etwas wie gewisse Berechnungen ablaufen, geradeso wie im Sonnensystem. Doch möglicherweise handelt es sich dabei eben nicht um die Berechnung, die wir gerade jetzt anstellen wollen. Wir brauchen also ein Gerät, bei dem wir die Programme ändern können, damit es das Problem, das wir lösen wollen, berechnet, nicht nur sein Problem mit dem Magnetismus, das es seinerseits lösen möchte. Das Sonnensystem kann ich bei einem Computer nur dann einsetzen, wenn das Problem, das ich lösen soll, zufällig darin besteht, etwas über die Planetenbewegungen herauszufinden. Und in dem Fall brauchte ich nichts weiter zu tun, als zu beobachten. Es gab da einen amüsanten Artikel, der als Scherz gedacht war. Auf den ersten Blick setzt der »Artikel« sich mit einer weit in der Zukunft liegenden neuen Methode zur Durchführung aerodynamischer Berechnungen auseinander. Statt mit den ausgeklügelten heutigen Computern zu arbeiten, erfindet der Autor ein einfaches Gerät, um Luft am Flügel vorbeizublasen. (Das heißt, er erfindet den Windkanal noch einmal!)

F: Neulich habe ich in einem Zeitungsartikel gelesen, daß Rechenoperationen des Nervensystems im Gehirn viel langsamer ablaufen als in den heute gängigen Computern und daß die Einheit im Nervensystem viel kleiner ist. Haben Ihrer Ansicht nach die Computer, über die Sie heute gesprochen haben, etwas mit dem Nervensystem im Gehirn gemeinsam?

A: Es besteht eine gewisse Analogie zwischen dem Gehirn und dem Computer, und zwar insofern, als es offenbar Elemente gibt, die in Abhängigkeit von anderen umschalten können. Nervenimpulse, die andere Nerven steuern oder anregen – auf eine Weise, die oft davon abhängt, ob mehr als ein Impuls hereinkommt –, das ist so etwas wie ein AND oder dessen Verallgemeinerung. Wieviel Energie wird in der Gehirnzelle bei einem dieser Übergänge verbraucht? Ich weiß es nicht. Ein Umschaltvorgang im Gehirn dauert sehr viel länger als selbst in unseren derzeitigen Computern, ganz zu schweigen von den phantastischen Möglichkeiten irgendwelcher zukünftiger atomarer Computer; allerdings ist das System wechselseitiger Verknüpfungen im Gehirn weit komplizierter. Jeder einzelne Nerv ist mit Tausenden anderer Nerven verkettet, während wir jeweils nur zwei oder drei Transistoren miteinander verbinden.

Bestimmte Leute beobachten die Gehirnaktivität und stellen fest, daß sie in vieler Hinsicht die heutigen Computer übertrifft; in vielen anderen Punkten funktioniert der Computer allerdings besser als wir. Das veranlaßt die Leute dazu, leistungsfähigere Geräte zu entwickeln. Oft hat ein Ingenieur eine gewisse Vorstellung, wie das Gehirn (seiner Ansicht nach) arbeitet, und entwirft dann eine Vorrichtung, die sich genauso verhält. Durchaus möglich, daß diese neue Maschine prächtig funktioniert. Doch ich warne Sie: Das sagt überhaupt nichts über die tatsächliche Arbeitsweise des Gehirns aus. Und das muß man auch nicht verstehen, um einen sehr leistungsfähigen Computer zu konstruieren. Man braucht nicht zu wissen, wie Vögel mit den Flügeln schlagen und wie deren Federn aussehen, um einen Flugapparat herzustellen. Und man muß das Hebelsystem in den Beinen eines Geparden – eines Tieres, das ungemein schnell laufen kann – nicht begreifen, um ein Automobil mit Rädern zu bauen, das sehr schnell fährt. Daher ist es auch nicht erforderlich, die Natur in allen Einzelheiten nachzuahmen, um eine Maschine zu konstruieren, die in vieler Hinsicht effizienter arbeitet als die Natur. Das ist ein interessantes Thema, und es macht mir Spaß, darüber zu reden.

Verglichen mit einem Computer ist Ihr Gehirn nicht besonders leistungsfähig. Ich nenne Ihnen eine Reihe Zahlen, eins, drei, sieben ... Oder vielleicht besser *ichi, san, shichi, san, ni, go, ni, go, ichi, hachi, ichi ni, ku, san, go.* Und jetzt wiederholen Sie das bitte. Ein Computer kann Zehntausende Zahlen speichern und sie in umgekehrter Reihenfolge wiedergeben oder sie addieren oder eine Menge anderer Dinge damit tun, die wir nicht beherrschen. Andererseits kann ich, wenn ich mir ein Gesicht ansehe, sofort sagen, wer das ist, falls ich die Person kenne, oder aber, daß ich diesen Menschen eben nicht kenne. Noch wissen wir nicht, wie sich ein Computersystem so auslegen ließe, daß wir das Muster eines Gesichts eingeben und es uns eine derartige Information liefert, selbst wenn es schon viele Gesichter gesehen und man ihm das beizubringen versucht hat.

Ein weiteres interessantes Beispiel sind Schachcomputer. Eigentlich erstaunlich, daß wir Maschinen konstruieren können, die besser Schach spielen als wohl fast alle hier Anwesenden. Doch das tun sie, indem sie sehr, sehr viele Möglichkeiten durchprobieren. Wenn er einen Zug dorthin macht, könnte ich hierhin gehen, und dann kann er dahin und so weiter. Sie sehen sich jede einzelne Alternative an und wählen die beste aus. Computer ziehen Millionen Möglichkeiten in Betracht, doch ein meisterlicher Schachspieler, ein Mensch, geht anders vor. Er erkennt Muster. Er überdenkt lediglich dreißig oder vierzig mögliche Stellungen, ehe er sich für einen Zug entscheidet. Daher sind Maschinen keine besonders guten Go-Spieler, obwohl die Regeln beim Go einfacher sind, denn bei jeder Positionierung gibt es zu viele Möglichkeiten, den nächsten Zug zu machen, sind zu viele Dinge in

Betracht zu ziehen; doch zu tiefschürfenden Einsichten sind die Maschinen nicht in der Lage. Daher stellt das Erkennen von Mustern und die Entscheidung, was unter diesen Umständen zu tun ist, für die Computertechniker (die es allerdings vorziehen, sich Computerwissenschaftler zu nennen) nach wie vor ein großes Problem dar. Bestimmt ist dies eine der großen Herausforderungen für die Computer der Zukunft, möglicherweise wichtiger als all das, worüber ich gesprochen habe. Eine Maschine zu entwickeln, die wirklich gut Go spielt!

F: Ich glaube, jegliche Berechnungsmethode bringt nur dann etwas, wenn sie so etwas wie eine Gebrauchsanweisung liefern könnte, wie man solche Geräte oder Programme entwickelt. Ich fand die Abhandlung von Fredkin über konservative Logik sehr interessant, aber sobald ich auf die Idee verfiel, damit ein einfaches Programm zu entwerfen, bin ich nicht mehr weitergekommen, denn sich ein solches Programm auszudenken, ist weit schwieriger als das Programm selber. Ich schätze, es könnte ohne weiteres passieren, daß wir in eine Art unendlichen Zirkelschluß verfallen, weil der Vorgang, ein bestimmtes Programm zu entwerfen, weit komplizierter wäre als das Programm selber. Und wollte man versuchen, diesen Prozeß zu automatisieren, dann wäre wiederum das Programm dafür viel schwieriger und so weiter, vor allem, wenn es wie in diesem Fall bei dem Programm um Hardware geht und man es nicht als Software loslösen kann. Ich halte es für ungeheuer wichtig, die Möglichkeiten, wie man so etwas konstruiert, im Auge zu haben.

A: Wir haben unterschiedliche Erfahrungen gemacht. Eine unendliche Regression gibt es nicht: Sie kommt auf einem bestimmten Niveau der Komplexität zum Stillstand. Die Maschine, von der Fredkin letztlich spricht, und diejenige, von der ich im Fall der Quantenmechanik gesprochen habe, sind beide in dem Sinne universelle Computer, als sie darauf programmiert werden können, unterschiedliche Aufgaben zu erledigen. Es handelt sich nicht um ein Hardware-Programm. Sie sind um nichts mehr Hardware als ein gewöhnlicher Computer, in den Sie Informationen eingeben – das Programm ist ein Teil des Inputs –, und die Maschine löst die Aufgabe, die man ihr stellt. Sie ist Hardware, doch sie ist universell wie ein gewöhnlicher Computer. All diese Dinge sind sehr ungewiß, doch ich habe einen Algorithmus gefunden. Wenn Sie ein für eine irreversible Maschine geschriebenes Programm haben, ein ganz gewöhnliches Programm, kann ich es mittels eines direkten Übersetzungsprogramms – das allerdings äußerst ineffizient ist und viele zusätzliche Arbeitsgänge erfordert – in ein reversibles Maschinenprogramm umwandeln. Nun kann in der Realität die Anzahl dieser Schritte sehr viel niedriger sein. Doch zumindest weiß ich nun, ich kann ein Programm mit $2\,n$ Schritten hernehmen, das auf dieser Stufe irreversibel ist, und es in ein 3-n-Schritte-Programm einer reversiblen Maschine umwandeln. Das bedeutet natürlich sehr viel mehr Arbeitsvorgänge oder Schritte. Ich habe das Problem auf sehr umständliche Weise gelöst, da ich gar nicht erst versucht habe, das Minimum herauszufinden – sondern lediglich eine Art und Weise, es überhaupt anzugehen. Ich kann mir eigentlich nicht vorstellen, daß es zu der Art von Zirkelschluß kommt, von der Sie sprechen; allerdings könnten Sie durchaus recht haben. Ich bin mir da nicht sicher.

F: Gehen uns nicht zu viele von den Vorteilen verloren, die wir uns von solchen Maschinen erwartet haben, weil diese reversiblen Maschinen so langsam arbeiten? Ich bin in der Hinsicht sehr pessimistisch.

A: Sie arbeiten langsamer, sind dafür aber sehr viel kleiner. Ich mache sie nur dann reversibel, wenn es nötig ist. Es hat nur dann einen Sinn, die Maschine reversibel zu machen, wenn man unbedingt den Energieaufwand enorm reduzieren will. Was einigermaßen albern ist, da die irreversible Maschine mit nur 80 mal kT hervorragend arbeitet. Dieses 80 ist viel weniger als das heutige

10^9 oder 10^{10} kT; ich kann also hinsichtlich der Energie eine Verbesserung um einen Faktor von noch mindestens 10^7 erzielen, und zwar nach wie vor mit irreversiblen Maschinen! Das stimmt. Zur Zeit ist das die richtige Vorgehensweise. Manchmal frage ich mich, nur so zum Spaß, wie weit wir im Prinzip – nicht in der Praxis – gehen könnten, und dann stelle ich fest, ich kann bis zu einem Bruchteil von kT Energie gehen und die Maschinen mikroskopisch klein machen – so klein wie ein Atom. Doch dazu muß ich die reversiblen Naturgesetze nutzen. Irreversibilität kommt ins Spiel, weil die Wärme sich über eine große Zahl von Atomen ausbreitet und nicht mehr zurückgewonnen werden kann. Mache ich die Maschine sehr klein, muß ich reversibel arbeiten, außer ich lasse ein Kühlelement zu – das wiederum aus einer großen Zahl von Atomen besteht. In der Praxis wird es wahrscheinlich nie soweit kommen, daß wir uns weigern, einen kleinen Computer mit einem großen Stück Blei zu verbinden, das aus 10^{10} Atomen besteht (was in Wirklichkeit immer noch sehr wenig ist), und ihn so praktisch irreversibel zu machen. Ich bin daher der gleichen Ansicht wie Sie, daß wir in der Praxis noch sehr lange und vielleicht für immer mit irreversiblen Gates arbeiten werden. Andererseits gehört es untrennbar zum Abenteuer Wissenschaft, in allen Richtungen bis an die Grenzen vorzustoßen und die menschliche Vorstellungskraft so weit wie möglich schweifen zu lassen. Obwohl es seit jeher den Anschein hat, als sei dies absurd und sinnlos, stellt sich oft heraus, daß es zumindest nicht nutzlos ist.

F: Gibt es irgendwelche Einschränkungen aufgrund der Unschärferelation? Gibt es bei Ihrer reversiblen Maschine grundsätzliche Einschränkungen hinsichtlich der Energie und der Zeit?

A: Genau darauf wollte ich hinaus. Von der Quantenmechanik her gibt es keinerlei Einschränkungen mehr. Man muß sorgfältig zwischen dem Energieverlust oder der verbrauchten Irreversibilität, der beim Arbeiten der Maschine erzeugten Wärme und dem

Energiegehalt der sich bewegenden Teilchen, der wieder herausgezogen werden könnte, unterscheiden. Es besteht eine Beziehung zwischen der Zeit und der Energie, die man zurückgewinnen könnte. Doch diese Energie ist nicht weiter von Bedeutung. Es liefe auf das gleiche hinaus, als wollten wir fragen, ob wir die mc^2, die Restenergie aller Atome in der Maschine, hinzufügen sollen. Ich spreche nur vom Energieverlust multipliziert mit der Zeit, und in diesem Fall gibt es keine Einschränkung. Wenn Sie mit einer bestimmten, ungeheuer hohen Geschwindigkeit etwas berechnen wollen, dann müssen Sie allerdings die sich schnell bewegenden und über Energie verfügenden Maschinenteile beliefern, doch diese Energie geht nicht notwendigerweise bei jedem einzelnen Schritt der Berechnung verloren; sie bleibt infolge der Trägheit weitgehend erhalten.

A (ohne vorhergehende Frage): Da wir gerade von nutzlosen Ideen gesprochen haben – ich würde gerne noch eine weitere erwähnen. Ich habe darauf gewartet, daß Sie mich danach fragen, aber das haben Sie nicht getan. Ich möchte trotzdem darauf antworten. Könnten wir eine Maschine herstellen, die so klein ist, daß wir die Atome an bestimmten Stellen plazieren müssen? Derzeit gibt es keine Geräte mit sich bewegenden Teilchen, deren Dimensionen extrem klein sind – in der Größenordnung von Atomen oder selbst einigen hundert Atomen, doch auch in dieser Hinsicht gibt es keinerlei Einschränkung. Warum sollte man nicht heute schon beim Auftragen des Silikons die einzelnen Teile zu kleinen beweglichen Inseln machen? Wir könnten auch kleine Strahlvorrichtungen einsetzen, um die verschiedenen Chemikalien an bestimmte Stellen zu spritzen. Wir können extrem kleine Maschinen herstellen. Und diese lassen sich mit Hilfe der gleichen Computer steuern, wie wir sie herstellen. Schließlich könnten wir uns, wiederum zum Vergnügen und um der intellektuellen Spielerei willen, Maschinen vorstellen, die so winzig sind wie ein paar Mikrometer im Durchmesser, und zwar mit Rädern und

Kabeln, die alle über Drähte, Silikonverbindungen miteinander zusammenhängen, so daß das Ding als Ganzes – ein sehr großes Gerät – sich nicht so ungelenk bewegt wie unsere derzeitigen starren Maschinen, sondern so geschmeidig wie ein Schwanenhals. Denn der ist letztendlich auch nichts anderes als eine Ansammlung kleiner Maschinchen: Die Zellen sind alle miteinander verbunden und werden auf elegante Weise gesteuert. Warum können wir das nicht auch?

Los Alamos aus der Froschperspektive

Und jetzt wieder etwas leichtere Kost: kleine Glanzstücke des Komikers Feynman, wie er in Los Alamos immer wieder in Schwierigkeiten geriet – und mit ihnen fertig wurde: Wie er sich ein eigenes Zimmer ergaunerte, indem er so tat, als verstieße er gegen die Vorschrift: keine Frauen im Wohnheim der Männer; wie er die Zensoren im Camp austrickste; von seiner Freundschaft mit so herausragenden Persönlichkeiten wie Robert Oppenheimer, Niels Bohr und Hans Bethe; über die nahezu ehrfurchtgebietende Auszeichnung, daß er als einziger ohne Schutzbrille in die erste Atomexplosion starrte, eine Erfahrung, die Feynman zu einem anderen Menschen machte.

Professor Hirschfelders Einführung war bei weitem zu schmeichelhaft für das, was ich Ihnen jetzt erzählen werde – »Los Alamos aus der Froschperspektive«. Mit diesem Titel will ich folgendes sagen: Mittlerweile bin ich auf meinem Gebiet zwar einigermaßen bekannt, doch damals war ich alles andere als berühmt. Nicht einmal einen akademischen Abschluß hatte ich, als ich beim Manhattan Project* mitzuarbeiten begann. Viele der anderen Leute,

---

* So hieß das gewaltige Unternehmen, mit dem man 1942 begann und dessen Ziel es war, die erste Atombombe zu bauen. Seinen Höhepunkt fand es in der Bombardierung von Hiroshima und Nagasaki am 6. be-

die Ihnen etwas über Los Alamos erzählen, kannten jemand, der einen höheren Rang in einer Regierungsbehörde oder dergleichen innehatte, Leute, die sich Gedanken über wichtige Entscheidungen machten. Ich zerbrach mir nicht den Kopf über irgendwelche weitreichenden Entscheidungen, sondern trieb mich immer irgendwo unten herum. Na ja, *ganz* unten war ich nicht; allmählich stieg ich sogar um ein paar Stufen auf, aber zu den wirklich wichtigen Leuten gehörte ich nicht. Versetzen Sie sich also bitte in eine etwas andere Situation als die in den einführenden Worten beschriebene und stellen Sie sich einfach den jungen Studenten vor, der noch an seiner Doktorarbeit schreibt. Als erstes werde ich Ihnen erzählen, wie ich in das Projekt hineingeraten bin, und anschließend, wie es mir dabei erging. Mehr nicht – nur was während des ganzen Unternehmens so alles abgelaufen ist.

Eines Tages arbeitete ich in meinem Büro**, als Bob Wilson*** hereinspazierte. Ich arbeitete also – [Gelächter] zum Teufel noch mal, ich hab' viel lustigere Sachen auf Lager; wieso lachen Sie eigentlich? – also: Bob Wilson kam rein und erklärte:

»Ich habe finanzielle Mittel für eine Arbeit erhalten, die geheim ist und von der eigentlich niemand etwas erfahren darf. Aber dir sage ich es, weil ich weiß, daß du mitmachst, sobald du hörst, um was es geht. Du wirst alles daransetzen, um dabeizusein.«

Er berichtete also, es ginge darum, verschiedene Uranisotope voneinander zu trennen. Im Endeffekt sollte er eine Bombe kon-

---

ziehungsweise 9. August 1945. An dem Projekt wurde an verschiedenen über ganz Amerika verteilten Orten gearbeitet, beispielsweise an der University of Chicago, in Hanford, Washington, Oak Ridge, Tennessee, und Los Alamos in New Mexico; dort – dies war praktisch das Hauptquartier für das ganze Projekt – wurden die Bomben gebaut (Anm. d. Hrsg.).

** An der Princeton University.

*** Robert R. Wilson (*1914), 1967–1978 der erste Direktor des Fermi National Accelerator Laboratory (Anm. d. Hrsg.).

struieren. Schon vorher hatte er ein Verfahren entwickelt, um Uranisotope voneinander zu isolieren, das aber anders war als das letztlich angewandte; er wollte versuchen, es weiter auszuarbeiten. Das erzählte er mir also und sagte, es fände eine Besprechung statt ...

Ich erwiderte, ich wolle nicht dabei mitmachen. Er meinte einfach: »Na schön, um drei Uhr ist die Besprechung; wir treffen uns dort.«

Darauf ich: »In Ordnung, du hast mir von dem Geheinnis erzählt, weil du weißt, ich verrate es keinem, aber ich mache da nicht mit.«

Ich wandte mich also wieder meiner Dissertation zu, und zwar ungefähr drei Minuten lang. Dann stand ich auf, ging im Zimmer auf und ab und dachte über die ganze Sache nach. Bei den Deutschen war Hitler an der Macht, und eine Atombombe zu entwickeln wäre mit Sicherheit möglich. Und die Aussicht, daß ihnen das vor uns gelänge, jagte mir einen ziemlichen Schrecken ein. Ich beschloß also, zu der Besprechung um drei Uhr zu gehen.

Um vier hatte ich bereits einen Schreibtisch in einem anderen Zimmer und versuchte zu berechnen, ob dieser speziellen Methode durch die Gesamtmenge des Stroms, den man in einen Ionenstrahl reinkriegt, Grenzen gesetzt waren und so weiter. Auf Einzelheiten will ich jetzt nicht näher eingehen. Aber ich hatte einen Schreibtisch, ich hatte einen Stapel Papier, und ich arbeitete, so konzentriert und so schnell ich nur konnte. Die Leute, die dieses Ding bauen sollten, wollten das Experiment gleich an Ort und Stelle durchführen. Es war wie in einem Film, wenn man ein Gerät sieht, das so Blubbgeräusche von sich gibt. Jedesmal wenn ich hinschaute, war das Ganze größer geworden. Es war nämlich folgendes passiert: Natürlich hatten all die Jungs beschlossen, an dem Projekt zu arbeiten und dafür ihre wissenschaftlichen Forschungen zu unterbrechen. Während des Krieges kam die gesamte Wissenschaft zum Erliegen, abgesehen von dem bißchen, das wir in Los Alamos betrieben. Aber das war nicht so sehr Wissenschaft, vielmehr ging es hauptsächlich um technische Dinge. Außerdem brachten sie alle ihre Geräte mit, die sie bei den verschiedenen Forschungsunternehmungen verwendeten, um damit die Maschine für das Experiment zur Trennung von Uranisotopen zu bauen. Ich hörte aus dem gleichen Grund mit meiner Arbeit auf. Allerdings nahm ich mir nach einer Weile sechs Wochen frei und schrieb meine Doktorarbeit fertig. Schaffte also gerade noch den Abschluß, ehe ich nach Los Alamos fuhr; ganz so weit unten, wie ich Sie vorher glauben machte, war ich also nicht.

Eine der ersten ungeheuer interessanten Erfahrungen, die ich in Princeton bei diesem Projekt machte, war es, daß ich berühmte Männer kennenlernte. Noch nie war ich wirklichen Koryphäen begegnet. Es gab da nämlich so einen Bewertungsausschuß, der beschließen mußte, wie wir vorgehen, wie wir das Uran letztlich trennen sollten; sie sollten uns helfen, das zu entscheiden. Dem Komitee gehörten Leute wie Tolman, Smyth, Urey, Rabi, Oppenheimer und so weiter an. Und Compton zum Beispiel. Da habe ich etwas erlebt, das mich völlig verblüfft hat.

Ich nahm an den Sitzungen teil, weil ich vom Theoretischen her verstand, was wir machten; die stellten mir also Fragen, und ich beantwortete sie. Dann brachte einer der Anwesenden irgendein Argument vor; anschließend erklärte beispielsweise Compton eine andere Sichtweise des Ganzen. Und er hatte völlig recht, es war richtig, was er da sagte, und er erklärte, *so* sollte es gemacht werden. Doch dann meinte ein anderer, na ja, vielleicht müssen wir auch die Möglichkeit noch in Betracht ziehen. Es gibt da noch eine andere Möglichkeit, die wir nicht außer acht lassen dürfen. Ich werde ganz zappelig! Compton sollte es noch einmal sagen, noch einmal sein Argument vorbringen! Alle sind unterschiedlicher Meinung, so geht das rund um den Tisch. Schließlich sagt Tolman, der den Vorsitz führt, also gut, jetzt haben wir alle Argumente gehört, ich glaube, was Compton gesagt hat, ist die beste

Methode, und jetzt müssen wir weitermachen. Das war ein regelrechter Schock für mich, als ich sah, wie ein Ausschuß eine ganze Palette von Ideen vorträgt, wie jeder einen neuen Aspekt ins Spiel bringt, sich aber genau erinnert, was der vor ihm gesagt hat, daß er also aufgepaßt hat. Und am Ende, wenn man alles zusammenfaßt, wird entschieden, welche Idee die beste ist, und zwar ohne alles dreimal erklären zu müssen, verstehen Sie? Das war überwältigend – es waren wirklich bedeutende Köpfe.

Letztendlich kam man zu dem Schluß, daß es bei diesem Projekt nicht darum gehen sollte, Uran zu trennen. Man erklärte uns, wir würden damit aufhören; das eigentliche Unternehmen, nämlich die Bombe zu bauen, würde in Los Alamos in New Mexico stattfinden; wir würden also alle dorthin fahren. Dort sollten wir Experimente durchführen und Theorien entwickeln. Ich würde mich mit dem Theoretischen beschäftigen; alle anderen waren experimentelle Physiker.

Doch jetzt war die Frage, was wir bis dahin tun sollten, denn das war so eine Art Zwangspause: Man hatte uns gerade aufgefordert, die Arbeit zu unterbrechen, aber Los Alamos war noch nicht fertig. Bob Wilson versuchte, die Zeit zu nutzen, und schickte mich nach Chicago, um alles über die Bombe und die Probleme, die damit zusammenhingen, in Erfahrung zu bringen. Auf die Weise könnten wir in unseren Labors bereits entsprechende Apparate bauen, unterschiedliche Zählgeräte und so weiter, die wir anschließend in Los Alamos brauchten.

Wir vergeudeten also keine Zeit. Man schickte mich mit dem Auftrag nach Chicago, zu jeder Gruppe zu gehen, ihnen zu sagen, daß ich mit ihnen zusammenarbeiten würde; sie sollten mir ihrerseits soweit erklären, an welchem Problem sie arbeiteten, daß ich genügend Einzelheiten kannte, um mich hinsetzen und daran arbeiten zu können. Sobald ich damit fertig wäre, sollte ich zum nächsten gehen und ihn fragen, was er für ein Problem habe. Auf diese Weise könnte ich alles in allen Einzelheiten verstehen.

Eine sehr gute Idee war das, obwohl mein Gewissen mich ein wenig plagte. Doch zufällig stellte sich heraus (ich hatte wirklich Glück), wenn einer der Jungs ein Problem erklärte, fragte ich: »Warum machen Sie das nicht so?«

Nach einer halben Stunde hatte er es dann geschafft. Und dabei hatten sie sich vorher ein Vierteljahr damit herumgeschlagen. Ich habe also durchaus was getan in der Zeit!

Als ich dann nach Chicago zurückkam, beschrieb ich den Leuten die Situation – wieviel Energie freigesetzt würde, wie die Bombe aussehen werde und so weiter. Ich erinnere mich, wie ein Freund von mir, der mit mir zusammenarbeitete – Paul Olum, ein Mathematiker –, anschließend zu mir kam und meinte: »Wenn man einen Film über all das dreht, dann wird der Bursche aus Chicago zurückkommen und den Princeton-Leuten alles über die Bombe erzählen, der wird einen Anzug tragen und eine Aktentasche unter den Arm geklemmt haben und so weiter – und du stehst da in deinen dreckigen Hemdsärmeln und erzählst uns das einfach so.«

Doch es ging um etwas sehr Ernstes, und daher schätzte er den Unterschied zwischen der wirklichen Welt und der im Film richtig ein.

Na ja, trotzdem schien das Ganze sich immer noch zu verzögern, also fuhr Wilson nach Los Alamos, um nachzusehen, was eigentlich los war, warum die nicht weiterkamen. Als er dort ankam, stellte er fest, die Leute von dem Bauunternehmen arbeiteten wirklich fleißig und hatten bereits das Gebäude mit dem großen Hörsaal sowie ein paar andere fertiggestellt, denn damit waren sie vertraut. Aber kein Mensch hatte ihnen genaue Anweisungen gegeben, wie man ein Labor baut – wie viele Gas- und wie viele Wasserleitungen verlegt werden müssen –, also stellte er sich einfach hin und bestimmte, so und soviel für Gas und so weiter, und wies sie an, mit dem Bau zu beginnen. Als er zurückkam – wir warteten alle nur darauf loszufahren, verstehen Sie –, hatte

Oppenheimer gewisse Schwierigkeiten damit, einige Probleme mit Groves zu klären; allmählich wurden wir ungeduldig. Soweit ich das in meiner untergeordneten Stellung mitbekam, rief daraufhin Wilson Manley in Chicago an; anschließend trafen sie sich alle und beschlossen, wir sollten gleich hinfahren, auch wenn die Anlagen noch nicht ganz fertig waren. Also brachen wir allesamt nach Los Alamos auf, ehe es wirklich fertiggestellt war.

Übrigens wurden wir von Oppenheimer und anderen angeheuert, und er hatte mit uns allen sehr viel Geduld, nahm Anteil an den Problemen der einzelnen. Er machte sich Sorgen wegen meiner Frau, die an TB erkrankt war, und ob es da draußen ein Krankenhaus gebe und all das. Das war das erste Mal, daß ich ihn auf so persönlicher Ebene kennenlernte – er war ein wundervoller Mensch.

Unter anderem bat er uns, wir sollten vorsichtig sein, beispielsweise unsere Fahrkarte nicht in Princeton lösen. Das war nämlich eine sehr kleine Bahnstation, und wenn alle sich Fahrkarten nach Albuquerque in New Mexico kauften, würde man bestimmt Verdacht schöpfen, daß da irgendwas im Gange sei. Deshalb hat jeder seine Fahrkarte irgendwo anders gekauft, nur ich nicht, weil ich mir gedacht habe, wenn alle ihre Fahrscheine anderswo kaufen ... Ich bin also zum Bahnhof und erklärte, ich wolle nach Albuquerque, New Mexico.

»Aha, dann ist das ganze Zeug also für *Sie!*« meinte der Schalterbeamte.

Wochenlang hatten wir kistenweise Zählwerke verschickt und nicht damit gerechnet, es könnte irgend jemandem auffallen, daß die alle nach Albuquerque adressiert waren. Zumindest hatte ich jetzt also eine Erklärung dafür geliefert, warum wir so viele Kisten verschickt hatten – ich zog nach Albuquerque.

Als wir dort ankamen, na ja, da waren wir zu früh dran; die Wohnheime und auch die Labors waren noch nicht ganz fertig. Wir drängten die Leute nicht, trieben sie aber dadurch, daß wir vor der Zeit runtergekommen waren, doch irgendwie an. Die oben drehten samt und sonders durch und mieteten in der ganzen Gegend Farmhäuser für uns. Zuerst wohnten wir also auf einer Ranch und fuhren am Morgen zum Gelände. Die Fahrt am ersten Morgen war ungeheuer eindrucksvoll – für jemanden von der Ostküste, der kaum reiste, war die Schönheit der Landschaft schlicht überwältigend. Riesige Felsklippen ragen dort auf; wahrscheinlich haben Sie Bilder davon gesehen, ich brauche also nicht näher darauf einzugehen. Wenn man von unten gekommen ist und die aufragenden Felsen auf der Hochebene erblickte, war man ganz überrascht. Am meisten hat mich aber beeindruckt, als ich beim Hinauffahren meinte, vielleicht hausten hier sogar Indianer. Daraufhin hielt der Fahrer einfach an, schlenderte um die Ecke – und dort konnte man sich Felshöhlen von Indianern ansehen. In der Hinsicht war das Ganze also wirklich aufregend.

Als ich das erste Mal zu dem Gelände kam, sah ich so eine Art Tor – verstehen Sie, es gab dort einen technischen Bereich, um den am Schluß ein Zaun gezogen werden sollte; da die Leute aber noch am Bauen waren, war alles noch offenes Gelände. Außerdem sollte eine Stadt entstehen, mit einem *großen* Zaun außen herum – an diesem Tor stand also mein Freund Paul Olum, der gleichzeitig mein Assistent war, mit einem Klemmbrett und kontrollierte die Lastwagen, die hinein- und herausfuhren, und erklärte den Fahrern, wohin sie die verschiedenen Baustoffe bringen sollten. Als ich ins Labor ging, begegnete ich dort Leuten, die ich vom Hörensagen kannte, weil ich ihre Abhandlungen in der *Physical Review* und so gelesen hatte; persönlich kennengelernt hatte ich vorher noch keinen von ihnen. Das ist John Williams, hieß es also. Und da steht jemand mit aufgerollten Hemdsärmeln von einem mit Blaupausen übersäten Schreibtisch auf, stellt sich an ein Fenster und dirigiert Lastwagen mit Baumaterialien in verschiedene Richtungen. Mit anderen Worten: Wir übernahmen die Baufirma und brachten die Arbeiten zum Abschluß.

Anfangs konnten vor allem die experimentellen Physiker schlicht nichts tun, solange die Gebäude und die große Maschine nicht fertig waren, also bauten sie einfach die Häuser selber oder halfen dabei mit. Die theoretischen Physiker sollten hingegen nicht in den Farmhäusern, sondern auf dem Gelände wohnen, da sie sofort mit ihrer Arbeit anfangen konnten. Wir machten uns also gleich an die Arbeit. Das bedeutete, wir bekamen rollbare Tafeln, verstehen Sie, auf Rädern, damit man sie herumrollen konnte; die rollten wir also herum, und Serber erklärte uns alles, was die in Berkeley sich in Sachen Atombombe ausgedacht hatten und Kernphysik und all das; von alldem verstand ich nicht allzuviel, denn ich hatte mich ja mit anderen Sachen beschäftigt. Folglich hatte ich jetzt jede Menge zu tun: Jeden Tag habe ich gelesen und studiert, studiert und gelesen – es war eine sehr hektische Zeit. Aber ich hatte Glück. Der Zufall wollte es, daß alle wichtigen Leute – außer Hans Bethe – gleichzeitig wegfuhren: Weisskopf mußte ans MIT zurück, um dort irgendwas zu regeln, und auch Teller war weg.

Bethe brauchte jedoch jemanden, mit dem er reden, bei dem er seine Theorien ausprobieren konnte. Also ging er zu diesem kleinen Kerl ins Büro und fing an, ihm seine Ideen vorzutragen. Ich habe gesagt:

»Nein, nein, Sie sind verrückt, das geht *so*. «

Darauf er: »Augenblick mal.«

Und dann erklärte er mir, nicht er sei verrückt, sondern ich, und so ging das eine Weile hin und her. Schließlich stellte sich heraus – obwohl ich, wenn es um Physik geht, nur daran denke und völlig vergesse, mit wem ich rede; und dann sage ich völlig blödsinnige Sachen, zum Beispiel: »Nein, nein, Sie irren sich«, oder: »Sie spinnen ja« –, das war genau das, was er brauchte. Und das trug mir einen Pluspunkt ein, und so wurde ich schließlich unter Bethe Gruppenleiter, dem vier Leute unterstanden.

Mit Bethe machte ich ein paar interessante Erfahrungen. Als er am ersten Tag reinkam – wir hatten eine Rechenmaschine, eine Marchant war es, die man manuell betätigte –, sagte er:

»Mal sehen, der Druck« – in der Formel, die er ausgearbeitet hatte, ging es unter anderem um den Druck im Quadrat –, »der Druck ist 48; das Quadrat von 48 ...«

Ich greife nach der Rechenmaschine, da erklärt er:

»Das sind ungefähr 2300.«

Ich schalte also die Maschine ein, um es auszurechnen.

Doch er kommt mir zuvor: »Wollen Sie es genau wissen? Es sind 2304.«

Und das ist tatsächlich herausgekommen. Also habe ich ihn gefragt: »Wie machen Sie das?«

Daraufhin er: »Wissen Sie denn nicht, wie man die zweite Potenz von Zahlen um 50 herum berechnet? Wenn die Zahlen in der Nähe von 50 liegen, sagen wir, 3 weniger, dann heißt das 3 unter 25 oder 47 im Quadrat ist 22. Und was übrigbleibt, ist das Quadrat des Rests. Mit Ihren 3 weniger kriegen Sie beispielsweise 9 – 2209 ist 47 im Quadrat. Hübsch, nicht wahr?«

Und so machten wir weiter (er war sehr gut in Arithmetik), und kurz darauf mußten wir die Kubikwurzel aus $2\frac{1}{2}$ ziehen. Nun, um Kubikwurzeln zu berechnen, hatten wir so eine kleine Tabelle mit einigen Dreierzahlen, die man dann auf der Addiermaschine durchprobierte, die wir von der Marchant Company bekommen hatten. Ich zog (denn dazu brauchte er ein bißchen länger) die Schublade auf, nahm die Tabelle heraus, da erklärte er: »1,35.«

Ich habe mir also gedacht, es muß irgendeine Möglichkeit geben, Kubikwurzeln in der Gegend von $2\frac{1}{2}$ zu berechnen. Ich fragte: »Wie machen Sie das?«

»Na ja«, erwiderte er, »verstehen Sie: der Logarithmus von 2,5 ist so und soviel; Sie teilen ihn durch 3, um die Kubikwurzeln von dem und dem zu kriegen. Nun, der Logarithmus von 1,3 ist so und so, der von 1,4 so und so ... ich interpoliere dazwischen.«

Ich hätte es nicht einmal geschafft, irgend etwas durch drei zu teilen, geschweige denn ... Er hat also seine Arithmetik wirklich beherrscht und war sehr gut darin. Für mich stellte das eine Herausforderung dar. Fortwährend habe ich geübt. Oft haben wir dann einen kleinen Wettstreit ausgetragen. Jedesmal wenn wir etwas berechnen mußten, haben wir uns beeilt, die Antwort rauszukriegen, er und ich, und dann habe ich gewonnen; nach mehreren Jahren habe ich es schließlich hingekriegt, verstehen Sie, wenn man mal drin ist, vielleicht in einem von vier Fällen. Natürlich fällt einem auf, daß eine Zahl irgendwie komisch ist, wenn man beispielsweise 174 mit 140 multiplizieren muß. Man bemerkt, 173 mal 141 – das ist gleich der Quadratwurzel von 3 mal der Quadratwurzel von 2, das heißt gleich der Quadratwurzel von 6, und das ergibt 245. Aber die Zahlen müssen einem auffallen, verstehen Sie, und jeder hat das auf unterschiedliche Weise gemerkt – das hat wirklich Spaß gemacht.

Na ja, als wir dort ankamen, das habe ich schon erzählt, da gab es die Wohnheime noch nicht, aber die theoretischen Physiker mußten auf dem Gelände bleiben. Zuerst brachten sie uns in einer alten Schule unter – eine Jungenschule war es früher gewesen. Zuerst hausten wir im sogenannten Pedellhäuschen; wir mußten uns alle in Kojenbetten zwängen und so weiter; wie sich herausstellte, war das alles nicht besonders gut organisiert. Beispielsweise mußten Bob Christie und seine Frau jeden Morgen durch unser Schlafzimmer, wenn sie ins Bad wollten. Ausgesprochen lästig.

Anschließend zogen wir ins sogenannte Große Haus; um den ganzen ersten Stock, wo die Betten an der Wand standen, eins neben dem anderen, zog sich ein Balkon. Und unten hing eine große Karte, auf der eingetragen war, welche Bettnummer man hatte und in welchem Badezimmer man sich umziehen sollte. Unter meinem Namen hieß es: »Bad C« – eine Bettnummer war nirgends zu sehen! Ich war daher ziemlich verärgert.

Schließlich war das Wohnheim fertig. Ich ging also runter in den Raum, in dem die Zimmer zugewiesen wurden; es hieß, ich könne mir jetzt gleich ein Zimmer aussuchen. Und wissen Sie, was ich gemacht habe – ich habe nachgeschaut, wo das Wohnheim der Mädchen war, und habe mir ein Zimmer ausgesucht, von dem aus man hinüberschauen konnte. Später habe ich dann festgestellt, direkt davor stand ein großer Baum. Jedenfalls habe ich mir dieses Zimmer ausgesucht. Man sagte mir, vorerst würden jeweils zwei Personen in jedem Zimmer wohnen – das sei aber nur vorübergehend. Und jeweils zwei Zimmer müßten sich ein Bad teilen. Wir sollten in Etagenbetten, Kojenbetten, schlafen – ich wollte aber niemand anderen im Zimmer haben.

Als ich einzog, in der ersten Nacht, war niemand da. Meine Frau war in Albuquerque; sie war krank, hatte TB; ich hatte daher ein paar Kisten mit Sachen von ihr dabei. Also habe ich eine der Kisten aufgemacht, ein Nachthemd herausgeholt und es lässig auf das obere Bett geworfen; die Decke hatte ich zurückgeschlagen. Dann habe ich ihre Hausschuhe ausgepackt und anschließend ein bißchen Puder auf dem Boden im Badezimmer verstreut. Es sollte einfach so aussehen, als wohnte noch jemand hier. O.K.? Wenn das zweite Bett belegt ist, kann niemand anderer darin schlafen, stimmt's? Und was ist passiert? Schließlich war es ja ein Männerwohnheim. Na schön, abends bin ich zurückgekommen: Mein Schlafanzug liegt fein säuberlich zusammengefaltet unter dem Kopfkissen, das Bett ist gemacht, und die Hausschuhe stehen ordentlich vor dem Bett. Das Nachthemd ist ebenfalls sorgsam zusammengelegt, und auch die Slipper stehen schön vor dem Bett. Der Puder im Badezimmer ist weggewischt – aber *niemand* schläft in dem oberen Bett. Ich habe das Zimmer nach wie vor für mich allein. Am nächsten Abend wieder das gleiche. Nach dem Aufstehen zerwühle ich das obere Bett, werfe das Nachthemd drauf, verstreue Puder im Bad und so weiter. Und das ging so vier Nächte lang. Inzwischen waren alle irgendwo untergebracht, und es bestand keine Gefahr mehr, daß man mir jemanden ins Zimmer legte. Und jeden Abend war alles schön aufgeräumt, alles war in Ordnung, obwohl es ein Männerwohnheim war. Das also ist damals passiert.

Irgendwie wurde ich ein wenig in Politik verwickelt; es gab dort einen sogenannten Stadtrat. Offenbar wurden gewisse Dinge, wie alles in der Stadt organisiert werden sollte, von Militärs entschieden, und zwar mit Unterstützung irgend so einer Regierungsbehörde; mir war nie ganz klar, um welche es sich dabei handelte. Doch es gab alle möglichen Aufregungen, wie immer, wenn es um Politik geht. Vor allem gab es verschiedene Parteien: die der Hausfrauen, die der Mechaniker, die der Techniker und so weiter. Na ja, die Junggesellen und Junggesellinnen, die Leute, die im Wohnheim lebten, hatten das Gefühl, sie müßten ebenfalls eine Partei gründen, da eine neue Vorschrift bekanntgegeben worden war: Keine Frauen im Männerwohnheim! Das war natürlich lachhaft. Schließlich waren wir alle erwachsene Menschen (ha, ha). Was sollte dieser Unsinn? Daher mußten wir politisch aktiv werden. Also diskutierten wir, stimmten ab und so – Sie kennen das ja. Und ich wurde gewählt, um die Leute aus dem Wohnheim im Stadtrat zu vertreten.

Nachdem ich ungefähr ein Jahr oder so im Stadtrat war, unterhielt ich mich mit Hans Bethe über irgend etwas. Während dieser ganzen Zeit war er im Vorstand. Ich erzählte ihm also die Geschichte von dem Trick mit den Sachen von meiner Frau auf dem oberen Bett. Er fing an zu lachen:

»So sind Sie also in den Stadtrat gekommen.«

Denn wie sich herausstellte, hatte damals jemand einen Bericht, einen sehr ernstzunehmenden Bericht abgeliefert. Die arme Frau hatte am ganzen Leib gezittert, die Frau, die die Zimmer im Wohnheim saubermachte; sie hatte die Tür aufgemacht, und schon gab es Ärger – irgendwer schläft mit einem von den Kerlen! Sie zittert, weiß nicht, was sie machen soll. Sie meldet es, die Putzfrau meldet es der Oberputzfrau, die Oberputzfrau meldet es dem Lieutenant, der Lieutenant meldet es dem Major, und so weiter bis ganz nach oben, bis zu den Generälen im Vorstand – was sollen sie bloß machen? –, sie werden darüber nachdenken! In der Zwischenzeit werden Anweisungen nach unten weitergegeben, immer weiter runter, über die Captains, die Majors, die Lieutenants, die Oberputzfrau bis hinunter zur Putzfrau:

»Legen Sie einfach alles so hin, wie es war, räumen Sie auf, mal sehen, was dann passiert.«

Okay. Am nächsten Tag erstattet sie wiederum Bericht: wieder das gleiche – Riesengeschrei. Seit vier Tagen machen die sich jetzt Sorgen, überlegen, was sie tun sollen. Schließlich erlassen sie eine Vorschrift: »Keine Frauen im Männerwohnheim!« Und das hat ganz unten zu einem Riesenstunk geführt. Also mußten sie sich in die Politik einmischen und jemanden wählen, der sie vertritt ...

Und jetzt möchte ich Ihnen gern etwas über unsere Zensur erzählen. Die haben nämlich beschlossen, etwas völlig Illegales zu machen: die Post von Leuten innerhalb der Vereinigten Staaten zu zensieren, etwas, wozu sie kein Recht haben. Man hat das Ganze daher sehr behutsam organsisiert, es als etwas Freiwilliges hingestellt. Wir sollten uns alle freiwillig einverstanden erklären, die Umschläge unserer Briefe nicht zuzukleben. Wir sollten uns damit einverstanden erklären, daß es in Ordnung wäre, wenn sie an uns adressierte Briefe aufmachten. Wir würden unsere Briefe nicht zukleben; das wollten sie erledigen, wenn sie in Ordnung wären. Wären sie ihrer Meinung nach nicht in Ordnung, mit anderen Worten: fänden sie etwas, das nicht nach außen dringen sollte, dann würden sie den Brief mit einem Vermerk an uns zurückschicken, der Brief verstoße gegen diesen oder jenen Paragraphen unserer »Vereinbarung« und so weiter und so fort. Und so wurde schließlich, sehr behutsam, bei all diesen ach so liberal gesinnten Wissenschaftlern, die diesem Vorschlag zustimmten, die Zensur eingeführt. Mit vielen Vorschriften, etwa daß es gestat-

tet wäre, uns zum Vorgehen der Verwaltung zu äußern; falls wir
dies wollten, könnten wir uns damit an unseren Senator wenden
und ihm berichten, es gefiele uns nicht, wie das Ganze hier organisiert sei und dergleichen. Es wurde also alles geregelt, und sie
erklärten, sie würden uns benachrichtigen, falls es irgendwelche
Schwierigkeiten gäbe.

Der folgende Tag ist also der erste Tag mit Zensur. Das Telefon
schrillt! Für mich.

»Was ist?«

»Kommen Sie doch bitte mal runter.«

Ich gehe runter.

»Was ist das?«

Ein Brief von meinem Vater.

»Also: Was ist das?«

Ein Blatt liniertes Papier, über und unter den Linien punk-
tiert – vier Punkte drunter, einer drüber, zwei drunter, einer drüber, zwei Punkte übereinander.

»Was *ist* das?«

Ich antworte: »Das ist ein Code.«

Sie: »Das sehen wir. Und was bedeutet er?«

»Weiß ich nicht.«

Sie: »Na ja, wie lautet denn der Schlüssel für den Code; wie entziffern Sie ihn?«

Ich: »Na ja, das weiß ich selber nicht.«

Und jetzt wieder sie: »Und was ist das da?«

»Das ist ein Brief von meiner Frau.«

»Da steht: TJXYWZ TW1X3. Was soll das bedeuten?«

»Das ist ein anderer Code.«

»Und der Schlüssel dazu?«

»Den kenne ich nicht.«

Jetzt erklären die: »Sie erhalten codierte Briefe, haben aber
nicht den Schlüssel dafür?«

»Richtig«, antworte ich. »Ich habe da ein Spiel erfunden. Ich fordere sie heraus: Sie sollen mir einen Code zuschicken, bei dem ich es nicht schaffe, ihn zu entziffern, verstehen Sie? Die denken sich also irgendwelche Codes aus, verraten mir aber nicht den Schlüssel dazu; und die Briefe schicken sie mir.«

Eine der Regeln der Zensur besagte, daß sie in der Post nichts ändern dürften, was man normalerweise immer so macht. Also erklären sie:

»Na schön, dann werden Sie ihnen sagen müssen, sie sollen bitte den Schlüssel für den Code mitschicken.«

Einspruch meinerseits: »Ich will aber den Schlüssel gar nicht kennen!«

»Also gut – dann nehmen wir eben den Schlüssel heraus.«

Das war also abgemacht. Okay? Schön. Am nächsten Tag bekomme ich wieder einen Brief von meiner Frau. Sie schreibt: »Es fällt mir wirklich schwer, Dir zu schreiben, weil ich das Gefühl habe, die [leere Stelle] schaut mir über die Schulter.«

Die bewußte Stelle war mit Tintenradierer gelöscht. Ich bin also ins Büro runtergegangen und habe gesagt:

»An der Post, die wir bekommen, dürfen Sie nicht rumfummeln; wenn sie Ihnen nicht paßt, dann können Sie mir das sagen, aber Sie dürfen nicht einfach was ausradieren.«

Sie antworteten: »Machen Sie sich nicht lächerlich; glauben Sie vielleicht ernsthaft, daß Zensoren so arbeiten – mit Tintenradierer? Die schneiden die bewußten Stellen mit der Schere raus.«

»Na schön, wie Sie meinen.«

Also schrieb ich einen Brief an meine Frau und fragte sie: »Hast du in Deinem letzten Brief einen Tintenradierer verwendet?

Ihre Antwort: »Nein, das war wahrscheinlich der ——«. Und an der Stelle war ein Stück aus dem Brief herausgeschnitten.

Also bin ich wieder zu dem für die Zensur Zuständigen, zu dem Major, dem das Ganze unterstand, und habe mich beschwert. Ein paar Tage ging das so hin und her. Ich hatte das Gefühl, so etwas wie der Sprecher für alle zu sein, und wollte daher das Ganze ein für allemal klären. Er versuchte mir zu erklären, man hätte diesen Leute, den Zensoren, beigebracht, wie man so etwas macht; von dieser neuen Variante, bei der man so behutsam vorgehen müsse, hätten sie jedoch keine Ahnung.

Ich gebärdete mich als eine Art Vorkämpfer, der am meisten Erfahrung auf dem Gebiet hatte. Immerhin schrieb ich jeden Tag meiner Frau einen Brief, und sie schrieb zurück.

Irgendwann fragte er mich dann: »Was ist eigentlich los, meinen Sie etwa, ich wolle Ihnen irgendwelche Schwierigkeiten machen?«

Ich erwiderte: »Nein, nein, Sie sind durchaus guten Willens, aber ich glaube nicht, daß Sie genügend Macht haben.« Weil das jetzt schon seit drei, vier Tagen so ging.

Er meinte: »Na schön, das werden wir ja sehen!«

Hastig griff er nach dem Telefonhörer ... und alles wurde geklärt: nichts mehr wurde aus den Briefen herausgeschnitten.

Dafür gab es andere Schwierigkeiten. Beispielsweise bekam ich eines Tages einen Brief von meiner Frau, zusammen mit einer Notiz des Zensors, der Brief habe einen Code ohne den dazugehörigen Schlüssel enthalten; deshalb hätten sie ihn entfernt. Als ich das nächste Mal meine Frau besuchte, fragt sie: »Und wo sind die Sachen?«

Ich frage: »Was für Sachen?«

Sie: »Bleiglätte, Glyzerin, Hot dogs und die Wäsche.«

Darauf ich: »Augenblick mal, war das eine Liste?«

»Ja.«

»Dann war das ein *Code*«, erklärte ich. Die hatten das für einen Code gehalten – Bleiglätte, Glycerin und so weiter.

Eines Tages spiele ich so ein bißchen herum – das alles ist in den ersten paar Wochen passiert, ehe alles geklärt war –, ich spiele jedenfalls mit der Rechenmaschine herum, und da fällt mir etwas auf. Und weil ich jeden Tag geschrieben habe – ich hatte eine Menge Dinge zu berichten –, schrieb ich:

»Ich habe da etwas sehr Merkwürdiges festgestellt. Paß mal auf, wie das geht. Wenn man 1 durch 243 teilt, ergibt das 0,004115226337. Das ist recht nett, aber es wird ein bißchen verquer, wenn man das nur mit drei Zahlen macht: Dann sieht man, wie 10 10 13 in Wirklichkeit wieder 114 entspricht oder dann wieder 115, und so geht das weiter.« Und ich habe ihr erklärt, wie sich das nach ein paar Durchläufen wiederholt. Irgendwie fand ich das lustig.

Ich habe also den Brief zur Post gebracht – und er ist zu mir zurückgekommen, ist nicht durch die Zensur gegangen; sie hatten eine kleine Bemerkung daneben geschrieben: »Sehen Sie sich mal Paragraph 17B an.«

Ich schaue mir also Paragraph 17B an. Er lautet: »Briefe dürfen nur auf englisch, russisch, spanisch, portugiesisch, lateinisch, deutsch und so weiter geschrieben sein. Um sich einer anderen Sprache zu bedienen, ist ein schriftlicher Antrag zu stellen.« Und weiter: »Keine Codes.«

Ich legte also eine kleine Notiz an den Zensor in meinen Brief, meiner Ansicht nach könne das gar kein Code sein, denn wenn man 1 durch 243 teile, ergäbe das tatsächlich ... und dann habe ich all das hingeschrieben und erklärt, folglich könne die Zahlenfolge 1-1-1-1-0-0-0 gar keine anderen Informationen enthalten als die Zahl 243. Und das sei doch wohl kaum als Information zu bezeichnen. Und so weiter. Ich beantragte also die Genehmigung, meine Briefe in arabischen Ziffern schreiben zu dürfen. In meinen Briefen verwende ich gerne arabische Ziffern. Na ja, das ist dann durchgegangen.

Immer gab es irgendwelche Schwierigkeiten mit den Briefen, die wir uns schickten. Eine Zeitlang erwähnte meine Frau dauernd, es sei ihr unangenehm, wenn sie beim Schreiben ständig das Gefühl habe, der Zensor schaue ihr über die Schulter. Nun besagte eine Regel, daß man die Zensur nicht erwähnen durfte – *wir* sollten nicht davon sprechen, aber wie wollen sie das *ihr* beibringen? Also schreiben sie einen Vermerk für mich: »Ihre Frau hat die Zensur erwähnt.«

Natürlich hat sie das.

Schließlich schicken sie mir eine Notiz: »Teilen Sie Ihrer Frau bitte mit, sie soll in ihren Briefen nie von Zensur sprechen.«

Ich nehme also meinen Brief und fange an: »Man hat mich angewiesen, Dir mitzuteilen, du sollst in Deinen Briefen die Zensur nicht erwähnen.«

Wummm, schnurstracks kommt der Brief zurück!

Also schreibe ich: »Man hat mich angewiesen, meine Frau zu informieren, sie solle die Zensur nicht erwähnen. Wie, zum Teufel, soll ich das anstellen? Außerdem, *warum* soll ich ihr die Anweisung geben, Zensur nicht zu erwähnen? Halten Sie irgendwas vor mir geheim?«

Wirklich interessant: Der Zensor höchstpersönlich muß meiner Frau sagen, sie solle nicht . . . Aber auch darauf hatten sie eine Antwort. Sie erklärten, sie machten sich Sorgen, daß Post von Albuquerque hierher abgefangen werden und jemand herausbekommen könnte, daß es hier eine Zensur gebe. Sie solle sich also bitte normal verhalten.

Als ich das nächste Mal nach Albuquerque fuhr, redete ich mit ihr und meinte: »Hör mal, wir erwähnen die Zensur einfach nicht.« Allerdings hatten die uns solche Schwierigkeiten gemacht, daß wir uns schließlich doch einen Code ausdachten, etwas Illegales. Wir verwendeten also einen Code: Wenn ich hinter meine Unterschrift einen Punkt setzte, bedeutete das, es gab erneut Schwierigkeiten; dann würde sie den nächsten Zug in dem Spiel machen, das sie ausgeheckt hatte. Sie saß den lieben langen Tag nur da, weil sie ja krank war, und dann überlegte sie, was sie alles anstellen könnte. Als letztes schickte sie mir – und das hielt sie für völlig legitim – ein Inserat, in dem es hieß:

»Schicken Sie Ihrem Freund einen Puzzlebrief. Wir liefern Ihnen das unausgefüllte Puzzle, Sie schreiben den Brief hinein, zerschneiden das Puzzle in seine Einzelteile und stecken alle Schnipsel in einen kleinen Beutel, den Sie dann Ihrem Freund schicken.«

Den Brief bekam ich mit dem Vermerk zurück: »Wir haben keine Zeit für irgendwelche Spielchen. Bitte weisen Sie Ihre Frau an, sich auf normale Briefe zu beschränken!«

Also brauchten wir noch einen Punkt mehr. Diesmal sollte der Brief folgendermaßen beginnen: »Hoffentlich hast Du daran gedacht, den Brief vorsichtig aufzumachen, weil ich, wie besprochen, Peptobismol für Deinen Magen reingetan habe.« Der Umschlag sollte mit diesem Pulver gefüllt sein. Wir rechneten damit, daß die im Büro den Brief aufreißen und das Pulver überall verstreuen. Das würde die ganz schön aus der Fassung bringen, denn es sollte ja nichts in Unordnung gebracht werden ... Aber zu diesem Mittel mußten wir dann doch nicht greifen. O.K.?

Infolge all dieser Erlebnisse mit dem Zensor wußte ich genau, mit was man durchkam und mit was nicht. Kein Mensch kannte sich da so aus wie ich. Ich verdiente mir also ein bißchen Kleingeld, indem ich Wetten abschloß. Eines Tages entdeckte ich, daß die Arbeiter, die immer noch weiter draußen wohnten und den ganzen Weg hierhergehen mußten, zu faul waren, außen herum bis zum Tor zu gehen; sie hatten daher ein ziemlich großes Loch in den Zaun geschnitten. Ich ging also zum Tor hinaus und zu dem Zaun, schlüpfte durch das Loch hinein, ging wieder durch das Tor hinaus, kam wieder hintenrum rein und so immer weiter, bis der Sergeant am Tor sich allmählich fragte, was da eigentlich los war: Der Kerl da geht ständig raus, kommt aber nie rein. Natürlich war seine erste Reaktion, daß er den Lieutenant anrief und mich dafür einsperren lassen wollte. Da erklärte ich ihnen, es sei ein Loch im Zaun. Verstehen Sie, ich habe ständig versucht, den Leuten etwas klarzumachen, sie beispielsweise darauf hinzuweisen, daß in dem Zaun ein Loch war. Also habe ich mit irgend jemandem eine Wette abgeschlossen, ich könnte in einem Brief schreiben, wo das Loch sei, und den Brief durchkriegen. Und ob das geklappt hat. Ich habe nämlich folgendes geschrieben:

»Du solltest mal sehen, wie die das Gelände hier beaufsichtigen« – verstehen Sie, derlei durften wir sagen. »Ungefähr 21 Meter von da und da entfernt ist ein Loch im Zaun, das so und so groß ist, und da kann man durchkriechen.«

Was sollten sie da machen? Sie können mir nicht erzählen, da sei kein Loch. Ich meine, ihr Pech, wenn da ein Loch im Zaun ist. Sie sollten es flicken. Den Brief bekam ich also durch.

Einen anderen Brief kriegte ich ebenfalls durch, in dem ich berichtete, einer der Jungs aus einer meiner Gruppen sei mitten in der Nacht von irgendwelchen Militäridioten mit grellem Scheinwerferlicht geweckt worden, weil die irgend etwas über seinen Vater herausgefunden hatten oder so. Angeblich war er Kommunist. Kamane hieß er, und heute ist er ein berühmter Mann.

Es passierten auch noch andere Dinge. Und ich versuchte ständig, den Leuten das klarzumachen, indem ich sie beispielsweise auf die Löcher im Zaun hinwies und so weiter; allerdings bemühte ich mich stets, dies auf indirekte Weise hinzukriegen. Und etwas, worauf ich sie unbedingt aufmerksam machen wollte, war folgendes:

Gleich zu Beginn beschäftigten wir uns mit ungeheuer wichtigen Dingen, die geheim bleiben sollten. Wir fanden viel über Uran heraus, wie es funktioniert und so; und alle diese Ergebnisse waren in Akten zusammengefaßt, die in Holzschränken mit kleinen, ganz gewöhnlichen Vorhängeschlössern aufbewahrt wurden. Die Leute in der Werkstatt hatten sich ein paar zusätzliche Vorkehrungen ausgedacht, etwa Stangen, die man an der Vorderseite der Schränke anbrachte und die wiederum nur mit einem Vorhängeschloß gesichert waren – immer nur mit einem einfachen Vorhängeschloß. Außerdem konnte man an die Unterlagen herankommen, ohne das Schloß aufzumachen; man kippte einfach das Schränkchen nach hinten; unter der untersten Schublade war eine kleine Stange befestigt, damit sie nicht herausfiel. Und in der Holzplatte darunter war ein Schlitz – durch den konnte man die Dokumente von unten herausziehen. Ich knackte also ständig sämtliche Schlösser, um die Leute darauf hinzuweisen, wie leicht das war. Und bei jeder Gruppenbesprechung, wenn alle da waren, stand ich auf und erklärte, wir hätten wichtige geheime Sachen, die wir nicht in so was aufbewahren sollten. Die Schlösser seien wirklich erbärmlich, wir brauchten bessere.

Eines Tages stand bei einer solchen Besprechung Teller auf und fragte mich: »Ich bewahre meine wichtigsten geheimen Unterlagen nicht in meinem Aktenschrank, sondern in meiner Schreibtischschublade auf – das ist doch viel besser, oder?«

Ich antwortete: »Das weiß ich nicht – ich habe keine Ahnung, wie Ihre Schreibtischschublade aussieht.«

Gut, er sitzt ziemlich weit vorn und ich viel weiter hinten. Die Besprechung geht weiter; ich schleiche mich raus und gehe runter, um mir seine Schreibtischschublade anzuschauen. O.K.? Aber ich brauche nicht mal das Schloß zu knacken, denn es stellt sich heraus, wenn ich mit der Hand unten hinter die Schublade lange, kann ich alle Unterlagen rausziehen – wie Toilettenpapier aus einem dieser Papierspender; man zieht ein Blatt Papier heraus, das zieht das nächste nach und dieses wieder eines ... Ich habe die ganze verdammte Schublade ausgeräumt, habe alles rausgezogen und es auf die Seite gelegt. Danach bin ich wieder raufgegangen. Die Besprechung ist gerade zu Ende; alle kommen heraus. Ich schließe mich ihnen an, laufe einfach so mit und renne dann ein Stück vor, um Teller einzuholen. Ich frage ihn: »Oh, übrigens, dürfte ich mir mal Ihre Schreibtischschublade ansehen?«

»Sicher.«

Wir gehen also in sein Büro, und er zeigt mir den Schreibtisch; ich schau ihn mir an und erkläre, der sehe ja recht gut aus. Und: »Mal sehen, was Sie da drinnen aufbewahren.«

»Mit Vergnügen«, willigt er ein, steckt den Schlüssel ins Schloß und sperrt die Schublade auf, »falls Sie es sich nicht schon angeschaut haben.« Das ist wirklich lästig bei einem so ungeheuer intelligenten Menschen wie Teller: Wie *schnell* er dahinterkommt, was passiert ist, sobald er gemerkt hat, daß irgend etwas nicht so ist, wie es sein soll – viel zu schnell, um ein bißchen Spaß daran zu haben!

Na ja, trotzdem hatte ich oft meinen Spaß mit Safes, aber das hat nichts mit Los Alamos zu tun, also höre ich jetzt mit diesen Geschichten lieber auf. Statt dessen möchte ich Ihnen einiges über die Probleme, die speziellen Probleme erzählen, mit denen ich mich herumschlug und die recht interessant sind. Eines hat mit dem Sicherheitsstandard des Werks in Oak Ridge, Tennessee, zu tun. In Los Alamos sollte die Bombe hergestellt werden; in Oak Ridge hingegen versuchte man, die Uranisotope zu trennen, Uran 238, Uran 236 und Uran 235 – das war das explosive. Bei einem Experiment gewannen sie *gerade erst* winzige Mengen von dem 235, gleichzeitig aber übten sie schon. Die Niederlassung in Oak Ridge war eine große Fabrikanlage; dort würden sie das Zeug, Chemikalien, fässerweise aufbewahren. Das gereinigte Material wollten sie noch einmal reinigen und für die nächste Phase vorbereiten. Das Zeug muß nämlich mehrmals gereinigt werden. Einerseits probierten sie also mit der Chemie herum, andererseits gewannen sie mit einem der Geräte experimentell bereits eine winzige Menge von dem Stoff. Sie versuchten herauszubekommen, wie man ihn prüft, zu bestimmen, wieviel Uran 235 er enthält. Wir schickten ihnen Anweisungen, aber die kriegten es einfach nicht hin.

Schließlich erklärte Segrè*, es gäbe nur eine einzige Möglichkeit, das zu klären: Jemand müsse hinfahren und nachsehen, was

---

* Emilio Segrè (1905–1989) wurde 1959 (zusammen mit Owen Chamberlain) für die Entdeckung des Antiprotons mit dem Nobelpreis für Physik ausgezeichnet (Anm. d. Hrsg.).

die eigentlich machten, um zu verstehen, warum die Prüfverfahren nicht funktionierten.

Die Militärs lehnten das ab: Ihre Politik sei es, alle Los Alamos betreffenden Informationen an diesem einen Ort zu belassen; die Leute in Oak Ridge sollte nicht erfahren, wofür das Zeug gebraucht wurde, mit dem sie hantierten. Sie wußten lediglich, was sie machen sollten. Ich meine, die weiter oben wußten, daß es um die Trennung von Uran ging, aber sie hatten keine Ahnung, wie gewaltig die Bombe war und wie genau sie funktionierte, noch sonstwas. Und die weiter unten hatten *überhaupt* keine Ahnung, was sie da machten. Die Leute von der Armee wollten jedoch, daß das so blieb. Es gab also keinerlei Informationsaustausch.

Schließlich beharrte Segrè darauf, daß dies wichtig sei. Sonst kämen die nie mit den Prüfverfahren zurecht, und das Ganze wäre für die Katz.

Er fuhr also hin, um sich ein Bild zu machen, was die da unten anstellten, und als er alles inspizierte, sah er, wie sie eine Korbflasche mit Wasser herumrollten – mit grünem Wasser: Urannitrat.

Er fragt: »Behandeln Sie das genauso, wenn die Lösung gereinigt ist? Wollen Sie tatsächlich so vorgehen?«

Sie antworten: »Natürlich, warum denn nicht?«

»Explodiert das dann nicht?« fragt er.

»Was?! Explodieren!??«

Prompt erklärten die Militärs: »Da sehen Sie es, wir hätten keinerlei Informationen weitergeben sollen!«

Kurz und gut, schließlich stellte sich heraus, den Leuten von der Armee war klargeworden, wieviel von dem Zeug wir brauchten, um eine Bombe zu bauen, zwanzig Kilogramm oder so. Und zugleich wurde ihnen klar, zu keinem Zeitpunkt wäre soviel von der Substanz – der gereinigten Substanz – auf dem Werkgelände, daher bestünde keine Gefahr. Allerdings wußten sie nicht, daß die Elektronen weit mehr Energie haben, wenn sie im Wasser langsamer werden. In Wasser braucht man also weniger als ein

Zehntel, nein, ein Hundertstel, jedenfalls viel weniger von der Substanz, um eine Reaktion auszulösen, bei der Radioaktivität freigesetzt wird. Zu einer großen Explosion kommt es zwar nicht, aber Radioaktivität wird abgestrahlt, und das bringt die Leute in der Umgebung um und so. Das Ganze war äußerst gefährlich, aber auf die Sicherheit hatten sie keinen Gedanken verschwendet.

Also schickt Oppenheimer ein Telegramm an Segrè: »Schauen Sie sich die ganze Anlage an, achten Sie darauf, wo die Substanz in hohen Konzentrationen bei dem Vorgehen, das *die* sich ausgedacht haben, gelagert wird. Inzwischen berechnen wir, wieviel von dem Material man ansammeln kann, ehe es zu einer Explosion kommt.«

Zwei Gruppen machten sich also an die Arbeit. Christies Team beschäftigte sich mit wäßrigen Lösungen, ich untersuchte mit meiner Gruppe, was mit trockenem Pulver, das in Behältern aufbewahrt wird, passiert. Und wir berechneten, wieviel von der Substanz gefährlich wäre.

Anschließend sollte Christie nach Oak Ridge fahren und denen da unten die Situation erklären. Vergnügt gab ich ihm also alle meine Zahlen und meinte: »Da hast du den Kram – gute Reise!« Dann erkrankte Christie an Lungenentzündung, und ich mußte hin.

Noch nie zuvor war ich geflogen, nun reiste ich in einem Flugzeug dorthin. Mit so einem kleinen Ding, das einen Gurt hatte, schnallten die mir die geheimen Unterlagen auf den Rücken! Damals war ein Flugzeug so etwas Ähnliches wie ein Bus, nur waren die einzelnen Stationen weiter voneinander entfernt. Man machte immer wieder eine Zwischenlandung und legte eine Pause ein. Neben mir stand so ein Kerl mit einer Schlüsselkette, die er hin und her schwang, und sagte so was wie: »Ist wahrscheinlich schrecklich schwierig, heutzutage einen Platz in einem Flugzeug zu bekommen, wenn man nicht mit einem dringenden Auftrag unterwegs ist.«

Ich konnte einfach nicht widerstehen und erklärte: »Na ja, was weiß ich, ich jedenfalls bin dringend.«

Ein wenig später kommen ein paar Generäle an Bord, und etliche Leute mit der Dringlichkeitsstufe 3 müssen ihnen Platz machen. Mich kümmert das nicht weiter, ich gehöre in die Kategorie 2. Wahrscheinlich hat dieser Passagier seinem Kongreß-abgeordneten geschrieben – wenn er nicht sogar selber einer war –, was den Leuten eigentlich einfalle, mitten im Krieg kleine Jungs mit hoher Dringlichkeitsstufe durch die Gegend zu schicken!

Jedenfalls, ich kam dort an. Als erstes ließ ich mich zu der Werkanlage bringen, sagte aber keinen Ton. Ich sah mir lediglich alles an. Und stellte fest, es war noch schlimmer, als Segrè berichtet hatte, denn er hatte das Ganze nicht so richtig überblickt, als er das erste Mal dort war. Ihm waren große Mengen bestimmter Kisten aufgefallen, aber nicht, daß in der angrenzenden Halle ebenfalls massenhaft Kisten gestapelt waren. Und lauter solche Sachen. Wenn man zuviel von dem Zeug an einer Stelle lagert, fliegt es in die Luft, verstehen Sie. Ich bin also durch die ganze Anlage gegangen. Nun habe ich ein sehr schlechtes Gedächtnis, aber wenn ich intensiv arbeite, funktioniert mein Kurzzeitgedächtnis hervorragend. Daher konnte ich mir alle möglichen verrückten Sachen merken, beispielsweise das Gebäude neunzig-zwei-null-sieben, Faß Nummer soundso und so weiter.

Am Abend ging ich in meine Unterkunft und überlegte mir das Ganze gründlich: Wo sich die Gefahrenherde befanden und was man unternehmen müßte, um sie zu beseitigen. Es ist eigentlich ganz einfach – man mengt den Lösungen Kadmium bei, das die Neutronen im Wasser absorbiert; man lagert die Kisten weit genug voneinander entfernt, so daß sie nicht zu dicht auf einem Haufen gestapelt sind und sich nicht zuviel Uran an einer Stelle befindet und so weiter; dafür gibt es bestimmte Regeln. Anhand der Beispiele arbeitete ich alles aus, auch wie der Gefriervorgang abläuft. Denn ich war der Ansicht, man könnte die Anlage nie und nimmer sicher machen, wenn die nicht wüßten, wie sie funktioniert. Für den nächsten Tag war eine große Besprechung angesetzt.

Oha, das habe ich vergessen: Ehe ich losflog, hatte Oppenheimer zu mir gesagt:

»Also, wenn Sie dorthin kommen – folgende Leute in Oak Ridge sind hervorragende Techniker: Mr. Julian Webb, Mr. Soundso und Soundso. Sorgen Sie also dafür, daß diese Leute zu dem Treffen kommen, und erklären Sie ihnen, wie das funktioniert, Sie wissen schon, mit der Sicherheit, damit sie es auch wirklich *verstehen* – sie sind dafür verantwortlich.«

Ich hatte gefragt: »Und was soll ich machen, wenn sie nicht zu der Besprechung kommen?«

»Dann sagen Sie einfach – *Los Alamos kann keinerlei Verantwortung für die Sicherheit von Oak Ridge übernehmen, wenn die nicht dabei sind!!!*«

»Sie meinen also, ich, der kleine Richard, soll da hin und sagen ...?«

»Genau, kleiner Richard, Sie fahren da hin und machen das so.« Ich bin wirklich schnell erwachsen geworden!

Nachdem ich also dort angekommen war, fand am nächsten Tag die Besprechung statt, und all die Leute von dem Unternehmen, die wichtigen Leute und das technische Personal, das ich dabeihaben wollte, alle sind sie gekommen, auch die Generäle und so weiter, die sich für das Problem interessierten und alles organisierten. Es war eine große Versammlung; schließlich ging es ja um eine wirklich ernstzunehmende Frage – die der Sicherheit; andernfalls würde das Ganze nie funktionieren. Das ganze Werk wäre in die Luft geflogen, ich schwöre es, wenn keiner aufgepaßt hätte.

Irgend so ein Lieutenant hat sich um mich gekümmert. Er erklärte mir, der Colonel habe zu ihm gesagt, ich solle ihnen nichts darüber erzählen, was die Neutronen machen und all die anderen Einzelheiten, denn er wolle die Dinge fein säuberlich getrennt halten. Ich solle ihnen lediglich sagen, was sie tun müßten, um alles abzusichern. Ich widersprach und meinte, meiner Ansicht nach wäre es für sie unmöglich, sich an eine Menge Regeln zu halten, wenn sie nicht wüßten, wie das Ganze funktioniert. Meiner Meinung nach ginge das nur, wenn ich ihnen erklärte, wie das alles zusammenhängt – und *Los Alamos könne keinerlei Verantwortung für die Sicherheit von Oak Ridge übernehmen, wenn sie nicht umfassend informiert wären, wie es funktioniert!!*

Es war großartig. Er geht also zu seinem Colonel.

»Geben Sie mir fünf Minuten Zeit«, sagt der.

Er geht zum Fenster, bleibt stehen und denkt nach; das können die. Sie verstehen sich darauf, Entscheidungen zu treffen. Ich halte das für ziemlich bemerkenswert: Das Problem, ob in der Oak-Ridge-Niederlassung Informationen darüber, wie die Bombe funktioniert, weitergegeben werden sollten oder nicht, mußte entschieden werden, und man konnte diese Entscheidung binnen fünf Minuten fällen. Ich habe also einen Heidenrespekt vor diesen Militärs, denn ich selber bringe es nie fertig, überhaupt irgend etwas Wichtiges zu entscheiden, egal, wieviel Zeit ich dazu habe.

Nach fünf Minuten erklärte er: »Das geht in Ordnung, Mr. Feynman, fangen Sie an.«

Ich setzte mich also hin und erzählte ihnen alles über Neutronen, wie sie sich verhalten, blahblahblah; wenn zu viele Neutronen auf einem Haufen sind, muß man das Material separat lagern, Kadmium absorbiert, und langsame Neutronen haben eine größere Wirkungskraft als schnelle und dergleichen mehr – all das, was in Los Alamos zum Grundwissen gehörte. Die hier hatten allerdings noch nie etwas davon gehört, für sie war ich, wie sich herausstellte, ein regelrechtes Genie. Ich war ein Gott, der vom Himmel herabgestiegen war! Es ging um all diese Phänomene,

die sie nicht verstanden, von denen sie nie etwas gehört hatten.
Aber ich wußte alles darüber, daher konnte ich ihnen Fakten
und Zahlen nennen. Das Ganze sah daher so aus: Drüben in Los
Alamos war ich eine ziemlich kleine Nummer, doch hier ein
Supergenie!

Kurz und gut, das Ergebnis war: Sie beschlossen, sich in kleine
Gruppen aufzuteilen und jeweils auf eigene Faust Berechnungen
anzustellen, um herauszukriegen, wie man so etwas am besten
macht. Sie wollten die ganze Anlage umgestalteten: die Architek-
ten, die Ingenieure, die Chemotechniker für die neue Anlage, in
der das getrennt gelagerte Material verarbeitet werden sollte.
Und auch andere kamen und gingen. Ich fuhr wieder weg. Sie
baten mich, in ein paar Monaten noch einmal zu kommen; in der
Zwischenzeit wollten sie die Anlage zur Trennung von Uranisotopen neu organisieren.

Nach ein paar Monaten oder so kam ich also zurück, und die
Ingenieure von Stone and Webster Company waren mit den Plä-
nen für die Anlage fertig; jetzt sollte ich sie mir ansehen. O.K.?
Wie schaut man sich eine Anlage an, die noch nicht gebaut ist?
Ich weiß es nicht. Ich gehe also in den Raum, in dem alle diese
Leute sind. Lieutenant Zumwalt, der mich immer begleitete –
sich um mich kümmerte, verstehen Sie? Ich hatte immer eine
Eskorte, überall – Lieutenant Zumwalt also kommt mit; er bringt
mich in diesen Raum. Dort stehen zwei Ingenieure an einem
laaaangen Tisch, einem riesengroßen, langen Tisch, regelrecht
furchteinflößend, auf dem ein ganzer Stapel Blaupausen liegt.
Nicht eine Blaupause, nein, ein ganzer Haufen. In der Schule
hatte ich technisches Zeichnen, aber mit dem Lesen von Blaupausen tat ich mich schwer. Sie fangen also an, mir das alles zu erklären – schließlich halten sie mich für ein Genie. Sie beginnen:

»Mr. Feynman, wir möchten Ihnen das gerne erklären, die
Anlage ist so geplant, daß wir beispielsweise Materialanhäufun-
gen vermeiden.«

Dabei geht es um Probleme wie etwa folgendes: Wenn man einen Verdampfer installiert, in dem sich das Zeug ansammeln soll, und wenn dann das Ventil verstopft ist oder derlei und zuviel von dem Zeug da ist, dann explodiert es. Sie erklärten mir, die Anlage sei so konzipiert, daß nichts passiert, wenn *ein* Ventil verstopft ist, irgendein Ventil, gleichgültig, wo. Man muß nur überall mindestens zwei Ventile anbringen.

Und dann erklären sie mir, wie das funktioniert. Das Kohlenstofftetrachlorid kommt hier rein, das Urannitrat da, das geht auf und ab, durch den Boden, kommt vom zweiten Stock durch die Leitungen rauf, blubb – das alles zeigen sie mir auf den Blaupausen, runter, rauf, runter, rauf. Erklären mir die äußerst komplizierte chemische Anlage, und dabei reden sie unglaublich schnell. Mir dreht sich alles im Kopf, aber noch schlimmer ist: Ich weiß nicht, was die Symbole auf den Blaupausen bedeuten! Da ist zum Beispiel etwas, das ich zuerst für ein Fenster halte: ein Quadrat mit einem kleinen Kreuz drin; und solche Quadrate sind überall verteilt. Linien mit diesem verdammten Quadrat, überall Linien mit diesem verdammten Quadrat. Ich halte es für ein Fenster; nein, Fenster kann es keines sein, weil es sich nicht immer am Rand befindet.

Am liebsten würde ich sie fragen, was das Zeichen bedeutet. Waren Sie schon mal in einer solchen Situation? Daß Sie nicht gleich gefragt haben, was etwas Bestimmtes bedeutet? Wenn man auf der Stelle fragt, ist das in Ordnung. Doch mittlerweile reden die schon viel zu lange. Man hat zu lange gewartet. Wenn man jetzt fragt, sagen die: »Merken Sie nicht, daß Sie uns nur unsere Zeit stehlen?«

Ich weiß nicht, was ich jetzt machen soll; aber ich denke mir, ich habe schon so oft in meinem Leben Glück gehabt. Sie werden es nicht glauben, aber ich schwöre: Das ist wahr – ich hatte unglaubliches Glück. Ich dachte mir, herrje, was soll ich nur tun, was soll ich nur tun??? Da kam mir eine Idee. Vielleicht ist das ein Ventil?

Um herauszufinden, ob es ein Ventil ist oder nicht, tupfe ich mit dem Finger mitten auf eine der Blaupausen, auf Nummer 3 ganz unten in der Ecke und frage: »Was passiert, wenn dieses Ventil blockiert ist?« und kann mir vorstellen daß die jetzt antworten: »Das ist kein Ventil, Sir, sondern ein Fenster.«

Der eine schaut den anderen an und erklärt: »Na ja, wenn das Ventil da blockiert ist« ... und er geht auf der Blaupause rauf und runter, rauf und runter. Der andere auch: geht rauf und runter, hin und zurück, hin und zurück. Dann sehen sie einander an, drehen sich zu mir um, machen den Mund auf und – »Sie haben völlig recht, Sir.«

Sie rollten die Blaupausen zusammen, und weg waren sie. Wir sind dann auch gegangen, und Lieutenant Zumwalt, der mir die ganze Zeit gefolgt war, erklärte:

»Sie sind wirklich ein Genie. Als Sie das erste Mal durch die Anlage gegangen sind und denen dann am nächsten Tag das mit dem Verdampfer C-21 in Bau 90-207 erzählt haben, da hatte ich schon das Gefühl, daß Sie ein Genie sind«, sagt er, »aber was Sie jetzt gerade gemacht haben, war einfach *phantastisch*. Ich möchte nur wissen, *wie* Sie das schaffen, wie Sie so etwas machen.«

Da habe ich ihm gesagt, man braucht nur versuchen herauszufinden, ob es sich um ein Ventil handelt.

Bei einem anderen Problem, mit dem ich mich beschäftigte, ging es um folgendes: Wir mußten jede Menge Berechnungen durchführen, und zwar erledigten wir das mit Hilfe der Rechenmaschinen von Marchant. Übrigens, nur um Ihnen eine Vorstellung davon zu vermitteln, wie es in Los Alamos zuging – wir hatten also diese Marchant-Computer. Ich habe keine Ahnung, ob Sie wissen, wie diese Dinger aussehen: Rechenmaschinen, die man manuell bedient; man drückt auf die Tasten, und dann multiplizieren, dividieren, addieren sie und so weiter. Nicht so wie jetzt, da geht das ganz leicht; es war sogar ziemlich umständlich – im Grunde waren das mechanische Spielzeuge. Und wenn sie kaputt waren, mußte man sie in die Fabrik schicken, um sie dort reparieren zu lassen.

Wir hatten keinen Spezialisten, der sich darum kümmerte – das war damals eben so –, folglich mußten wir die Maschinen immer einschicken. Und ziemlich bald hatten wir keine mehr. Ich und ein paar andere nahmen also den Deckel von ein paar solchen Maschinen ab. Eigentlich soll man das ja nicht machen – Sie wissen schon, die Vorschrift: »Wenn Sie den Deckel entfernen, können wir nicht garantieren ...«

Wir nahmen also bei ein paar Maschinen den Deckel ab und lernten ein paar recht hübsche Sachen. Zum Beispiel bei der ersten Maschine, deren Deckel wir abnahmen: Da befanden sich eine Spindel mit einem Loch und eine Feder, die irgendwo runterhing. Das war klar: Die Feder mußte in das Loch – nicht weiter schwer.

Jedenfalls lernten wir auf diese Weise eine ganze Menge darüber, wie man diese Dinger repariert – bei Gott, immer besser wurden wir, führten immer raffiniertere Reparaturen durch. Wenn etwas zu kompliziert wurde, schickten wir die Maschine in die Fabrik zurück, aber die einfachen Sachen machten wir selber, damit der Betrieb weitergehen konnte.

Schließlich war ich allein für die Computer zuständig; die anderen überließen das einfach mir. Auch ein paar Schreibmaschinen reparierte ich. Allerdings arbeitete in der Werkstatt ein Bursche, der besser war als ich und sich um die Schreibmaschinen kümmerte – daher war ich für die Rechenmaschinen zuständig.

Doch das eigentliche, das große Problem war es herauzufinden, was genau im Verlauf der Explosion der Bombe passieren würde, wenn man das Zeug reinsteckt und es dann wieder austritt. Wir mußten wissen, was da abläuft, um ganz genau berechnen zu können, wieviel Energie freigesetzt wird und so – und dazu waren weit mehr Berechnungen erforderlich, als wir durchführen konnten. Da kam ein ziemlich kluges Bürschchen, Stanley Frankle hieß er, auf die Idee, man könnte das vielleicht mit Hilfe von IBM-Maschinen machen. Die Firma IBM stellte Maschinen für Unternehmen her, als Tabellierer bezeichnete Addiermaschinen, um Summen aufzulisten, und eine Multipliziermaschine, nur eine Maschine, ein Riesenkasten: Man steckte Karten rein; die Maschine nahm zwei Zahlen auf so einer Karte, multiplizierte sie und druckte das Ergebnis auf einer anderen Karte aus. Außerdem gab es Kollationiermaschinen und Sortierer und so weiter.

Frankle kam zu dem Schluß, er wolle sich ein schönes Programm ausdenken. Wenn wir genügend solcher Maschinen in einem Raum aufstellten, könnten wir die Karten nehmen und sie durchlaufen lassen; jeder, der sich mit numerischen Berechnungen auskennt, weiß, wovon ich spreche, aber damals war das etwas Neues: Massenproduktion mit Hilfe einzelner Rechenmaschinen.

Derlei hatten wir schon bei Addiermaschinen gemacht. Normalerweise geht man Schritt für Schritt vor und macht alles selber. Doch das war anders – hier ging man zuerst zum Addierer, dann zum Multiplizierer, dann wieder zum Addierer und so fort. Frankle entwarf nun ein Programm und bestellte bei IBM eine entsprechende Maschine. Denn uns war klar, das wäre eine gute Möglichkeit, um unsere Probleme zu lösen. Außerdem hatte einer von den Militärs eine IBM-Schulung gemacht, und wir brauchten jemanden, um die Maschinen zu reparieren, zu warten und so. Und dafür wollten sie uns diesen Kerl schicken. Aber der kam zu spät, immer zu spät. Wir hatten es jedoch *immer* eilig – das muß ich näher erklären: *Alles,* was wir machten, versuchten wir so schnell wie möglich zu erledigen.

In diesem speziellen Fall bereiteten wir alle numerischen Berechnungen vor, die anstanden und die diese Maschinen künftig durchrechnen sollten – erst multiplizieren, dann dieses, dann jenes, dann subtrahieren. Und dann arbeiteten wir das Programm aus – hatten jedoch kein Gerät, um es zu testen. Wir machten daher folgendes: Ich kommandierte ein paar junge Damen in einen Raum ab und setzte jede vor eine Marchant; die eine subtrahierte, die nächste addierte, eine andere kubierte. Außerdem hatten wir Karten, Karteikarten. Die Mädchen taten also nichts weiter, als beispielsweise eine Zahl zu kubieren und das Ergebnis dann an die nächste weiterzugeben. Die erste imitierte also in gewisser Weise die Multipliziermaschine, die nächste die Addiermaschine. Und so gingen wir den ganzen Rechenvorgang durch, beseitigten alle Fehler. So haben wir das gemacht. Noch nie hatten wir es mit einer solchen »Massenproduktion« probiert, sondern jede einzelne Person hatte jeden einzelnen Rechenschritt selber durchgeführt. Aber die Idee von Ford war wirklich gut, das verdammte Ding funktionierte auf die Weise weit schneller; wir schafften es sogar mit der gleichen Geschwindigkeit, wie man sie uns für die IBM-Maschine voraussagte. Der einzige Unterschied bestand darin, daß die IBM-Maschine nicht müde wird und drei Schichten hintereinander durchziehen kann. Die Mädchen hingegen wurden nach einer Weile müde. Trotzdem konnten wir im Verlauf dieses Prozesses alle Fehler in dem Programm beseitigen.

Dann trafen endlich die Maschinen ein, nicht aber der Mensch, der sie warten sollte. Also machten wir uns daran, sie selber zusammenzubauen. Es waren so ungefähr die technisch kompliziertesten Maschinen, die es damals gab, Rechenmaschinen, Riesendinger, die in Einzelteile zerlegt eintrafen: jede Menge Drähte und Blaupausen, was man damit anstellen soll. Wir machten uns an die Arbeit und bauten sie zusammen, Stan Frankle und ich und noch ein anderer. War gar nicht so einfach. Am meisten Schwierigkeiten bereiteten uns die großen Herren, die die ganze Zeit vorbeikamen und erklärten, wir würden bestimmt etwas kaputtmachen. Wir setzten die Dinger also zusammen; manchmal funktionierten sie, manchmal jedoch hatten wir sie falsch zusammengebaut, und dann funktionierten sie nicht. Wir bastelten also weiter herum, bis es schließlich hinhaute. Bei allen schafften wir es zwar nicht, und ganz zum Schluß probierte ich mit einem Addierer rum. Ich sah, daß innendrin ein Teil verbogen war, traute mich aber nicht, es geradezubiegen, aus Angst, es könnte abbrechen. Die erzählten uns ja ständig, wir würden bestimmt alles unwiderruflich ruinieren.

Schließlich kam auch der IBM-Mensch, ehrlich gesagt, sogar genau zum vorgesehenen Zeitpunkt. Jedenfalls, er kam und erledigte alles, was wir nicht geschafft hatten, und das Programm konnte ordnungsgemäß anlaufen. Aber der hatte mit derselben Maschine Probleme, die mir Schwierigkeiten gemacht hatte. Drei Tage später bastelte er immer noch daran herum. Ich ging zu ihm und erklärte:»Na ja, mir ist aufgefallen, daß da was verbogen ist.«

Er antwortete:»Oh – natürlich, das ist es!«

Und – schnipp – brachte er es in Ordnung. Das also war es.

Na schön, Mr. Frankle hat mit seinem Programm angefangen, doch dann zog er sich eine Krankheit zu: die Computerkrankheit – jeder, der mit Computern zu tun hat, kennt das. Es ist eine sehr ernstzunehmende Krankheit, die einen ungeheuer beim Arbeiten behindert: wenn man anfängt, damit *herumzuspielen.* Es sind so wundervolle Geräte. Man hat diese x Schalter, die festlegen, was als nächstes geschieht. Handelt es sich um eine gerade Zahl, macht man dies, bei einer ungeraden jenes. Und wenn man einigermaßen geschickt ist, kann man binnen kurzem immer raffiniertere Sachen mit einer solchen Maschine bewerkstelligen.

Nach einer Weile brach das ganze System zusammen. Stan Frankle paßte nicht mehr auf, beaufsichtigte die anderen nicht mehr. Und das Ganze ging nur noch sehr, sehr schleppend voran. Das eigentliche Problem bestand darin, daß er dasaß und herauszukriegen versuchte, wie er einen Tabellierer dazu bringen könnte, automatisch den Arkustangens x zu berechnen. Und dann hat das Ding angefangen, eine Tabelle auszudrucken und durch Integrieren automatisch einen Arkustangens nach dem anderen

zu berechnen und eine ganze Tabelle in einem einzigen Rechenvorgang zusammenzustellen. Völlig überflüssig. Wir *hatten* Arkus-
tangens-Tabellen. Aber wenn Sie je mit Computern gearbeitet
haben, kennen Sie diese Krankheit. Die *Freude,* wenn man sieht,
man beherrscht das. Doch er litt zum ersten Mal an dieser Krankheit, der arme Kerl, der sich das Ding ausgedacht hatte.

Man forderte mich auf, nicht mehr an dem Problem weiter-
zuarbeiten, mit dem ich und meine Gruppe gerade beschäftigt
waren, sondern die IBM-Gruppe zu übernehmen. Mir wurde klar,
woran er litt, und ich versuchte, gegen die Krankheit immun zu
bleiben. Und obwohl wir in einem dreiviertel Jahr nur drei Probleme lösten, war es seine sehr gute Gruppe.

Die grundlegende Schwierigkeit war, man hatte den Jungs, die
sie von überallher geholt und zu einer technischen Sondereinheit
zusammengefaßt hatten, nie auch nur ein Sterbenswörtchen gesagt, was genau sie machen sollten. Es waren kluge Burschen, die
gerade die High-School abgeschlossen hatten. Sie hatten eine
technische Ausbildung, und die von der Armee suchten sie sich
zusammen und schickten sie einfach nach Los Alamos. Man
brachte sie in Baracken unter und sagte ihnen absolut *nichts.* Sie
mußten mit IBM-Maschinen arbeiten, Karten lochen, Zahlen, die
sie nicht verstanden – keiner erklärte ihnen, was sie bedeuteten.
Das Ganze ging deshalb sehr langsam voran. Ich erklärte, als
erstes müßten die Techniker wissen, woran sie eigentlich arbeiteten. Oppenheimer marschierte zu den Leuten vom Sicherheits-
dienst und bekam schließlich eine Sondergenehmigung. Ich hielt
also einen hübschen kleinen Vortrag, in dem ich ihnen erklärte,
was wir machten. Sie waren alle ganz aufgeregt: »Wir befinden
uns im Krieg. Jetzt ist uns klar, was das alles soll.«

Jetzt wußten sie, was all die Zahlen bedeuten. War der Druck zu
hoch, wurde mehr Energie freigesetzt und so weiter und so fort.
Jetzt wußten sie, was sie taten. Und mit einem Schlag war alles
völlig anders: *Sie* erfanden jetzt Methoden, es besser zu machen.

Sie verbesserten das Programm. Sie arbeiteten auch nachts. Und man brauchte sie dabei nicht zu beaufsichtigen. Man brauchte überhaupt nichts zu machen. Sie verstanden jetzt alles. Und so erfanden sie etliche Programme, die wir einsetzten, und so weiter. Meine Jungs schafften also wirklich den Durchbruch – und dazu hatte es nichts weiter bedurft, als ihnen zu erklären, worum es ging. Das war alles. Man kann diesen Leuten nicht einfach sagen: Bitte, stanzt da mal Löcher in die Karten.

Auf diese Weise brauchten sie zuerst zwar ein dreiviertel Jahr, um die drei ursprünglichen Probleme zu lösen, aber dafür erledigten sie dann *neun* Aufgaben in *einem Vierteljahr,* das heißt fast dreimal so schnell. Aber wie wir unsere Aufgaben meisterten, war unser Geheimnis. Das Problem war folgendes: Wir hatten einen Haufen Karten, die einen Zyklus durchlaufen mußten. Zuerst addieren, dann multiplizieren, und so ging es weiter, quer durch die ganze Maschinenansammlung in dem Raum, in dem wir arbeiteten. Das dauerte ziemlich lange: ein Schritt nach dem anderen. Wir dachten uns daher folgende Methode aus: Wir nehmen Stapel mit verschiedenfarbigen Karten und lassen die ebenfalls den ganzen Zyklus durchlaufen, aber phasenverschoben. Auf diese Weise konnten wir zwei, drei Aufgaben auf einmal erledigen. Daraus ergaben sich allerdings andere Probleme: Wenn so eine Maschine bei einem Vorgang addierte, wurde gleichzeitig bei einer anderen Aufgabe multipliziert. Das alles richtig zu organisieren war gar nicht so einfach.

Gegen Ende des Krieges, unmittelbar bevor wir einen Probelauf in Alamogordo durchführen sollten, war die Frage, wieviel Energie freigesetzt würde. Wir hatten das für verschiedene Modelle durchgerechnet, nicht jedoch für das spezielle, das man schließlich einsetzte. Bob Christie kam also zu uns und erklärte:

»In einem Monat wüßten wir gern, wie das Ganze funktioniert.«

Ich glaube, es waren sogar nur drei Wochen, jedenfalls eine sehr kurze Zeit.

»Das ist unmöglich«, erwiderte ich.

Darauf er: »Hören Sie mal, pro Monat lösen Sie so und so viele Probleme. Für eines braucht man nur zwei, höchstens drei Wochen.«

Ich widersprach: »Ich weiß, daß es in Wirklichkeit sehr viel länger dauert, so ein Problem zu lösen – der Trick ist, daß wir das *parallel* machen. Das Durchrechnen selber dauert sehr viel länger und läßt sich unmöglich schneller machen.«

Er ging also wieder. Und ich fing an, mir den Kopf zu zerbrechen – gäbe es eine Möglichkeit, das zu beschleunigen? Na ja, wenn wir mit der Maschine nichts anderes berechneten, also nichts anderes den Prozeß störte, dann ... Ich grübelte und grübelte. Und dann schrieb ich für meine Jungs eine Herausforderung an die Tafel – SCHAFFEN WIR DAS? Und alle sagen, ja, wir legen eben Doppelschichten ein, machen Überstunden und so – kurz: Wir *probieren* es! Und so hieß die Parole: Alle anderen Probleme *werden gestrichen,* wir konzentrieren uns nur auf dieses eine. Und sie machten sich an die Arbeit.

Dann starb meine Frau, Ich mußte deshalb dringend nach Albuquerque. Ich lieh mir den Wagen von Fuchs, einem Freund von mir aus dem Wohnheim. Der hatte nämlich ein Auto, mit dem er geheime Verschlußsachen wegschaffte, nach Santa Fe runter. Er war ein Spion – nur wußte ich das nicht. Ich lieh mir also seinen Wagen, um nach Albuquerque zu fahren. Unterwegs hatte die verdammte Karre drei Platten.

Als ich zurückkam, ging ich gleich in den Arbeitsraum – schließlich sollte ich ja alles beaufsichtigen. Doch drei Tage lang konnte ich überhaupt nichts machen: Das Ganze war ein heilloses Durcheinander, weil sie es so eilig hatten, um bis zu dem Test in der Wüste fertig zu werden. Als ich reinkam, lagen überall Karten in verschiedenen Farben rum: weiße, blaue, gelbe. »Ich hab' euch doch gesagt, ihr sollt nur an einer einzigen Aufgabe arbeiten – nur an diesem einen Problem«, fing ich an zu schimpfen.

Sie sagten nur:»Raus hier! Raus hier! Warten Sie ein wenig, dann erklären wir Ihnen alles.«

Ich wartete, und schließlich stellte sich folgendes heraus: Bei den einzelnen Durchläufen machte die Maschine gelegentlich einen Fehler, oder die Jungs gaben eine falsche Zahl ein; derlei passiert. Normalerweise fingen wir in einem solchen Fall noch einmal von vorne an und machten alles noch mal. Ihnen war jedoch aufgefallen, der jeweilige Stapel betraf nur einzelne Stellen, irgendwo in der Maschine drinnen oder so. Ein Fehler bei einem Durchlauf, bei einem einzigen Durchlauf, wirkt sich nur auf die Zahlen in unmittelbarer Nähe aus, der nächste beeinflußt die Zahlen in seiner Umgebung und so weiter. Und dann setzt der Fehler sich durch den ganzen Stapel fort. Wenn man fünfzig Karten hat und bei Karte Nummer 39 einen Fehler macht, wirkt sich das auf 37, 38 und 39 aus. Ein Fehler bei der nächsten Karte beeinflußt die Karten 36, 37, 38, 39 und 40. Und beim nächsten Mal breitet sich das Ganze wie eine Krankheit aus.

Wenn sie also einen Fehler feststellten, gingen sie ein Stückchen zurück, und dann kam ihnen eine Idee: Von jetzt an rechneten sie immer nur kleine Stapel durch, zehn Karten um die Stelle herum, wo der Fehler unterlaufen war. Und weil man zehn Karten schneller durch die Maschine laufen lassen konnte als einen Stapel mit fünfzig, gingen sie diesen einen Stapel rasch durch, machten aber gleichzeitig mit den fünfzig Karten weiter, auf denen der Fehler sich wie eine Seuche ausbreitete. Der andere Stapel war jedoch schneller fertig, und dann schotteten sie das Ganze gegen den Fehler ab und korrigierten ihn. O.K.? Wirklich raffiniert.

So arbeiteten die Jungs – sie schufteten wirklich und gingen auf sehr kluge Weise vor, um schneller zu werden. Eine andere Möglichkeit gab es einfach nicht. Hätten sie unterbrechen müssen, um den Fehler zu beseitigen, dann hätten sie Zeit verloren. Und wir hätten es nicht geschafft.

Wahrscheinlich können Sie sich vorstellen, wie das ablief: Sie entdeckten beispielsweise einen Fehler in dem blauen Stapel. Also machten sie einen gelben Stapel mit etwas weniger Karten, der schneller durchlief als der blaue. Wenn sie dann nahe dran waren durchzudrehen – denn wenn sie das korrigiert hatten, mußten sie noch den weißen Stapel ausbessern, die anderen Karten rausnehmen und sie durch die richtigen ersetzen und dann mit den richtigen Karten weitermachen; das alles war einigermaßen verwirrend – und Sie wissen ja selber, was in so einem Fall dann unweigerlich passiert. Gerade wenn sie die drei Stapel haben durchlaufen lassen und versuchen, alles abzudichten, kommt der BOSS rein.

»Lassen Sie uns in Frieden«, schrien sie.

Ich verzog mich also und ließ sie in Ruhe, und alles ging gut; wir lösten das Problem rechtzeitig. So lief das Ganze.

Und jetzt möchte ich Ihnen ein bißchen was über die Leute erzählen, die ich kennenlernte. Zu Beginn war ich ziemlich weit unten in der Rangordnung. Dann wurde ich Gruppenleiter, und ich begegnete einigen wirklich großen Männern – zusätzlich zu denen im Bewertungsausschuß. So viele waren es, daß es eines der wichtigsten Ereignisse in meinem Leben darstellt, all diese wunderbaren Physiker kennengelernt zu haben. Leute, von denen ich schon gehört hatte, ungemein bedeutende und nicht ganz so wichtige, aber eben auch die allergrößten.

Zum Beispiel Fermi*. Der kam einmal von Chicago nach Los Alamos runter, um uns ein wenig zu beraten, falls wir irgendwelche Probleme hätten. Wir trafen uns mit ihm zu einer Besprechung; ich hatte mittlerweile einige Berechnungen durchgeführt und auch Ergebnisse erzielt. Allerdings waren die Berechnungen

---

* Enrico Fermi (1901–1954) erhielt 1938 den Nobelpreis für Physik für den Nachweis der Existenz neuer, durch Neutronenbestrahlung erzeugter radioaktiver Substanzen. Zudem beaufsichtigte er im Dezember 1942 an der University of Chicago die erste kontrollierte Kernreaktion (Anm. d. Hrsg.).

ungeheuer kompliziert. Na ja, normalerweise war ich immer der Experte für so was, konnte stets sagen, wie die Antwort wahrscheinlich aussähe; falls ich das Problem löste, konnte ich erklären, wie und warum ich es auf diese Art und Weise hingekriegt hatte. Aber diesmal war das Ganze so schwierig, daß ich nicht erklären konnte, *warum* es so war.

Ich berichtete Fermi also, daß ich gerade an diesem Problem arbeitete, und fing an zu rechnen – da fiel er mir ins Wort und meinte: »Warten Sie, lassen Sie mich kurz nachdenken, ehe Sie mir sagen, wie das Ergebnis aussieht. Es kommt das und das heraus (und er hatte recht), und zwar aus dem und dem Grund.«

Und dann lieferte er mir eine völlig einleuchtende Erklärung. Also machte *er* das, wofür eigentlich ich der Experte hätte sein sollen, zehnmal besser. Das war mir wahrhaft eine Lehre.

Und dann von Neumann, der große Mathematiker. Er hatte – ich gehe hier nicht näher auf die Einzelheiten ein – einige sehr kluge Vorschläge zu technischen Problemen. Beim Berechnen der Zahlen waren wir auf ein interessantes Phänomen gestoßen. Es erweckte den Eindruck, als sei es instabil, und er erklärte mir, warum das so sei: wirklich, vom Technischen her ein sehr guter Vorschlag.

Wir sind auch oft am Sonntag oder so miteinander spazierengegangen, um uns ein wenig zu erholen. Dann sind wir durch die Canyons in der Umgebung gewandert; oft waren Bethe und Bacher mit dabei. Das war höchst vergnüglich. Außerdem hat von Neumann mir etwas wirklich Interessantes beigebracht: daß man sich für die Welt, in der man lebt, nicht verantwortlich zu fühlen braucht; in der Folge entwickelte ich eine ausgeprägte Verantwortungslosigkeit in gesellschaftlicher Hinsicht – das war die Folge des Ratschlags, den von Neumann mir gegeben hatte. Und ab da war ich viel fröhlicher und zufriedener. Aber von Neumann hat den Keim zu meiner jetzigen *aktiven* Veranwortungslosigkeit gelegt!

Auch Niels Bohr* lernte ich kennen. Also das war interessant. Er kam zu uns runter; damals hieß er noch Nicholas Baker und kam zusammen mit seinem Sohn Jim Baker, der in Wirklichkeit Aage** heißt. Sie kamen aus Dänemark zu Besuch und waren *sehr* berühmte Physiker, wie Sie alle wissen. Selbst in den Augen all der Geistesgrößen war er eine Art Gott: Sie hörten ihm aufmerksam zu und so. Wir gingen zu einer Besprechung, und alle wollten den großen Bohr *sehen*. Eine Menge Leute waren gekommen; ich stand ganz hinten in einer Ecke, und wir sprachen über die Probleme, die die Bombe aufwarf. Das war das erste Mal. Er kam und ging wieder, und ich in meiner Ecke sah ihn lediglich zwischen den Leuten vor mir hindurch.

Als er sich das nächste Mal zu einem Besuch ansagte, erhalte ich an dem Tag, an dem er ankommen soll, einen Anruf:

»Hallo, Feynman?«

»Ja.«

»Hier ist Jim Baker.« Das ist sein Sohn. »Mein Vater und ich würden uns gerne mit Ihnen unterhalten.«

»Mit mir? Ich bin Feynman, ich bin bloß …«

»Schon gut. In Ordnung also.«

Um acht Uhr morgens, noch ehe die anderen wach sind, gehe ich runter. Wir sind dann in ein Büro im technischen Bereich. Und da erklärt er:

»Wir haben uns Gedanken darüber gemacht, wie man die Bombe wirksamer machen könnte, und zwar haben wir uns folgendes gedacht.«

---

* Niels Bohr (1885–1962) erhielt 1922 den Nobelpreis für Physik für seine Arbeiten zur Struktur der Atome und der von ihnen ausgesandten Strahlung (Anm. d. Hrsg.).

** Aage Bohr (*1922) sowie Ben Mottelsohn und James Rainwater wurden 1975 für ihre Theorie der Struktur des Atomkerns mit dem Nobelpreis für Physik ausgezeichnet (Anm. d. Hrsg.).

Ich widerspreche: »Nein, das funktioniert nicht, das verbessert die Wirkungskraft auf keinen Fall blahblahblah.«

Darauf er: »Und wie wäre es damit?«

Ich erkläre also: »Das klingt schon ein bißchen besser, aber diese eine Vorstellung da ist immer noch ziemlich hirnverbrannt.«

Und so ging es hin und her. In einer Hinsicht war ich von jeher *blöde*: Mir war nie so recht klar, mit wem ich eigentlich redete. Mir ging es einzig und allein um die Physik; wenn eine Idee mir bescheuert vorkam, dann sagte ich, sie sei bescheuert. War sie gut, dann sagte ich, sie sei gut. Eine ganz einfache Methode, an die habe ich mich immer gehalten. Das macht Spaß, und es tut einem gut, wenn man das schafft. Außerdem habe ich immer wieder Glück. Genauso wie mit den Blaupausen damals – ich kann wirklich von Glück reden, daß ich das fertigbringe.

Das ging also zwei Stunden lang so hin und her; wir unterhielten uns über alles mögliche, kamen dann wieder auf die ursprünglichen Ideen zurück, diskutierten sie. Ständig mußte der große Bohr seine Pfeife neu anzünden; sie ging immer wieder aus. Zudem konnte ich, was er sagte, kaum verstehen: »Murmel-murmel.« Seinen Sohn verstand ich besser. Schließlich erklärte er:

»Alsdann, *jetzt* können wir, glaube ich, die Größen holen.« Und zündete sich seine Pfeife wieder an.

Sie riefen also all die anderen zusammen und debattierten mit ihnen.

Später berichtete sein Sohn mir, was passiert war: Als sie das letzte Mal hiergewesen waren, hatte Niels Bohr zu ihm gesagt:

»Weißt du eigentlich noch, wie der kleine Kerl heißt, der ganz hinten gestanden hat? Das ist der einzige, der keine Angst vor mir hat und der es mir ins Gesicht sagt, wenn meine Idee verrückt ist. Wenn wir also das nächste Mal über irgendwelche Vorstellungen diskutieren wollen, können wir das nicht mit den anderen machen, die zu allem: ›Ja, ja, Dr. Bohr‹ sagen. Hol erst diesen Burschen her, damit wir zuerst mit dem reden.«

Nachdem wir alles durchgerechnet hatten, sollte als nächstes natürlich der Test stattfinden. Das mußte sein. Allerdings war ich in der Zeit kurz zu Hause, hatte mir freigenommen, wahrscheinlich, weil meine Frau kurz zuvor gestorben war. Da erhielt ich eine Nachricht aus Los Alamos: »Wir erwarten das Baby an dem und dem Tag.« Ich flog also zurück und kam gerade noch rechtzeitig an; die Busse zum Testgelände fuhren schon ab. Nicht einmal mehr auf mein Zimmer konnte ich.

In Alamogordo warteten wir irgendwo in der Ferne, etwa zwanzig Meilen weit weg. Wir hatten ein Funkgerät, und die am anderen Ende sollten uns mitteilen, wann das Ding hochgeht und so weiter. Allerdings funktionierte das Funkgerät nicht richtig, daher wußten wir eigentlich nie so recht, was gerade ablief. Aber ein paar Minuten ehe die Bombe explodieren sollte, fing auch das Funkgerät plötzlich zu knistern an, und man erklärte uns, in etwa zwanzig Sekunden wäre es soweit. An diejenigen, die so weit weg waren wie wir – andere waren näher rangefahren, bis auf sechs Meilen –, wurden dunkle Schutzbrillen verteilt, damit wir uns das Ganze ansehen könnten. Schutzbrillen! Zwanzig Meilen von dem verdammten Ding entfernt und dann noch Schutzbrillen! Durch die Dinger würde man verdammt nichts sehen können. Ich dachte mir also, das einzige, was dir wirklich schaden kann – helles Licht tut den Augen nichts –, sind ultraviolette Strahlen. Folglich setzte ich mich hinter die Windschutzscheibe eines Lasters – ultraviolettes Licht dringt nicht durch Glas; da wäre ich sicher und könnte trotzdem das verdammte Ding *sehen*. Die anderen würden es nie zu Gesicht kriegen. O.K.

Schließlich ist es soweit, und plötzlich flammt da draußen dieser *gewaltige* Blitz auf, so grell, daß ich kurz einen purpurfarbenen Fleck auf dem Boden des Lastwagens sehe. Ich sage mir: »Das war es nicht, das ist nur ein Nachleuchten.« Also drehe ich mich wieder um, und da sehe ich, wie die Farbe des Blitzes von Weiß in Gelb und dann in Orange übergeht. Dann türmen sich Wolken auf und verschwinden wieder: Die Verdichtung und Ausdehnung läßt Wolken entstehen und wieder verschwinden. Und schließlich ein orangeroter Ball: Der Mittelpunkt war so hell, daß er zu einem Ball aus Orangerot wurde, der aufstieg und sich ein bißchen aufblähte und an den Rändern ein wenig schwarz wurde. Und dann sah man nur mehr eine riesige Rauchwolke, durch die Blitze zuckten, als das Feuer ausströmte, die Hitze.

All das habe ich gesehen, in einem einzigen Augenblick, all das, was ich eben beschrieben habe. Ungefähr eine Minute hat es gedauert. Eine Aufeinanderfolge von Hell zu Dunkel – und ich hatte es gesehen. Wahrscheinlich bin ich der einzige, der bei diesem ersten Trinity-Test wirklich hingeguckt hat. Alle anderen hatten sich diese Schutzbrillen aufgesetzt. Und die Leute, die nur sechs Meilen weit entfernt waren, sahen ebenfalls nichts, denn denen hatte man gesagt, sie sollten sich auf den Boden legen und sich die Augen zuhalten. Niemand sonst hat es also gesehen. Da wo ich war, hatten sie alle Schutzbrillen auf. Ich bin der einzige, der es unmittelbar, mit eigenen Augen gesehen hat.

Nach ungefähr eineinhalb Minuten krachte es plötzlich ganz gewaltig, BANG, dann ein rumpelndes Geräusch, als donnerte es. Und das hat mich überzeugt. Niemand hatte in dieser ganzen Zeit auch nur ein Wort gesagt, alle hatten wir schweigend zugesehen, doch bei dem Knall lösten wir uns aus unserer Erstarrung, vor allem ich, denn der ungeheure Krach bedeutete, es hatte wirklich und wahrhaftig funktioniert.

Der Mann neben mir fragte: »Was ist das?«

Ich antwortete: »Das war die Bombe.«

Es handelte sich um William Laurence von der *New York Times*, der einen Artikel über das Ereignis schreiben wollte. Ich hätte ihn überall herumführen sollen, stellte aber fest, das Ganze war technisch zu kompliziert für ihn.

Später kam dann Mr. Smyth aus Princeton, und ich führte ihn über das Gelände von Los Alamos. Wir gingen zum Beispiel in einen Raum, in dem auf einem Podest – ein bißchen kleiner als das Podium hier – eine kleine versilberte Kugel lag, ungefähr so groß. Und wenn man die Hand darauf legte, war sie warm: Sie war radioaktiv – Plutonium. Und wir standen an der Tür zu diesem Raum und unterhielten uns darüber: Ein neues, vom Menschen geschaffenes Element, das bislang – außer möglicherweise für ganz kurze Zeit ganz am Anfang – auf der Erde nicht existiert hatte. Und da lag es, ganz isoliert und radioaktiv, mit ganz bestimmten Eigenschaften. Und das hatten wir hergestellt. Es war so ungeheuer, so unglaublich wertvoll, es gibt nichts Wertvolleres und so weiter.

Mittlerweile, na ja, Sie wissen ja, wie das so ist, wenn man sich unterhält, man geht hierhin und dorthin. Er trat gegen die Türschwelle, verstehen Sie, und ich meinte: »Ja, die ist in der Tat mehr wert als die Tür.« Sie bestand nämlich aus einer Halbkugel aus gelblichem Metall, genauer gesagt: aus Gold. Eine goldene Halbkugel, die ungefähr so groß war. Das hatte folgenden Grund: Wir hatten ein Experiment durchführen müssen, um festzustellen, wie viele Neutronen von verschiedenen Substanzen abprallen, und zwar um Neutronen zu sparen, damit wir nicht soviel Plutonium brauchten. Viele verschiedene Materialen hatten wir schon getestet: Platin, Zink, Messing, Gold. Bei den Experimenten mit Gold hatten wir etliche Goldklumpen benutzt, und dann war irgendwer auf die kluge Idee gekommen, die große Goldkugel in eine Türschwelle für den Raum umzugießen, in dem das Plutonium aufbewahrt werden sollte. Ich fand das recht passend.

Nach der Explosion der Bombe waren in Los Alamos alle ungeheuer aufgeregt. Überall fanden Parties statt, alle rannten durch die Gegend. Ich saß auf der Kühlerhaube eines Jeeps und bearbeitete eine Trommel und so weiter. Nur einer machte nicht mit, und an den Mann kann ich mich ganz genau erinnern. Es war Bob Wilson, der mich überhaupt erst dazu gebracht hatte, bei dem Unternehmen mitzumachen. Der saß da und blies Trübsal. Ich fragte ihn: »Warum läßt du denn den Kopf hängen?«

Er antwortete: »Wir haben da etwas ganz Schreckliches angerichtet.«

Das wollte mir nicht so recht in den Kopf: »Aber du hast doch das Ganze ins Rollen gebracht, du hast uns dazu überredet.«

Verstehen Sie, mir ist nämlich das gleiche passiert wie allen anderen: Wir hatten mit dem Projekt aus einem guten Grund *begonnen*. Doch wenn man sehr intensiv an etwas arbeitet, es unbedingt schaffen will, dann macht das Spaß, es ist aufregend. Und plötzlich hört man auf nachzudenken, verstehen Sie, das Denken schaltet einfach ab. Nachdem man sich am Anfang den Kopf darüber zerbrochen hat, hört man plötzlich auf nachzudenken. Er war der einzige, der sich nach wie vor Gedanken machte, genau in dem Augenblick.

Kurz darauf kehrte ich in die zivilisierte Welt zurück; ich sollte wieder in Cornell unterrichten. Und mein erster Eindruck war sehr seltsam; heute verstehe ich das nicht mehr, doch damals spürte ich das ganz deutlich.

Wenn ich beispielsweise in New York in einem Restaurant saß und aus dem Fenster sah, überlegte ich, wie groß der Wirkungsradius der Hiroshima-Bombe gewesen war. Und wie weit es von hier bis zur 34th Street wäre. Alle diese Gebäude lägen dann in Schutt und Asche. Wirklich, ein merkwürdiges Gefühl.

Oder ich spazierte dahin und sah, wie Leute eine Brücke bauten, eine neue Straße verlegten, und dann dachte ich mir: Die sind *verrückt,* die kapieren das einfach nicht. Wieso machen die noch irgend etwas Neues, wenn doch sowieso alles sinnlos ist? Aber glücklicherweise sind alle diese Dinge seit mittlerweile dreißig Jahren sinnlos, na ja, seit fast . . . sagen wir einfach: seit dreißig Jahren. Dreißig Jahre lang habe ich mich also geirrt, weil ich glaubte, es sei sinnlos, noch Brücken zu bauen. Aber jetzt bin ich froh, daß die anderen Leute weitergemacht haben. Nach mei-

ner Arbeit in Los Alamos war allerdings mein erster Eindruck gewesen, es sei sinnlos, überhaupt noch irgend etwas zu machen.
Ich danke Ihnen.

Frage: Was ist mit Ihrer Geschichte über irgend so einen Safe?
Feynman: Na ja, es gibt eine ganze Menge Geschichten über
Safes. Wenn Sie mir zehn Minuten geben, erzähle ich Ihnen drei
Geschichten über Safes. Einverstanden? Der Grund, weshalb ich
Aktenschränke öffnen, das Schloß aufbrechen wollte, war, daß ich
mir um die Sicherheit des Ganzen Sorgen machte. Irgend jemand
hatte mir gesagt, wie man Schlösser aufbricht. Aber dann beka-
men sie Aktenschränke mit Safekombinationen.

Das ist eine der Krankheiten, an denen ich leide, das gehört
einfach zu meinem Leben: Wenn irgendwas geheim ist, will ich
es unbedingt herausfinden. Und die Schlösser an den von der
Mosler Lock Company fabrizierten Aktenschränken, in denen
wir unsere Unterlagen verstauten – jeder hatte so einen Aktenschrank –, stellten eine Herausforderung für mich dar. Wie, zum
Teufel, könnte ich die aufkriegen? Ich probierte also ewig daran
herum. Es gibt jede Menge Geschichten, man könne die richtigen
Kombinationen ertasten, auf irgendwelche Geräusche hören und
so weiter. Das stimmt; ich verstehe das sehr gut. Aber das gilt nur
für altmodische Safes.

Unsere Safes waren jedoch neue Modelle – ein Herumprobie-
ren mit den Rädchen brachte überhaupt nichts. Auf die technischen Einzelheiten möchte ich jetzt nicht näher eingehen, jedenfalls: Mit keiner der alten Methoden war da etwas auszurichten.

Ich las Bücher von Schlossern. In diesen Büchern stehen
immer gleich zu Anfang irgendwelche Geschichten, wie sie ein
Schloß aufgekriegt haben. Das ist das Größte: Die Frau ist im Wasser, der Safe ist im Wasser, und die Frau ist dem Ertrinken nahe
oder so, und dann kriegt er im letzten Augenblick das Schloß auf.
Ich weiß auch nicht, eine verrückte Geschichte ist das. Und dann,

ganz am Schluß, erzählen sie einem, wie sie das machen. Aber in Wirklichkeit steht kein einziges vernünftiges Wort in diesen Büchern, jedenfalls klingt es nicht so, als könnte man auf die Weise Schlösser knacken. Beispielsweise indem man die Kombination anhand der Psychologie des Besitzers *errät!* Ich hatte also immer den Eindruck, daß sie einfach nicht verraten wollen, wie sie das machen.

Jedenfalls, ich habe weitergemacht. Und wie bei jeder solchen Krankheit habe ich immer wieder herumprobiert, bis ich einiges herausgefunden habe. Als erstes ist mir klargeworden, wie zahlreich die möglichen Kombinationen sind, wie nahe man dran sein muß. Und dann habe ich ein System erfunden, mit dem ich alle Kombinationen durchprobieren konnte, mit denen man es versuchen muß. Achttausend, wie sich herausstellte, denn man kann in jeder Richtung um zwei Zahlen danebentreffen. Dann zeigt sich, bei hundertzwanzigtausend Zahlen braucht man nur jede fünfte auszuprobieren ... also achttausend Kombinationen. Anschließend entwickelte ich eine Methode, mit der ich Nummern ausprobieren konnte, ohne eine Zahl zu verändern, die ich bereits herausgefunden hatte, einfach indem ich die Rädchen genau richtig drehte. Schließlich schaffte ich es in acht Stunden, alle Kombinationen durchzuprobieren.

Und dann fand ich noch etwas heraus – dafür brauchte ich ungefähr zwei Jahre. Na ja, ich hatte da oben nichts zu tun, verstehen Sie, und fummelte einfach so rum; schließlich entdeckte ich eine Möglichkeit, nämlich daß es ganz einfach ist, die Zahlen festzustellen, die letzten zwei Zahlen der Kombination, wenn der Safe offen ist. Wenn die Schublade herausgezogen ist, kann man bis zu der Nummer drehen und dann sieht man, wie der Bolzen sich nach oben schiebt. Man spielt ein bißchen herum, um herauszufinden, warum das passiert ist, auf welche Zahl er zurückschnappt und so weiter. Mit ein bißchen Herumkniffeln kriegt man die Kombination raus.

Ich übte also wie ein Falschspieler, verstehen Sie, die ganze Zeit. Immer schneller und immer leichter kam ich in die Dinger rein. Wenn ich mich dann mit irgend jemandem unterhielt und mich dabei wie zufällig an seinen Aktenschrank lehnte – so wie ich jetzt mit der Uhr da herumspiele; Sie würden das nicht einmal merken –, spielte ich einfach ein wenig mit der Nummernscheibe herum. In Wirklichkeit merkte ich mir jedoch die letzten beiden Zahlen! Und ging dann in mein Büro und schrieb mir die zwei Zahlen auf. Die letzten beiden von drei Zahlen. Denn wenn man die letzten zwei hat, braucht man nur eine Minute, um die erste Zahl herauszufinden – es gibt jetzt nur noch zwanzig Möglichkeiten, dann ist das Ding offen. O.K.?

Ich erwarb mir also einen hervorragenden Ruf als Safeknacker. Gelegentlich bat man mich: »Mr. Schmultz ist gerade außerhalb beschäftigt, aber wir brauchen bestimmte Unterlagen aus seinem Safe. Können Sie ihn aufmachen?«

Dann antwortete ich: »Ja, ich muß nur erst mein Werkzeug holen.« (Ich brauche natürlich kein Werkzeug.)

Ich gehe also in mein Büro und sehe mir die betreffende Safe-kombination an; ich hatte jeweils die letzten beiden Zahlen, und zwar für die Safes von allen Leuten. Dann stecke ich einen Schraubenzieher in die Hosentasche, um auch wirklich ein Werkzeug vorweisen zu können, das ich angeblich brauche, gehe wieder in das Büro und mache die Tür zu. Damit gebe ich zu verstehen, daß nicht jedermann zu wissen braucht, wie ich das mache, nämlich einen Safe öffne. Denn das würde die Leute nur verunsichern, und es ist sehr gefährlich, wenn jedermann weiß, wie man derlei macht. Ich schließe also die Tür, setze mich hin und blättere in einer Zeitschrift oder irgend so etwas. Ungefähr zwanzig Minuten trödle ich so herum, dann mache ich den Safe auf, nur um sicher-zugehen, daß es funktioniert. Danach sitze ich noch mal zwanzig Minuten rum. Schließlich und endlich habe ich einen Ruf zu verteidigen, daß es nämlich gar nicht so einfach ist und daß kein

Trick dabei ist, kein einziger Trick. Und schließlich komme ich
wieder raus, schwitze ein bißchen und erkläre:
»Offen. Bittesehr«, und so weiter. O.K.?

Außerdem habe ich einmal, in einer ganz bestimmten Situation, rein durch Zufall einen Safe geöffnet, und das war meinem
Ruf natürlich ungemein förderlich. Es war wirklich aufregend,
reines Glück, genau wie damals mit den Blaupausen. Jetzt, nachdem der Krieg vorbei ist, kann ich Ihnen alle diese Geschichten
erzählen. Nach dem Krieg kam ich noch einmal nach Los Alamos
zurück, um ein paar Artikel fertigzuschreiben. Damals knackte
ich ebenfalls ein paar Safes – ich könnte ein besseres Buch über
das Knacken von Safes schreiben als jeder Safeknacker. Zu Beginn würde ich erklären, wie ich den Safe öffnete, ohne auch nur
die geringste Ahnung von der Kombination zu haben – einen
Safe, der *mehr* geheime Verschlußsachen enthielt als irgendein
Safe, der je geknackt wurde. Ich machte nämlich ausgerechnet
den Safe auf, in dem die geheimen Unterlagen zur Atombombe
lagen, *sämtliche* Unterlagen: die Formeln, die Geschwindigkeit,
mit der Neutronen aus Uran freigesetzt werden, wieviel Uran man
braucht, um eine Bombe herzustellen, alle Theorien, sämtliche
Berechnungen, das GANZE VERDAMMTE ZEUG!

Und das kam so. Ich sollte einen Bericht schreiben, und dazu
brauchte ich dringend andere Unterlagen. Es war Samstag, und
ich glaubte, alle arbeiteten. Früher war das in Los Alamos üblich.
Also ging ich runter, um mir die Sachen aus der Bibliothek zu
holen. In Los Alamos werden alle diese Dokumente in der Bibliothek verwahrt: einem großen Gewölbe mit einem riesigen
Schloß ganz anderer Art, von dem ich keinen Schimmer hatte.
Mit Aktenschränken kannte ich mich aus – aber nur damit. Vor
der Bibliothek gehen jedoch nicht nur Wachmänner mit Kano-
nen auf und ab – man kriegt das Ding, das Schloß auch nicht auf,
O.K.? Aber ich denke mir: Na wartet!

Old Freddy DeHoffmann in der Abteilung für die Freigabe von

Dokumenten; er ist für die Aufhebung der Geheimhaltung zuständig. Welche Dokumente dürfen jeweils freigegeben werden? Er mußte also ständig in die Bibliothek runterrennen, und allmählich wurde er das leid. Da kam ihm eine glänzende Idee. Er fertigte eine Kopie von allen Dokumenten an, die in der Bibliothek von Los Alamos aufbewahrt wurden. Und die brachte er dann in seinen Aktenschränken unter – *neun* an der Zahl, einer neben dem anderen in zwei mit Geheimunterlagen von Los Alamos *vollgestopften* Räumen. Und ich wußte, daß er sie hatte. Ich beschloß also, zu DeHoffmann raufzugehen und ihn zu bitten, mir die Unterlagen, die ich brauchte, zu leihen.

Ich ging also zu seinem Büro. Die Tür steht offen. Das Licht brennt; sieht ganz so aus, als werde er gleich zurückkommen. Also warte ich. Und wie immer, wenn ich irgendwo warten muß, spiele ich an den Schlössern herum. Ich versuche es mit 10-20-30. Geht nicht. 20-40-60. Funktioniert auch nicht. Ich probiere es mit allem möglichen. Ich warte, habe nichts zu tun. Dann fange ich an nachzudenken, verstehen Sie, ich denke an die Schlosser. Ich selber bin nie dahintergekommen, wie man Schlösser durch Nachdenken knacken kann. Vielleicht wissen sie es selber nicht, aber vielleicht ist das ganze Zeug von wegen Psychologie gar nicht so falsch. Das Schloß da will ich mit Hilfe von Psychologie aufkriegen.

Als erstes heißt es in dem Buch: »Die Sekretärin hat große Angst, daß sie die Kombination vergißt.« Ihr hat man die Kombination gesagt. Sie könnte sie vergessen, ihr Chef könnte sie ebenfalls vergessen, also muß sie sich die Zahlen unbedingt merken. Vor lauter Angst schreibt sie die Zahlen irgendwo auf. Wo? Liste von Stellen, wo eine Sekretärin möglicherweise Kombinationen hinschreibt. O.K.? Das fängt an mit – und das ist das Geschickteste –, also: man zieht die Schublade auf und an die Außenwand der herausgezogenen Schublade ist ganz nachlässig eine Nummer hingeschrieben – könnte eine Rechnungsnummer sein oder

so. Das ist die Kombination. Im Schreibtisch, auf der Schubladen-
wand. O.K. An das erinnerte ich mich, das steht in dem Buch. Die
Schreibtischschublade ist versperrt. Das Schloß aufzukriegen ist
nicht schwer. Ich ziehe die Schublade raus, schaue mir die Schub-
ladenwände an – nichts. Schon gut, schon gut. In der Schublade
liegen eine Menge Papiere. Ich wühle darin herum, und schließlich finde ich es: einen hübschen kleines Zettel mit dem griechi-
schen Alphabet. Alpha, beta, gamma, delta und so weiter, sorgfältig hingeschrieben. Sekretärinnen müssen wissen, wie man diese
Buchstaben schreibt und wie sie heißen, damit sie in den Briefen
keine Fehler machen, falls es um derlei geht, stimmt's? Die hatten
also alle eine Kopie von diesem Zettel.

Aber – obendrüber steht, ziemlich nachlässig hingekritzelt:
$\pi = 3{,}14159$. Wozu braucht die denn den numerischen Wert
von π, sie braucht doch nichts zu berechnen? Ich gehe also zu
dem Safe. Es stimmt, es stimmt wirklich. Es ist genauso, wie es in
dem Buch steht. Jetzt hören Sie gut zu, was dann passierte. Ich
gehe also zu dem Safe. 31-41-59. Rührt sich nicht. 13-14-95. Damit
geht er auch nicht auf. 95-14-13 – nichts. 14-31 ... zwanzig Minuten lang verdrehe ich das π nach allen Regeln der Kunst. Nichts
passiert. Ich will gerade wieder gehen, da fällt mir das Buch über
Psychologie wieder ein, und ich sage mir: Es stimmt aber. Vom
Psychologischen her liege ich richtig. DeHoffman ist *genau* der
Typ, der sich eine mathematische Konstante als Safekombination
aussucht. Die zweitwichtigste mathematische Konstante ist *e*. Ich
gehe also wieder zu dem Safe, 27-18-28, klick-klack: offen. Auf die
gleiche Weise habe ich übrigens herausgefunden, daß *alle* Safes
die gleiche Kombination hatten.

Na ja, es gibt noch eine Menge anderer Geschichten, aber allmählich wird es spät, und das war eine gute; also lassen wir's dabei
bewenden.

Die Bedeutung der Wissenschafts-kultur für die Gesellschaft – Anspruch und Wirklichkeit

Nachfolgenden Vortrag hielt Feynman im Jahre 1964 vor Wissenschaft-lern auf dem Galilei-Symposion in Italien. Unter Verweis auf die unge-heuren Errungenschaften Galileo Galileis wie auch auf dessen ebenso ungeheure Bedrängnis äußert Feynman sich zu den Auswirkungen der Naturwissenschaften auf Religion, Gesellschaft und Philosophie und hebt mit allem Nachdruck die ausschlaggebende Bedeutung unserer Fähigkeit zu zweifeln für die Zukunft der Zivilisation hervor.

Ich bin Professor Feynman – trotz des Anzugs. Normalerweise halte ich Vorlesungen in Hemdsärmeln, aber als ich heute mor-gen aus dem Hotel gehen wollte, erklärte meine Frau: »Zieh lie-ber einen Anzug an.«

Ich widersprach: »Ich halte Vorträge aber normalerweise in Hemdsärmeln.«

Darauf sie: »Schon, aber diesmal weißt du noch nicht so recht, was du sagen sollst; daher ist es besser, wenn du zumindest einen guten Eindruck machst ...«

Deshalb habe ich das Ding da angezogen.

Ich werde über das Thema sprechen, das Professor Bernardini* mir gestellt hat. Eines möchte ich von vornherein klären: Wenn

---

* Leiter der Konferenz (Anm. d. Hrsg.).

man der Wissenschaftskultur den ihr angemessenen Platz in der Gesellschaft zuweist, heißt das meiner Ansicht nach noch lange nicht, daß man damit die Probleme der modernen Gesellschaft löst. Viele dieser Fragen haben nicht besonders viel mit der Stellung der Naturwissenschaften in der Gesellschaft zu tun, und es ist reines Wunschdenken, wenn man glaubt, einen Aspekt der Frage, wie Wissenschaft und Gesellschaft idealerweise miteinander in Einklang gebracht werden sollten, zu klären, könnte auf irgendeine Weise sämtliche Fragen beantworten. Haben Sie also bitte Verständnis dafür, daß ich zwar einige Abwandlungen dieses Verhältnisses vorschlagen werde, aber keineswegs erwarte, damit sämtliche gesellschaftlichen Probleme lösen zu können.

Unsere moderne Gesellschaft ist offenbar einer ganzen Reihe ernstzunehmender Bedrohungen ausgesetzt; auf eine will ich mich hier konzentrieren, und dies ist auch das Hauptthema meines Vortrags – trotz zahlreicher kleinerer Nebenfragen: In meinen Augen stellt das mögliche Wiederaufleben und die Ausweitung von Versuche, das Denken zu kontrollieren, eine der größten Gefahren für die moderne Gesellschaft dar: Vorstellungen der Art, wie Hitler oder Stalin, wie die katholische Kirche im Mittelalter sie hegten oder wie die Chinesen sie heutzutage propagieren. Ich glaube, eine der größten Gefahren ist die Möglichkeit, daß derlei Ideen wieder um sich greifen, bis sie schließlich die ganze Welt einbeziehen.

Befaßt man sich mit dem Verhältnis Naturwissenschaften–wissenschaftliche Kultur der Gesellschaft, fällt einem als erstes das Nächstliegende ein: die Anwendungsmöglichkeiten von Wissenschaft. Auch sie verkörpern Kultur. Ich werde jedoch nicht über die Anwendungen sprechen, auch wenn ich keinen triftigen Grund dafür habe. Mir ist durchaus klar, daß die meisten allgemeinen Diskussionen über das Verhältnis Naturwissenschaften–Gesellschaft zur Zeit beinahe ausschließlich um die Anwendungen kreisen; des weiteren, daß die moralischen Fragen von

Wissenschaftlern hinsichtlich ihres Tuns normalerweise ebenfalls auf die Anwendungen eingehen. Trotzdem will ich nicht darüber sprechen, einfach weil es eine ganze Reihe anderer Themen gibt, zu denen sich nicht so viele Leute äußern. Daher werde ich, einfach weil es mir Spaß macht, Überlegungen in einer etwas anderen Richtungen anstellen.

Dennoch ein Wort zu den Anwendungen: Wie Sie alle wissen, schafft Wissenschaft Macht durch Wissen – die Macht, Dinge zu tun: Wenn man etwas wissenschaftlich verstanden hat, kann man etwas tun, etwas bewegen. Die Wissenschaft liefert jedoch keinerlei Anweisungen, ob man mit ihr Gutes oder aber Schlechtes bewerkstelligen soll. Einfach ausgedrückt: Es gibt keine Gebrauchsanweisung für die Ausübung dieser Macht, und die Frage, ob man wissenschaftliche Erkenntnisse anwenden soll oder nicht, entspricht im wesentlichen dem Problem, die Anwendungsmöglichkeiten so zu regulieren, daß man nicht allzuviel Schaden anrichtet und möglichst viel Gutes erreicht. Dennoch versuchen natürlich Wissenschaftler gelegentlich, sich damit herauszureden, sie seien nicht dafür verantwortlich. Die Anwendung sei lediglich ein Umsetzen des Vermögens, etwas zu tun; die Wissenschaft selber sei unabhängig davon, was mit ihr geschehe. In gewisser Weise trifft es sicherlich zu, daß es gut ist, der Menschheit die Möglichkeit zu bieten, etwas zu bewirken, vermutlich trotz der Schwierigkeiten, die der Mensch hat dahinterzukommen, wie er diese Macht so einsetzen soll, daß er sich selber eher Gutes als Böses antut.

Darf ich noch hinzufügen, daß zwar viele der hier Anwesenden Physiker sind und die meisten von uns die gravierenden Probleme der Gesellschaft in Zusammenhang mit der Physik sehen, ich aber dennoch der festen Überzeugung bin, daß als nächste Wissenschaft die Biologie in moralische Schwierigkeiten bezüglich ihrer Anwendung geraten wird – die Probleme der Stellung der Physik in der Gesellschaft mögen schwierig sein, doch die der Weiterentwicklung des Wissens in der Biologie sind ungeheuer. Einen ersten Hinweis lieferte etwa Huxley in seinem Buch *Brave New World* [dt. *Schöne neue Welt*], doch man kann sich noch eine ganze Reihe anderer Dinge vorstellen. Liefert beispielsweise in ferner Zukunft die Physik kostenlose Energie, dann ist es nur noch eine Frage der Chemie, die Atome auf bestimmte Weise zusammenzufügen, um aus der in den Atomen gespeicherten Energie Nahrungsmittel zu erzeugen, und zwar genauso viele, wie menschliche Abfallprodukte anfallen; dann wird Materie konserviert, und es gibt keine Ernährungsprobleme mehr. Sobald wir herausfinden, wie man Vererbung steuert, wird die Frage, wie man dieses Wissen einsetzen soll, ob zum Guten oder zum Bösen, die Gesellschaft vor große Probleme stellen. Angenommen, wir entdecken die physiologische Grundlage von Glück oder anderen Gefühlen, etwa Ehrgeiz, und angenommen, wir könnten dann festlegen, ob jemand ehrgeizig ist oder nicht. Und schließlich gibt es noch das Problem des Todes.

Mit am bemerkenswertesten scheint mir, daß es in keiner der biologischen Wissenschaften einen Hinweis auf den Tod als unausweichliche Notwendigkeit gibt. Sie könnten beispielsweise sagen: »Wir wollen eine immerwährende Bewegung in Gang setzen«, doch im Verlauf unserer physikalischen Untersuchungen haben wir genügend Gesetze entdeckt, um zu erkennen, dies ist entweder unmöglich, oder aber die Gesetze sind falsch. In der Biologie ist man jedoch bislang auf nichts gestoßen, das die Unausweichlichkeit des Todes zwingend nahelegt. Mir will daher scheinen, daß er keineswegs unvermeidlich und es lediglich eine Frage der Zeit ist, bis die Biologie entdeckt, was diese Mißlichkeit verursacht; und dann kann sie diese schreckliche universelle Krankheit oder Vergänglichkeit des menschlichen Körpers heilen. Wie dem auch sei, Sie sehen, aus der Biologie werden sich Probleme ungeahnter Größenordnung ergeben.

Doch nun will ich von etwas anderem sprechen.

Außer den Anwendungsmöglichkeiten gibt es auch noch Vorstellungen, und zwar Vorstellungen zweierlei Art. Die einen sind das Ergebnis der Wissenschaft selbst: eine auf Wissenschaft basierende Weltsicht, in mancher Hinsicht der schönste Teil des Ganzen. Einige Leute sagen zwar, nein, das eigentlich Interessante sind die wissenschaftlichen Verfahren und Methoden. Na ja, das hängt davon ab, ob Ihnen das Ziel oder der Weg wichtiger ist, doch der Weg kann zu wundervollen Zielen führen; ich will Sie jetzt nicht mit den Einzelheiten langweilen (obwohl, wenn ich es richtig hinkriegen würde, wäre es nicht langweilig). Doch Sie alle wissen um die Wunder der Wissenschaft – schließlich spreche ich hier nicht zu einem allgemeinen Publikum –, also mache ich erst gar nicht der Versuch, Sie von neuem für die Gegebenheiten dieser unserer Welt zu begeistern: für die Tatsache etwa, daß wir alle aus Atomen bestehen, für die unermeßliche Weite von Zeit und Raum, für unsere historische Stellung, die das Ergebnis einer erstaunlichen Aufeinanderfolge von Evolutionsschritten ist. Für unseren Platz in der Evolutionsabfolge. Und der bemerkenswerteste Aspekt unserer wissenschaftlichen Weltsicht ist ihre Universalität in dem Sinne, als wir uns zwar als Spezialisten bezeichnen, dies jedoch in Wirklichkeit gar nicht sind. Eine der vielversprechendsten Hypothesen der gesamten Biologie besagt, alles, was Tiere oder überhaupt Lebewesen tun, könne man als Gesamtheit dessen, wozu Atome in der Lage sind, letztlich also in Begriffen physikalischer Gesetze verstehen. Die Tatsache, daß man diese Möglichkeit stets im Auge behielt – und bislang wurde noch keine Ausnahme nachgewiesen –, ließ immer wieder Vermutungen darüber zu, wie die Mechanismen tatsächlich ablaufen. Daß unser Wissen in der Tat allgemeingültig ist, wird nicht immer ausreichend gewürdigt, ebensowenig die Tatsache, daß unsere Theorien so vollständig und umfassend sind, daß wir fast verzweifelt nach Ausnahmen suchen. Sie zu finden ist – zumindest in der Physik – alles andere als leicht, und all die ungeheuer teuren Maschinen und so weiter dienen einzig dem Zweck, Ausnahmen von dem zu finden, was man bereits weiß. Andererseits ist es schlicht wundervoll, daß Sterne aus den gleichen Atomen bestehen wie Kühe und wir selber. Und wie Steine.

Von Zeit zu Zeit versuchen wir alle, den Nichtwissenschaftlern unter unseren Freunden diese Weltsicht zu vermitteln – und meist geraten wir dabei in Schwierigkeiten, da es uns verwirrt, wenn wir beim Versuch, ihnen die neuesten Fragen – etwa die Bedeutung der Erhaltung von Ladung und Parität* – zu erklären, feststellen müssen, sie haben nicht die geringste Ahnung von den grundlegendsten Dingen. Seit Galilei, vier Jahrhunderte lang, haben wir Informationen über die Welt angesammelt – und sie kennen sie nicht. Nun beschäftigen wir uns mit etwas Abgelegenem, stoßen in die Grenzbereiche wissenschaftlicher Erkenntnis vor. Bei den Dingen, die in den Zeitungen auftauchen und die Vorstellungskraft der Erwachsenen offenbar ungeheuer beflügeln, handelt es sich immer um genau die Dinge, die sie unmöglich verstehen können, weil sie nicht die mindeste Ahnung von dem haben, was (zumindest uns Wissenschaftlern) bereits bekannt und außerdem weit interessanter ist und das man schon viel früher herausgefunden hat. Bei Kindern ist das glücklicherweise nicht so, zumindest eine Zeitlang nicht – bis sie erwachsen werden.

Ich behaupte – und Sie alle wissen dies bestimmt aus eigener Erfahrung –, die Leute, die ganz normalen Menschen, die Mehrheit, die überwältigende Mehrheit der Menschen haben erbärmlicherweise überhaupt keine Ahnung von der Wissenschaft über die Welt, in der sie leben; und das macht ihnen nicht einmal etwas aus. Das soll nun nicht heißen: »Zum Teufel mit ihnen« – ich

---

* Die Erhaltung von Ladung und Parität ist eines der grundlegenden physikalischen Gesetze; es besagt, daß die gesamte elektrische Ladung und die Parität subatomarer Teilchen – eine diesen eigene Symmetrieeigenschaft – erhalten bleiben, wenn sie in Wechselwirkung treten (Anm. d. Hrsg.).

will damit vielmehr sagen, sie können auf diese Weise weiter-
leben, ohne sich deswegen auch nur im mindesten Gedanken zu
machen, außer hin und wieder ein ganz klein wenig, wenn sie
nämlich in der Zeitung etwas über die Erhaltung von Ladung und
Parität lesen. Hier stellt sich eine interessante Frage hinsichtlich
der Beziehung zwischen Wissenschaft und moderner Gesellschaft:
Wie können heutzutage Menschen so erbärmlich unwissend und
trotzdem einigermaßen glücklich und zufrieden sein, obwohl
ihnen so viel Wissen schlicht nicht zugänglich ist?

A propos Wissen und Wunder – Mr. Bernardini meinte, wir sollten nicht Wunder lehren, sondern Wissen.

Vielleicht meinen wir mit diesen Worten einfach Unterschiedliches. Ich finde, wir sollten die Leute Wunder wie auch die Tatsache lehren, daß es der Sinn und Zweck von Wissen ist, Wunder
noch höher zu schätzen. Und daß Wissen lediglich dazu dient, das
Wunder Natur in das ihr angemessene Bezugssystem einzuord-
nen. Wahrscheinlich pflichtet er mir jedoch bei, daß ich lediglich
ein wenig mit den Worten jongliert habe und diese Bedeutung
irgendwie in das Gespräch eingesickert ist. Jedenfalls möchte ich
die Frage beantworten, warum Menschen so erbarmungswür-
dig unwissend bleiben können und dennoch in der modernen
Gesellschaft nicht in Schwierigkeiten geraten. Die Antwort lautet:
Weil Wissenschaft nicht weiter von Bedeutung ist. Was ich damit
meine, werde ich gleich erklären. Das müßte nicht so sein, doch
wir lassen zu, daß Wissenschaft für die Gesellschaft belanglos ist.
Auf diesen Punkt werde ich noch zu sprechen kommen.

Bei den anderen Aspekten von Wissenschaft – abgesehen von
den Anwendungsmöglichkeiten und den Gegebenheiten –, die
von einiger Bedeutung sind und in einer etwas problematischen
Beziehung zur Gesellschaft stehen, handelt es sich um Ideen und
die Methoden wissenschaftlicher Untersuchungen: um die Mittel,
wenn Sie so wollen. Denn ich glaube, es ist schwer einsehbar,
warum »Hilfsmittel«, die derart selbstverständlich und offensicht-

lich scheinen, nicht schon früher entdeckt wurden; einfache Vorstellungen, bei denen man, wenn man sie nur ausprobiert, gleich sieht, was passiert und so weiter. Wahrscheinlich entwickelte das Denkvermögen des Menschen sich aus dem eines Tieres, und zwar auf eine Weise wie jedes andere neue Werkzeug auch: Es hatte seine Schwächen und Kinderkrankheiten. Es hatte gewisse Schwierigkeiten, und eine davon war, daß es durch die eigenen abergläubischen Vorstellungen gehemmt wurde, sich verwirrte, bis man schließlich eine Möglichkeit entdeckte, mit einer Entdeckung irgendwie nicht aus der Reihe zu tanzen, so daß die Wissenschaftler nun langsam Fortschritte in einer bestimmten Richtung machen konnten und nicht mehr im Kreis herumliefen und sich festfuhren. Und jetzt ist, glaube ich, genau der richtige Zeitpunkt, über diese Angelegenheit zu sprechen, denn diese neue Entdeckung fiel in die Zeit Galileis. Die Ideen und Verfahren kennen Sie natürlich alle. Ich gebe lediglich einen kurzen Überblick; es handelt sich wiederum um ein Thema, bei dem man vor einem Laienpublikum sehr ins Detail gehen müßte; hier erwähne ich es lediglich, damit Ihnen klar ist, wovon genau ich rede.

Erstens: die Beurteilung von Beweisen – nun, das Vordringlichste ist, man darf die Antwort nicht im voraus wissen. Man beginnt also mit der Ungewißheit, wie die Antwort lauten wird. Das ist sehr, sehr wichtig, so wichtig, daß ich mir diesen Punkt noch ein wenig aufsparen und später eingehender darüber sprechen will. Die Frage von Zweifel und Unsicherheit steht notwendigerweise am Anfang: denn wenn Sie die Antwort bereits kennen, erübrigt es sich, noch irgendwelche Hinweise und Beweise zu sammeln. Nun, wenn man etwas nicht sicher weiß, sucht man als nächstes nach Beweisen; gemäß der wissenschaftlichen Methodik steht dabei am Anfang immer der Versuch. Ein anderes, ebenfalls sehr wichtiges Verfahren, das man nicht außer acht lassen sollte und das von grundlegender Bedeutung ist, besteht darin, die Ideen zusammenzufassen und zu versuchen, die verschiedenen Dinge, die man weiß, logisch miteinander in Einklang zu bringen. Es ist sehr nützlich, einen Teil seines Wissens mit einem anderen Bruchstück in Verbindung zu bringen und herauszufinden, ob sie sich ineinanderfügen. Und je mehr man sich bemüht, die Ergebnisse verschiedener Gedankengänge miteinander in Einklang zu bringen, desto besser.

Nachdem wir Beweise gesucht haben, müssen wir sie beurteilen. Dabei geht man nach allgemein bekannten Regeln vor; es geht nicht an, nur das herauszugreifen, was einem behagt. Vielmehr muß man die Gesamtheit der Beweise hernehmen und versuchen, eine gewisse Objektivität zu wahren – gerade so viel, damit das Ganze nicht ins Stocken gerät –, sich nicht letztlich auf eine Autorität zu verlassen. Autoritativ verbürgtes Wissen kann einen Hinweis darauf liefern, was richtig ist, doch es ist nicht die Quelle der Weisheit. Sobald Beobachtungen und autoritatives Wissen auseinanderklaffen, sollten wir Autorität so lange wie möglich unbeachtet lassen.

Und schließlich sollte man die Ergebnisse »desinteressiert« dokumentieren. Das klingt irgendwie komisch und stört mich immer ein bißchen – denn es würde ja heißen, wenn jemand eine Untersuchung abgeschlossen hat, schert er sich den Teufel um die Ergebnisse. Doch darum geht es nicht. Desinteresse bedeutet in diesem Fall: Die Ergebnisse sollen in einer Form verzeichnet werden, daß sie den Leser nicht in Richtung einer Vorstellung beeinflussen, die von dem abweicht, worauf die Beweise schließen lassen.

Sie alle sind mit diesen verschiedenen Aspekten vertraut.

All dies, alle diese Ideen und alle diese Techniken entsprechen dem Geiste Galileo Galileis. Der Mann, dessen Geburtstag wir heute feiern, spielte eine wichtige Rolle für die Entwicklung und Verbreitung und, das ist am wichtigsten, den Beweis der Effektivität, die Dinge auf diese Art und Weise zu betrachten. Bei jeder Hundertjahrfeier – oder Vierhundertjahrfeier, sei's drum – fragt man früher oder später: Was würde der Jubilar wohl sagen, wäre er jetzt hier und könnten wir ihm die Welt zeigen, wie sie heute ist. Natürlich werden Sie jetzt einwenden, das sei abgedroschen oder gar sentimental und in einer Rede könne man derlei einfach nicht bringen, aber genau das werde ich jetzt tun.

Angenommen, Galilei wäre hier und wir sollten ihm die heutige Welt zeigen und versuchen, ihm eine Freude zu machen, oder einfach abwarten, was er dazu sagt. Wir würden ihm über die Probleme der Beweisführung berichten, von den Methoden der Beurteilung, die er entwickelte. Und wir würden hervorheben, daß wir uns nach wie vor in genau diese Tradition eingebunden fühlen, uns ihr fügen – bis in alle Einzelheiten hinein: daß wir numerische Messungen vornehmen und diese – zumindest in der Physik – als eines der geeignetsten Hilfsmittel betrachten. Und daß die Naturwissenschaften sich sehr geradlinig und kontinuierlich aus seinen ursprünglichen Ideen und in seinem Geist weiterentwickelt haben. Und es infolgedessen keine Hexen und Gespenster mehr gibt.

Wenn ich sage, die quantitative Methode funktioniere in den Naturwissenschaften sehr gut, dann ist dies fast eine Definition der heutigen Wissenschaft; die Naturwissenschaften, an denen Galilei gelegen war, die Physik, die Mechanik und derlei, haben sich natürlich weiterentwickelt, doch die gleichen Verfahren bewährten sich auch in der Biologie, in der Geschichtswissenschaft, der Geologie, der Anthropologie und so weiter. Wir wissen eine ganze Menge über die Vorgeschichte des Menschen, der Tiere, auch der Erde, und das anhand sehr ähnlicher Verfahren. In der Wirtschaftswissenschaft erwies diese Technik sich als ähnlich erfolgreich, allerdings aufgrund spezifischer Schwierigkeiten nicht in ganz so umfassendem Sinne. Es gibt jedoch Bereiche, in denen man sich in dieser Hinsicht auf Lippenbekenntnisse beschränkt – in denen viele Leute nur so tun als ob. Ich würde mich schämen, müßte ich Herrn Galilei berichten, daß diese Verfahren beispielsweise in den Sozialwissenschaften nicht besonders erfolgreich sind. Ich weiß das aus eigener Erfahrung – wie Sie sicher bereits bemerkt haben, laufen zur Zeit zahllose Untersuchungen über Ausbildungsmethoden, insbesondere zum Arithmetikunterricht, doch wenn Sie einmal herauszufinden versuchen, was man wirklich darüber weiß, welches die beste Unterrichtsmethode für Arithmetik ist, dann entdecken Sie, daß es zwar eine Unzahl von Untersuchungen und jede Menge Statistiken gibt, die jedoch völlig zusammenhangslos nebeneinanderstehen und jeweils Mischungen aus Anekdoten und unkontrollierten oder sehr mangelhaft kontrollierten Experimenten darstellen. Das Ergebnis sind ausgesprochen dürftige Erkenntnisse.

Und schließlich müßte ich Herrn Galilei etwas zeigen, dessen ich mich ungeheuer schäme. Lassen wir einmal die Naturwissenschaft beiseite und blicken wir uns in der Welt um, so stoßen wir auf etwas ziemlich Erbärmliches: Die Welt, in der wir leben, ist so unverhohlen, so ungeheuer unwissenschaftlich. Galilei würde vielleicht fragen: »Ich habe festgestellt, daß Jupiter eine Kugel mit Monden und kein Gott im Himmel ist. Doch nun sagt mir, was ist aus den Astrologen geworden?« Nun, sie veröffentlichen – zumindest in den Vereinigten Staaten – tagtäglich ihre Ergebnisse in allen Zeitungen. Warum gibt es nach wie vor Astrologen? Wie kann jemand ein Buch wie *Worlds in Collision* schreiben? Der Name beginnt mit einem V, ist es ein russsischer Name, hm? Vininkowski?* Und warum erfreut es sich solcher Beliebtheit? Was soll dieser ganze Unsinn mit Mary Brody oder so? Ich weiß auch nicht, irgendwie war das verrücktes Zeug. Es gibt immer irgendwelches verrückte Zeug. Es gibt sogar eine Unmenge verrücktes Zeug, was, anders ausgedrückt, nichts weiter heißt als:

---

* Es handelt sich um Immanuel Velikovsky, *Worlds in Collision*. New York: Doubleday, 1950 (*Welten im Zusammenstoß*. Stuttgart: Kohlhammer, 1951); Anm. d. Hrsg. und d. Übers.

Unsere Welt ist ungemein unwissenschaftlich. Auch die Telepathie ist nach wie vor im Gespräch; allerdings flaut dieses Gerede allmählich ab. Und dann, wohin man auch blickt, überall diese Gesundbetereien. Eine ganze Kirche von Gesundbetern. In Lourdes geschehen Wunder, Heilungswunder.

Nun, die Astrologie könnte durchaus recht haben. Könnte ja sein, daß es besser ist, Sie gehen an einem Tag zum Zahnarzt, an dem der Mars im richtigen Haus zur Venus steht, als wenn sie ihn ein andermal aufsuchen. Könnte ja sein, daß Sie durch ein Wunder in Lourdes geheilt werden. Doch wenn das alles wahr ist, sollte man es untersuchen. Warum? Um es zu verbessern. Falls es zutrifft, dann finden wir vielleicht heraus, ob die Sterne unser Leben beeinflussen, und dann könnten wir wirksamere Verfahren ausarbeiten, indem wir das Ganze statistisch untersuchen, die Beweise objektiv und sorgsamer beurteilen. Wenn das Heilen in Lourdes funktioniert, dann ist doch die Frage, wie weit vom Ort des Wunders die kranke Person entfernt sein darf. Oder haben sie in Wirklichkeit einen Fehler gemacht, und in den hinteren Reihen passiert gar nichts? Oder klappt es so gut, ist so reichlich Platz, daß man noch mehr Leute in die Nähe des Schauplatzes des Wunders bringen könnte? Oder ist es möglich, wie dies bei den kürzlich in den Vereinigten Staaten neu erfundenen Heiligen der Fall ist – es gibt da eine Heilige, die indirekt Leukämie kurierte –, daß Bänder, die mit dem Laken der kranken Person in Berührung kamen (vorher hatte man das Band an eine Reliquie der Heiligen gepreßt), die Heilungsaussichten für Leukämie verbessern – die Frage ist, läßt sich die Wirkung sozusagen strecken? Sie lachen vielleicht, aber wenn Sie an derartige Heilungen glauben, ist es Ihre Pflicht, sie zu untersuchen, die Wirksamkeit zu verbessern, so daß sie zufriedenstellend und kein Schwindel ist. Beispielsweise könnte sich herausstellen, nach hundert Berührungen wirken die Bänder nicht mehr. Es ist aber auch möglich, daß die Ergebnisse einer solchen Untersuchung ganz andere Schlußfolgerungen nahelegen, nämlich: daß nichts dran ist.

Noch etwas stört mich, das ich auch erwähnen könnte: die Dinge, über die die Theologen heutzutage diskutieren können, ohne sich zu schämen. Es gibt vieles, worüber sie sprechen, worüber sie streiten könnten und dessen sie sich nicht zu schämen brauchten, doch einiges von dem, was auf Tagungen zu Fragen der Religion abgehandelt wird, und die Entscheidungen, die sie treffen müssen, sind heutzutage einfach lachhaft. Eine der Schwierigkeiten und einer der Gründe, warum dies einfach so weitergehen kann, ist die Tatsache, daß den Leuten nicht bewußt wird, zu welch tiefgreifender Veränderung unserer Weltsicht es käme, würde auch nur ein Bruchteil dessen, womit sie sich befassen, wirklich zutreffen. Könnte man nur einen Punkt – nicht einmal sämtliche Vorstellungen – der Astrologie beweisen, würde dies unser Verständnis der Welt nachhaltig beeinflussen. Wir aber lachen, weil wir zuversichtlich darauf vertrauen, daß unsere Weltsicht richtig ist, weil wir sicher sind, all die Astrologen können nichts dazu beitragen. Doch warum entledigen wir uns ihrer dann nicht? Ich werde noch darauf zu sprechen kommen, warum wir das nicht tun, weil nämlich, wie bereits gesagt, die Naturwissenschaften [für die Astrologie] ohne Belang sind.

Jetzt möchte ich noch etwas anderes erwähnen, das ein wenig bedenkenswerter ist. Denn ich glaube nach wie vor, das Beurteilen von Beweisen, die Dokumentation von Ergebnissen und so weiter, all dies bedingt eine gewisse Verantwortlichkeit der Wissenschaftler untereinander, die man als eine Art Ethik bezeichnen könnte. Wie veröffentlicht man Forschungsergebnisse richtig? Desinteressiert, damit der andere unbeeinflußt genau das verstehen kann, was Sie sagen. Und so wenig wie möglich von Ihren eigenen Wunschvorstellungen gefärbt. Das ist sehr nützlich, es trägt dazu bei, einander zu verstehen; etwas so darzulegen, daß es nicht unserem persönlichen Interesse entgegenkommt, sondern die allgemeine Entwicklung von Ideen fördert, das ist von unschätzbarem Wert. Es gibt also, wenn Sie so wollen, eine Art wissenschaftlicher Moral. Ich glaube – wenn auch auf ziemlich verlorenem Posten –, diese Art Moral sollte viel weiter verbreitet sein: diese Vorstellung, diese Art wissenschaftlicher Ethik, damit Dinge wie Propaganda zu einem Schimpfwort werden.

Wenn Menschen eines Landes ein anderes Land beschreiben, sollte dies auf desinteressierte Weise geschehen. Oh, welch Wunder – das ist ja noch schlimmer als ein Wunder von Lourdes! Reklame ist ein Beispiel für eine wissenschaftlich unmoralische Beschreibung von Produkten. Diese Unmoral greift derart um sich, daß man sich im Alltagsleben daran gewöhnt und nicht einmal mehr merkt, wie schlimm es ist. Und ich glaube, einer der Hauptgründe dafür, den Austausch zwischen der Wissenschaft und den anderen Bereichen der Gesellschaft zu fördern, ist folgender: Man sollte erklären, die Leute sozusagen aufwecken und sie auf diese fortwährende Abstumpfung des klaren Verstandes aufmerksam machen, die auf mangelnder Information beruht oder davon herrührt, daß Information nicht immer auf interessante Weise präsentiert wird.

Es gibt noch andere Bereiche, in denen wissenschaftliche Methoden von einigem Wert wären; ganz offensichtliche Dinge, über die zu sprechen jedoch zunehmend schwierig wird – etwa Entscheidungen zu fällen. Ich meine damit nicht, daß dies wissenschaftlich geschehen sollte, daß beispielsweise in den Vereinigten Staaten die Leute von der Rand Company sich hinsetzen und arithmetische Berechnungen anstellen. Das erinnert mich an mein zweites High-School-Jahr, als wir, wenn wir über Frauen sprachen, entdeckten, daß die Verwendung von Begriffen der Elektrizitätslehre – Scheinwiderstand, Widerstreben, Widerstand – es uns ermöglichte, die Situation besser zu verstehen.

Etwas anderes, bei dem es einem Wissenschaftler kalt über den Rücken läuft, sind die Methoden, wie heutzutage Führer ausge-

wählt werden – in allen Nationen. In den Vereinigten Staaten beispielsweise haben die beiden großen politischen Parteien beschlossen, Experten für Öffentlichkeitsarbeit einzustellen, das heißt
Werbeleute, die dafür ausgebildet sind und die entsprechenden
Methoden beherrschen, wie man die Wahrheit sagt oder lügt, um
ein Produkt zu entwickeln. So war das ursprünglich nicht gedacht. Sie sollten bestimmte Situationen bereden, nicht nur sich
Reklamesprüche ausdenken. Schon wahr, wenn man sich die Geschichte ansieht, arbeitete man bei der Wahl politischer Führer in
den Vereinigten Staaten sehr oft mit irgendwelchen Slogans. (Ich
bin sicher, heute hat jede Partei zu diesem Zweck Bankkonten mit
Millionenbeträgen, und wir werden einige sehr raffinierte Werbe-
sprüche zu hören bekommen.) Aber ich kann hier nicht diesen
gesamten Unfug aufzählen.

Immer wieder habe ich geäußert, Wissenschaft sei unerheblich.
Das klingt einigermaßen seltsam, daher möchte ich noch einmal
darauf zu sprechen kommen. Natürlich ist Wissenschaft sehr wohl
von Belang, einfach insofern sie sich auf Astrologie bezieht: denn
wenn wir die Welt so verstehen, wie wir dies heute tun, leuchtet
uns unmöglich ein, warum der ganze astrologische Unfug immer
noch stattfindet. Insofern also ist Wissenschaft sehr wohl wichtig.
Doch für Leute, die an Astrologie glauben, ist Wissenschaft völlig
belanglos, weil Wissenschaftler sich nie die Mühe machen, mit
ihnen zu diskutieren. Leute, die an Gesundbeten glauben, brauchen nicht einen Gedanken an die Naturwissenschaften zu verschwenden, denn kein Mensch diskutiert mit ihnen darüber. Niemand braucht Naturwissenschaften zu studieren, wenn er keine
Lust dazu hat. Also kann man das Ganze getrost vergessen, wenn
es einer zu großen geistigen Anstrengung bedürfte, was meistens
der Fall ist. Und warum kann man das Ganze vergessen? Weil wir
nichts dagegen unternehmen.

Meiner Ansicht nach müssen wir gegen die Dinge, an die wir
nicht glauben, ankämpfen. Nicht indem wir den Leuten den Kopf

abhacken, sondern indem wir sie in Diskussionen verwickeln. Wir sollten verlangen, daß die Menschen sich bemühen, mit Hilfe ihres Verstandes ein einheitlicheres Bild ihrer Welt zu schaffen; daß sie sich nicht den Luxus erlauben, ihr Gehirn vier- oder gar zweiteilen zu lassen und in der einen Hälfte dies, in der anderen jenes zu glauben, sich aber nie die Mühe machen, die beiden Standpunkte miteinander zu vergleichen. Denn wir haben gelernt, wenn wir die unterschiedlichen Standpunkte, die wir im Kopf haben, miteinander zu vergleichen versuchen, dann bringt uns dies einem Verständnis und der richtigen Einschätzung dessen, wo wir stehen und was wir sind, näher. Meiner Ansicht nach sind die Naturwissenschaften deswegen bedeutungslos geblieben, weil wir immer warten, bis jemand uns Fragen stellt oder bis wir eingeladen werden, vor Leuten, die nicht einmal die Newtonsche Mechanik begriffen haben, einen Vortrag über Einsteins Relativitätstheorie zu halten, nie jedoch, um Gesundbeten anzugreifen oder über Astrologie zu sprechen – darüber, wie sich Astrologie heuzutage aus wissenschaftlicher Sicht darstellt.

Ich glaube, vor allem müssen wir ein paar Artikel schreiben. Was würde dann passieren? Jemand, der an Astrologie glaubt, müßte ein wenig Astronomie lernen. Wer an Gesundbeten glaubt, käme nicht umhin, sich ein paar medizinische Grundkenntnisse anzueignen, einfach der Argumente wegen, die ausgetauscht werden; außerdem ein wenig Biologie. Mit anderen Worten: Die Naturwissenschaften werden auch für sie wichtig.

Irgendwo hatte ich die Bemerkung gelesen, Wissenschaft sei in Ordnung, solange sie nicht die Religion angreife. Und das war das Stichwort, das ich brauchte, um das Problem zu verstehen. Solange Naturwissenschaft nicht auf die Religion losgeht, braucht man sie nicht weiter zu beachten, und kein Mensch muß irgend etwas lernen. Man kann sie also von der modernen Gesellschaft abtrennen – außer was ihre Anwendungsmöglichkeiten betrifft – und auf diese Weise isolieren. Und darum müssen wir so fürchterlich kämpfen, wenn wir versuchen, bestimmte Dinge Leuten zu erklären, die gar nichts darüber wissen wollen. Müssen sie jedoch ihren Standpunkt verteidigen, wird ihnen nichts anders übrigbleiben, als sich ein wenig über den unseren zu informieren. Ich bin also – möglicherweise irrtümlich – der Ansicht, daß wir zu höflich sind. Es gab einmal eine Zeit, da wurde über derlei gesprochen. Die Kirche fühlte sich von Galileis Ansichten angegriffen. Heutzutage hegt die Kirche keine derartigen Bedenken. Niemand kümmert sich darum. Niemand greift sie an; ich meine, niemand schreibt Artikel und versucht die Widersprüche zwischen den theologischen und den wissenschaftlichen Ansichten zu erklären, die verschiedene Leute heute äußern – oder auch die Unstimmigkeiten in den religiösen und den wissenschaftlichen Vorstellungen, die ein und derselbe Wissenschaftler vertritt.

Das nächste Thema, das ich als letzten Hauptpunkt aufgreifen will, ist meiner Ansicht nach eigentlich das wichtigste, ernsteste: die Frage von Ungewißheit und Zweifel. Ein Naturwissenschaftler kann sich einer Sache nie wirklich sicher sein. Wir alle wissen das. Wir wissen, alle unsere Aussagen sind Annäherungen mit einem jeweils unterschiedlichen Grad an Gewißheit; trifft man eine Feststellung, so lautet die Frage nicht, ob sie richtig oder falsch ist, sondern mit welcher Wahrscheinlichkeit sie richtig oder falsch ist. Wenn man wissen will: »Existiert Gott?«, muß die Frage eigentlich folgendermaßen lauten: »Wie wahrscheinlich ist es?« Dies kommt einer ungeheuren Veränderung des religiösen Standpunktes gleich, und deshalb ist die religiöse Sichtweise unwissenschaftlich.

Jede Frage müssen wir im Rahmen der zulässigen Unsicherheiten stellen. Und je mehr Beweise vorliegen, desto größer wird die Wahrscheinlichkeit, daß eine bestimmte Vorstellung richtig ist – oder eben nicht. Doch weder in der einen noch in der anderen Richtung läßt sich das je mit Sicherheit behaupten. Mittlerweile haben wir festgestellt, von welch ausschlaggebender Bedeutung dies für eine Weiterentwicklung ist. Wir müssen unbedingt Raum für Zweifel lassen, sonst gibt es keinen Fortschritt, kein Dazulernen. Man kann nichts Neues herausfinden, wenn man nicht vorher eine Frage stellt. Und um zu fragen, bedarf es des Zweifelns. Die Leute suchen immer nach Gewißheit. Es gibt aber keine Gewißheit. Und sie haben schreckliche Angst – wie kann man leben *und nicht wissen?* Das ist gar nicht so schwer. Tatsache ist, Sie glauben lediglich, etwas zu wissen. Und die meisten Ihrer Handlungen gründen auf unvollständigem Wissen – in Wirklichkeit wissen Sie nicht, was das alles soll, kennen Sie den Sinn und Zweck der Welt nicht. Und auch über andere Dinge wissen Sie nicht besonders viel. Es ist durchaus möglich, ohne Wissen zu leben.

Die Freiheit zu zweifeln, die für die Weiterentwicklung der Naturwissenschaften von ausschlaggebender Bedeutung ist, war das Ergebnis eines Kampfes mit jener allumfassenden Autorität der damaligen Zeit, die für jedes Problem eine Lösung parat hatte, nämlich der Kirche. Galilei ist ein Symbol für diesen Kampf. Zwar wurde er ganz offensichtlich gezwungen zu widerrufen, doch kein Mensch nimmt diese Abschwörung ernst. Wir haben nicht das Gefühl, daß wir ihm auf diesem Weg folgen und alle widerrufen sollten. Vielmehr halten wir diese Widerrufung für eine Dummheit – und ebenso, daß die Kirche häufig solche Torheiten verlangte. Wir haben Verständnis für Galilei, so wie wir Mitgefühl für die Musiker und Künstler der Sowjetunion empfinden, die widerrufen mußten und müssen – wenn auch glücklicherweise in neuerer Zeit nicht mehr so oft. Doch der Widerruf ist ohne jegliche Bedeutung, gleichgültig, wie raffiniert er inszeniert wird. Für Außenstehende ist es unnötig, sich über Galileis Widerruf den Kopf zu zerbrechen, man braucht nicht darüber zu debattieren, um irgend etwas für oder wider Galilei zu beweisen, außer vielleicht, daß er ein alter Mann und die Kirche sehr mächtig war. Die Tatsache, daß Galileo Galilei recht hatte, ist in diesem

Zusammenhang unwesentlich. Die Tatsache, daß man versuchte, ihn zum Schweigen zu bringen, natürlich nicht.

Uns alle stimmt es traurig, wenn wir uns die Welt ansehen und feststellen müssen, wie wenig wir, im Vergleich zu den Möglichkeiten, die uns unserem Empfinden nach als Menschen offenstehen, erreicht haben. Die Menschen in der Vergangenheit hatten, im Alptraum ihrer Zeit gefangen, Zukunftsträume. Und nun, da die Zukunft eingetreten ist, sehen wir, in vieler Hinsicht wurden die kühnsten Träume noch übertroffen, doch in viel mehr Punkten sind unsere heutigen Träume weitgehend die gleichen wie jene der Menschen früher.

In der Vergangenheit hat man sich oft für die eine oder andere Problemlösung begeistert. Eine war es, allen Menschen eine Ausbildung zu ermöglichen, da dann alle zu Voltaires würden und wir alles klären könnten. Universelle Erziehung und Bildung sind wahrscheinlich durchaus etwas Positives, doch man kann ebenso Gutes wie auch Schlechtes lehren – Falschheit ebenso wie Aufrichtigkeit. Die Kommunikation zwischen einzelnen Nationen müßte, befördert vom technischen Aspekt der Weiterentwicklung der Naturwissenschaften, eigentlich die Beziehungen zwischen den Völkern verbessern. Nun, es kommt darauf an, was man dem anderen mitteilt. Man kann ihm die Wahrheit sagen oder ihm Lügen auftischen, kann Drohungen ausstoßen oder eine freundschaftliche Einstellung zum Audruck bringen.

Man hegte große Hoffnungen, die angewandten Naturwissenschaften könnten den Menschen von seinen körperlichen Nöten befreien, und vor allem in der Medizin beispielsweise scheint alles zum Besten zu stehen. Doch während wir uns jetzt hier unterhalten, versuchen Wissenschaftler in geheimen, versteckten Labors unter Aufbietung all ihres Könnens Krankheitskeime zu entwickeln, für welche die anderen keine Gegenmittel haben.

Vielleicht träumen wir heute davon, die wirtschaftliche Zufriedenstellung aller Menschen sei *die* Lösung. Ich finde, jeder sollte von allem genug haben, und ich will damit natürlich keineswegs sagen, daß wir uns nicht darum bemühen sollten. Ebensowenig bin ich der Ansicht, daß man nicht ausbilden oder nicht kommunizieren oder alle Menschen ausreichend versorgen sollte. Doch ob dies allein schon die Lösung für alles darstellt, ist fraglich. Denn in jenen Weltgegenden, wo ein gewisses Niveau wirtschaftlicher Sättigung erreicht wurde, ergab sich eine Unmenge neuer Probleme – möglicherweise handelt es sich dabei auch um alte Probleme, die man jetzt nur unter einem anderem Blickwinkel betrachtet, da wir mittlerweile eben mehr über die geschichtlichen Abläufe wissen.

Allzugut sind wir also auch heutzutage nicht dran, und wir können nicht behaupten, es besonders weit gebracht zu haben. Zu allen Zeiten haben Philosophen versucht, das Geheimnis des Lebens zu ergründen, herauszufinden, was das alles soll. Denn würde ihnen klar, welchen Sinn das Leben in Wirklichkeit hat, dann könnte man all die menschlichen Bestrebungen, all die wunderbaren Möglichkeiten, die die Menschen in sich tragen, in die beste Richtung lenken, und wir könnten uns mit Erfolg nach vorne bewegen. Folglich haben wir es mit diesen unterschiedlichen Ideen probiert. Doch auf die Frage nach der Bedeutung des Ganzen, danach, was Sinn und Zweck der Welt, des Lebens, des Menschen und so weiter sind, gaben sehr viele Leute sehr oft Antworten. Unglücklicherweise fallen alle diese Antworten höchst unterschiedlich aus. Und diejenigen, die eine Antwort gefunden haben, blicken voller Grauen auf die Verhaltens- und Handlungsweisen von Menschen, deren Antwort anders lautet. Grauen, weil sie sehen, welch schreckliche Dinge geschehen; weil sie sehen, wie eine dogmatische Auffassung von der Bedeutung der Welt Menschen in eine Sackgasse treibt. In Wirklichkeit macht uns vielleicht gerade das ungeheure Ausmaß des Entsetzens klar, wie groß die Möglichkeiten des Menschen sind. Und vielleicht läßt genau dies uns andererseits hoffen, wenn wir alldem die richtige Richtung geben könnten, dann wäre es besser um diese Welt bestellt.

Was also ist Sinn und Zweck der Welt? Wir wissen nicht, was Sinn und Zweck des Lebens ist. Nach Prüfung aller früheren Auffassungen kommen wir zu dem Schluß, daß wir die Bedeutung von Leben nicht kennen; doch das Eingeständnis, daß wir nicht wissen, was Sinn und Zweck des Lebens ist, eröffnet uns wahrscheinlich den Ausweg – wir brauchen im Rahmen unserer Weiterentwicklung nur genau dies zuzulassen, dann laufen wir nicht Gefahr, uns alle anderen Möglichkeiten zu verbauen, begeistern uns nicht dafür, über ein endgültiges Wissen, die absolute Wahrheit zu verfügen, sondern verharren immer in Ungewißheit – wir gehen das Wagnis ein. Die Engländer, die ihre Regierungsform auf die Weise entwickelt haben, bezeichnen das als »sich irgendwie durchwursteln«; das klingt zwar ziemlich albern, ja dumm, doch es ist die wissenschaftlichste Art, Fortschritte zu erzielen. Sich von vorneherein für eine Antwort zu entscheiden ist unwissenschaftlich. Um Fortschritt möglich zu machen, muß man die Tür zum Unbekannten einen Spaltbreit offenstehen lassen – nur einen Spaltbreit. Wir stehen erst am Beginn der Entwicklung der Menschheit, der Entwicklung des menschlichen Denkens, intelligenten Lebens – und vor uns liegt eine schier unendliche Zukunft. Wir dürfen – dazu sind wir verpflichtet – die Antwort darauf, was das alles soll, nicht schon heute geben, nicht alle Menschen in eine Richtung drängen und erklären: »Das ist die Lösung für alle Probleme.« Denn dann ketten wir uns an die Grenzen unserer derzeitigen Vorstellungskraft. Dann sind wir zu nichts anderem mehr in der Lage, als die Dinge zu tun, von denen wir heute glauben, wir sollten sie tun. Lassen wir hingegen immer Raum für Zweifel, Raum für Diskussion und schreiten auf eine Weise vorwärts, die dem Vorgehen in den Naturwissenschaften entspricht, dann umschiffen wir diese Klippe.

Ich glaube und hoffe daher, eines Tages könnte die Zeit kommen – auch wenn dies heute nicht der Fall ist –, da allen klar wird, daß die Macht der Regierung beschränkt werden sollte, daß Regierungen nicht ermächtigt werden sollten, über die Gültigkeit wissenschaftlicher Theorien zu entscheiden – es wäre lächerlich, wollten sie es auch nur versuchen; da alle sich darin einig sind, es steht Regierungen nicht zu, über die Richtigkeit der verschiedenen Darstellungen der Geschichte oder von Wirtschaftstheorien oder der Philosophie zu befinden. Einzig auf diese Weise können die tatsächlichen Möglichkeiten der zukünftigen Menschen sich letztlich entfalten.

KAPITEL 5

Da unten ist jede Menge Platz

In dieser berühmt gewordenen Rede vor der American Physical Society am 29. Dezember 1959 am Caltech legt Feynman, der »Vater der Nanotechnologie«, seine Ideen zur zukünftigen Miniaturisierung dar: wie man die gesamte Encyclopaedia Britannica *auf einer Nadelspitze unterbringt, die ungeheure Reduzierung der Größe lebender wie auch unbelebter Dinge, die Frage, wie man Maschinen schmieren soll, die kleiner sind als der Punkt nach diesem Satz. Und schließt jene berühmte Wette ab, mit der er junge Wissenschaftler herausfordert, einen funktionierenden Motor zu konstruieren, dessen Außenmaße nicht größer sind als 0,4 Millimeter.*

Einladung, sich auf ein neues Gebiet
der Physik vorzuwagen

Ich könnte mir vorstellen, daß exerimentelle Physiker oft Leute wie Kamerlingh-Onnes* beneiden, den Entdecker der Niedrigtemperatur; sie scheint nach unten unbegrenzt, kann offenbar schier endlos sinken. Ein solcher Mann ist dann führend auf sei-

---

* Heike Kamerlingh-Onnes (1853–1926) erhielt 1913 für seine Forschungen zu den Eigenschaften von Materie bei niedrigen Temperaturen, die in der Folge die Herstellung von Flüssighelium ermöglichten, den Nobelpreis für Physik (Anm. d. Hrsg.).

nem Gebiet und verfügt eine Zeitlang über eine Art Monopol auf ein wissenschaftliches Abenteuer. Percy Bridgman* erschloß mit seinem Verfahren, höhere Drücke zu erzielen, einen weiteren neuen Bereich, wagte sich auf ein Gebiet vor, in dem er unsere Leitfigur war. Die Entwicklung von zunehmend hochgradigem Vakuum stellte eine kontinuierliche Entwicklung gleicher Art dar.

Ich möchte ein noch kaum erschlossenes Gebiet umreißen, auf dem man im Prinzip jedoch ungeheuer viel erreichen kann. Es unterscheidet sich insofern ein wenig von den bereits genannten, als es für die Grundlagenphysik nicht übermäßig viel bringt (etwa in dem Sinne: »Worum handelt es sich bei den seltsamen Teilchen?«), sondern eher etwas mit Festkörperphysik zu tun hat, da es viel ungemein Interessantes über die seltsamen Phänomene aussagen könnte, die in komplexen Situationen auftreten. Außerdem böte es, und dies ist von kaum zu überschätzender Bedeutung, eine Unzahl technischer Anwendungsmöglichkeiten.

Ich möchte darüber sprechen, wie man Dinge kleiner Größenordnung manipuliert und kontrolliert.

Sobald ich das erwähne, fangen die Leute an, mir etwas über Miniaturisierung zu erzählen und wie weit sie heute bereits fortgeschritten sei. Sie berichten mir von elektrischen Motoren, die nicht größer als der Nagel Ihres kleinen Fingers sind. Beispielsweise ist, so erzählen sie weiter, ein Apparat auf dem Markt, mit dessen Hilfe man das ganze Vaterunser auf einer Nadelspitze unterbringen kann. Doch das ist gar nichts; das sind die allereinfachsten, zögerlichen Schritte auf dem Gebiet, über das ich sprechen will. Die Welt da unten ist atemberaubend klein. Wenn die Leute im Jahr 2000 auf unsere Zeit zurückblicken, werden sie sich

---

* Percy Bridgman (1882–1961) wurde 1946 für die Erfindung eines Apparats zur Erzeugung extrem hoher Drücke sowie für andere Arbeiten auf dem Gebiet der Hochdruckphysik mit dem Nobelpreis für Physik ausgezeichnet (Anm. d. Hrsg.).

wohl fragen, warum sich erst 1960 jemand ernsthaft in diese Richtung vorzuwagen begann.

Warum sollten wir nicht alle 24 Bände der Encyclopaedia Britannica *auf einer Nadelspitze unterbringen können?*

Mal sehen, was es dazu brauchte. Eine Nadelspitze hat einen Durchmesser von circa 1,59 Millimeter. Vergrößerte man dies um das 25 000fache, entspräche die Fläche auf einer Nadelspitze der Gesamtfläche aller Seiten der *Encyclopaedia Britannica*. Folglich braucht man nichts weiter zu tun, als alles Geschriebene in der *Encyclopaedia* um das 25 000fache zu verkleinern. Ist das machbar? Die Auflösungskraft des Auges beträgt ungefähr 0,21 Millimeter – das entspricht in etwa dem Durchmesser eines der kleinen Punkte auf den feinen Halbtonreproduktionen in der *Encyclopaedia*. Verkleinert man dies um das 25 000fache, beträgt der Durchmesser immer noch 80 Ångström* – dies entspricht bei einem gewöhnlichen Metall 32 Atomen. Man kann also jeden Punkt ohne weiteres auf eine für das Lichtdruckverfahren erforderliche Größe bringen; folglich steht fraglos fest: Auf einer Nadelspitze ist genügend Platz, um darauf die gesamte *Encyclopaedia Britannica* unterzubringen.

Zudem kann man sie, wenn sie so geschrieben ist, auch lesen. Stellen wir uns einmal vor, der Text wird mit erhabenen Metallbuchstaben gesetzt, das heißt, an den Stellen, die in der *Encyclopaedia* schwarz sind, haben wir erhabene Metallbuchstaben, die 1/25 000stel ihrer normalen Größe haben. Wie sollen wir das lesen können?

Wäre etwas in dieser Form geschrieben, könnten wir uns zum Lesen einiger Verfahren bedienen, die heute schon gang und gäbe sind. (Zweifelsohne wird man bessere Möglichkeiten entdecken, wenn erst einmal tatsächlich etwas in dieser Form geschrieben wird, doch um im Rahmen des derzeit Machbaren zu

---

* 1 Ångström = ein Zehnmilliardstel Meter (Anm. d. Hrsg.).

bleiben, spreche ich nur von bereits bekannten Techniken.) Wir könnten das Metall in eine Plastikmasse pressen und einen Abdruck davon herstellen, dann den Kunststoff behutsam abschälen, Quarz in das Plastik eindampfen, um so eine sehr dünne Beschichtung zu erhalten, diese leicht tönen, indem wir Gold in einem geeigneten Winkel gegen das Quarzglas verdampfen, damit all die kleinen Buchstaben deutlich sichtbar werden, sodann den Kunststoff von dem Quarzfilm ablösen und das Ganze durch ein Elektronenmikroskop betrachten!

Gar keine Frage: Würde man das Ganze in der Form erhabener Buchstaben auf der Nadel um das 25 000fache verkleinern, könnten wir das heute ohne weiteres lesen. Und ebenso fraglos fiele es uns leicht, Kopien der Ausgangsplatte herzustellen; wir brauchten lediglich dieselbe Metallplatte noch einmal in eine Plastikmasse zu drücken, und schon hätten wir eine Kopie.

Wie schreibt man so klein?

Die nächste Frage lautet: Wie *schreiben* wir das? Bislang kennen wir dafür noch kein Standardverfahren. Doch gehen wir einmal davon aus, es sei gar nicht so schwierig, wie es anfangs erscheinen mag. Wir können die Linsen des Elektronenmikroskops umdrehen, um etwas zu verkleinern. Ein in umgekehrter Richtung durch die Mikroskoplinsen gesandter Ionenstrahl könnte auf einen sehr kleinen Punkt gerichtet werden. Und mit diesem Punkt könnten wir genauso schreiben wie mit dem Strahlenoszilloskop einer Fernsehkathode, indem wir nämlich mit einer Einstellung, welche die Materialmenge festlegt, die beim Abtasten jeder einzelnen Zeile abgelagert werden soll, zeilenweise vorgehen.

Diese Methode wäre aufgrund der durch die Raumladung gesetzten Grenzen sehr langsam. Mit Sicherheit wird man schnellere Verfahren entwickeln. Als erstes könnten wir vielleicht mittels eines Photoprozesses eine Projektionsfläche mit Löchern in Form von Buchstaben herstellen. Als nächstes würden wir hinter diesen Löchern einen Lichtbogen schlagen und Metallionen durch die Löcher herausziehen; dann könnten wir erneut unser Linsensystem einsetzen und ein kleines Bild in Form von Ionen herstellen, die das Metall auf der Nadelspitze ablagern.

Eine einfachere Methode wäre möglicherweise folgende (obwohl ich nicht sicher bin, ob sie funktioniert):

Wir nehmen Licht und bündeln es durch ein umgedrehtes optisches Mikroskop auf eine sehr kleine photoelektrische Fläche. Dort, wo das Licht auftrifft, werden Elektronen abgestrahlt. Diese verdichten wir mit Hilfe der Linsen des Elektronenmikroskops so stark, daß sie unmittelbar auf die Metalloberfläche aufprallen. Kann dieser Strahl das Metall wegätzen, wenn er lange genug darauf gerichtet bleibt? Ich weiß es nicht. Falls es bei einer Metalloberfläche nicht funktioniert, müßte ein anderes Material zu finden sein, mit dem wir die ursprüngliche Nadel beschichten, damit an den Stellen, wo die Elektronen auftreffen, der Überzug auf erkennbare Weise verändert wird.

Bei diesen Geräten treten keinerlei Probleme mit der Intensität auf, wie wir sie von Vergrößerungen her kennen, bei denen man ein paar Elektronen über eine immer größere Fläche verteilen muß; in unserem Fall passiert genau das Gegenteil. Das von einer Buchseite zurückgestrahlte Licht konzentriert sich auf einen sehr kleinen Bereich, ist also sehr intensiv. Die paar von der photoelektrischen Oberfläche abgestrahlten Elektronen werden gebündelt und auf eine winzige Fläche gerichtet, so daß sie wiederum sehr intensiv sind. Ich weiß auch nicht, warum das bisher niemand probiert hat!

Damit hätten wir also die gesamte *Encyclopaedia Britannica* auf unserer Nadelspitze untergebracht; doch wie sieht es mit allen Büchern aus, die es auf der Welt gibt? In der Library of Congress befinden sich annähernd neun Millionen Bücher; die Bibliothek des British Museum besitzt etwa fünf Millionen Bände, ebenso die

Nationalbibliothek von Frankreich. Zweifelsohne befinden sich darunter etliche Zweifachexemplare; sagen wir also: Auf der ganzen Welt gibt es um die 24 Millionen interessante Bücher.

Was geschähe, wenn ich sie alle in der Größenordnung drucke, von der wir eben gesprochen haben? Wieviel Platz nähmen sie ein? Natürlich brauchte man die Fläche von etwa einer Million Nadelspitzen, denn jetzt geht es nicht nur um die 24 Bände der *Encyclopaedia Britannica,* sondern um 24 Millionen Bücher. Diese Million Nadelköpfe kann man in einem Quadrat mit jeweils tausend Nadeln pro Seite unterbringen – insgesamt einer Fläche von etwa 2,51 Quadratmetern. Das heißt, die Silicakopie mit der hauchdünnen Plastikbeschichtung, mittels der wir die Kopien mit all diesen Informationen angefertigt haben, nimmt eine Fläche ein, die in etwa 35 Seiten der *Encyclopaedia* entspricht. Alles Wissenswerte, das Menschen je in Büchern verzeichnet haben, könnte man in einer kleinen Druckschrift mit sich herumtragen – die nicht einmal in einem Code geschrieben, sondern schlicht eine Reproduktion der Originalabbildungen, Stiche und so weiter in einem kleinen Maßstab, jedoch ohne Verschlechterung der Auflösung, wäre.

Was wohl unsere Bibliothekarin am Caltech sagen würde, die jetzt noch von einem Gebäude zum nächsten rennt, wenn ich ihr erzähle, in zehn Jahren könnte die ganze Informationsfülle, über die sie den Überblick zu bewahren versucht – 120 000 Bände, vom Boden bis zur Decke aufeinandergestapelt, Schubladen voller Karteikarten, mit alten Büchern vollgestopfte Depots –, auf einer einzigen Karteikarte untergebracht werden! Wenn dann beispielsweise die Universität von Brasilien abbrennt, könnten wir ihnen eine Kopie von jedem Buch in unserer Bibliothek schicken; wir brauchten nur eine Kopie von der Hauptplatte zu ziehen, was nicht länger als ein paar Stunden dauert, und diese dann in einen Umschlag zu stecken, der weder größer noch schwerer als ein ganz normaler Luftpostbrief ist.

Alsdann – das Thema meines Vortrags lautet »Da unten ist jede Menge Platz« – und nicht einfach: »Da unten ist Platz«. Bis jetzt habe ich nichts weiter gezeigt, als daß Platz ist – daß man Dinge praktisch ungemein stark verkleinern kann. Doch nun will ich Ihnen zeigen, daß da unten *jede Menge* Platz ist. Zwar werde ich nicht darauf eingehen, wie man all das tatsächlich zuwege bringt, aber ich werde zeigen, was im Prinzip möglich ist – mit anderen Worten: was laut den Naturgesetzen möglich ist. Ich erfinde keineswegs eine Aufhebung der Schwerkraft, obwohl dies eines Tages durchaus möglich sein könnte, allerdings nur, wenn die Naturgesetze nicht so lauten, wie wir glauben. Ich erzähle Ihnen, was machbar ist, wenn die Naturgesetze wirklich das sind, wofür wir sie halten; wir machen das nicht einfach nur deswegen, weil wir noch nicht dahintergekommen sind.

Information in kleinem Maßstab

Angenommen, wir legen – anstatt Abbildungen und Text unmittelbar in ihrer derzeitigen Form zu reproduzieren – den Informationsgehalt beispielsweise in einem Strich-Punkt-Code für die verschiedenen Buchstaben nieder. Jeder Buchstabe entspricht sechs, sieben Informations-»Bits«; das heißt, für jeden Buchstaben braucht man nicht mehr als sechs oder sieben Punkte oder Striche. Und jetzt schreibe ich nicht, wie vorhin, alles auf die Oberfläche der Nadelspitze, sondern nutze auch das Materialinnere.

Eine winzige Fläche auf irgendeinem Metall soll für einen Punkt stehen; der anschließende Strich entspricht einem danebenliegenden Punkt auf einem anderen Metall und so weiter. Angenommen – um vorsichtig zu schätzen –, für ein Informationsbit braucht man einen kleinen Würfel aus Atomen mit den Maßen 5 x 5 x 5 – 125 Atome also. Möglicherweise benötigen wir so um die hundert Atome, nur um sicher zu sein, daß nicht durch Streuung oder irgendwelche anderen Prozesse Information verlorengeht.

Ich habe geschätzt, wie viele Buchstaben die *Encyclopaedia Britannica* enthält; des weiteren bin ich davon ausgegangen, daß jedes der erwähnten 24 Millionen Bücher so umfangreich wie ein Band der *Encyclopaedia* ist, und habe dann berechnet, wie vielen Informationsbits dies entspricht: 10^{15}. Für jedes Bit setze ich 100 Atome an. Dann stellt sich heraus, sämtliche Informationen, die der Mensch sorgsam in allen Büchern der Welt zusammengetragen hat, finden in dieser Form in einem Würfel mit einer Außenkante von 0,5 Millimetern Platz – nicht größer als ein Staubkorn, das man mit bloßem Auge erkennen kann. Es ist also in der Tat *jede Menge* Platz da unten! Und kommen Sie mir jetzt nicht mit Mikrofilm!

Den Biologen ist diese Tatsache – daß ungeheure Informationsmengen auf ungeheuer kleinem Raum gespeichert sein können – natürlich bekannt; sie löst auch das Geheimnis – das nur solange ein Geheimnis war, bis wir das alles richtig verstanden –, wie es möglich ist, daß die gesamte Information für die Ausformung derart komplexer Lebewesen, wie wir es sind, in einer winzigen Zelle gespeichert sein kann. All diese Informationen – ob wir braune Augen haben, ob wir überhaupt denken können, warum bei einem Embryo der Kieferknochen anfangs seitlich ein kleines Loch hat: damit später ein Nerv hindurchwachsen kann – all diese Informationen sind in jedem winzigen Bruchstück der Zelle in Form einer langen Kette von DNA-Molekülen vorhanden; in dem Fall reichen etwa 50 Atome für ein Informationsbit aus.

Bessere Elektronenmikroskope

Wenn ich in einem Code geschrieben habe, bei dem ich für ein Bit 5 x 5 x 5 Atome benötige, ist die nächste Frage: Wie könnte man das heutezutage lesen? Das Elektronenmikroskop ist nicht leistungsstark genug; selbst mit der größten Sorgfalt und Mühe kann man damit lediglich etwa 10 Ångström auflösen. Gerne würde ich Sie jetzt beeindrucken, während ich Ihnen von all diesen Dingen in kleinem Maßstab erzähle, indem ich betone, wie wichtig es sei, das Elektronenmikroskop um ein Hundertfaches zu verbessern. Unmöglich ist das nicht; es verstieße nicht gegen die Gesetze der Elektronendiffraktion. In einem solchen Mikroskop beträgt die Wellenlänge des Elektrons lediglich 1/20 Ångström. Es müßte daher möglich sein, die einzelnen Atome zu sehen. Doch was brächte es, wenn man die einzelnen Atome klar und deutlich sehen könnte?

Wir haben Freunde in anderen Bereichen – in der Biologie beispielsweise. Oft schauen wir Physiker auf sie herunter und sagen: »Ist euch Burschen eigentlich klar, warum ihr kaum Fortschritte macht?« (In Wirklichkeit weiß ich kein anderes Gebiet, auf dem heute rascher Fortschritte erzielt werden als in der Biologie.) »Ihr solltet die Mathematik ein bißchen stärker einbeziehen, so wie wir dies tun.« Ihre Antwort könnte lauten – aber es sind höfliche Leute, daher antworte ich für sie: »Wißt ihr, was *ihr* tun solltet, damit *wir* rascher Fortschritte machen können? Ihr solltet das Elektronenmikroskop um ein Hundertfaches leistungstärker machen.«

Welches sind heutzutage die wichtigsten, grundlegendsten Probleme der Biologie? Es sind Fragen wie diese: Wie sieht die Basensequenz in der DNA aus? Was geschieht im Falle einer Mutation? Wie hängt die Anordnung der Basen in der DNA mit der Gruppierung der Aminosäuren im Protein zusammen? Wie ist die RNA strukturiert; handelt es sich um eine Einfach- oder eine Doppelkette und wie verhält sie sich hinsichtlich ihrer Basenanordnung zur DNA? Wie sind die Mikrosomen aufgebaut? Wie werden Proteine synthetisiert? Wohin geht die RNA? Wo hat sie ihren Sitz? An welcher Stelle befinden sich die Proteine? Und wo wandern sie hin? Wo ist bei der Photosynthese das Chlorophyll; wie ist es angeordnet; an welchem Punkt kommen die Carotinoide ins Spiel? Wie läuft der Prozeß der Umwandlung von Licht in chemische Energie genau ab?

Viele dieser grundlegenden Fragen lassen sich ohne weiteres beantworten – *man braucht sich das Ganze nur anzuschauen!* Dann sieht man die Anordnung der Basen in der Kette, ebenso die Struktur des Mikrosoms. Leider sind die derzeitigen Mikroskope ein ganz klein wenig zu unscharf. Machte man das Mikroskop lediglich hundertmal leistungsfähiger, ließen sich viele Probleme der Biologie weit einfacher lösen. Natürlich übertreibe ich jetzt, doch mit Sicherheit wären die Biologen sehr dankbar – und zögen dies der Kritik und dem Rat vor, sie sollten doch die Mathematik stärker in ihre Arbeit einbeziehen.

Ausgangspunkt der Theorie chemischer Prozesse ist derzeit die theoretische Physik. In diesem Sinne stellt die Physik die Grundlage der Chemie dar. Doch darüber hinaus arbeitet die Chemie mit Analysen. Wenn man eine seltsame Substanz vor sich hat und wissen will, worum es sich dabei handelt, nimmt man eine langwierige, komplizierte chemische Analyse vor. Heutzutage kann man fast alles analysieren; ich bin also mit meinen Vorstellungen etwas spät dran. Doch wenn die Physiker nur wollten, könnten sie die Chemiker auch hinsichtlich des Problems chemischer Analysen übertreffen. Die Analyse irgendeiner komplexen chemischen Substanz wäre nicht weiter schwierig; man müßte lediglich hinschauen, dann sähe man, wo die einzelnen Atome sitzen. Die Schwierigkeit ist nur: Das Elektronenmikroskop ist um ein Hundertfaches zu schwach! (Später würde ich gern die Frage stellen: Könnten die Physiker auch zum dritten Problem der Chemie – der Synthese nämlich – einen Beitrag leisten? Gibt es eine Möglichkeit, auf physikalischem Weg jede beliebige chemische Substanz zu synthetisieren?)

Die mangelnde Leistungsfähigkeit des Elektronenmikroskops rührt daher, daß der f-Wert der Linsen lediglich eins zu tausend beträgt; die Öffnungsweite ist nicht groß genug. Ich weiß, es gibt Lehrsätze, die beweisen, daß es unmöglich ist, mit axial symmetrischen stationären Feld- oder Kollektivlinsen einen höheren f-Wert

als soundso viel zu erzielen; daher befände sich die Auflösungskraft derzeit theoretisch auf dem bestmöglichen Stand. Doch
jedes Theorem geht von bestimmten Annahmen aus. Warum
muß das Feld unbedingt symmetrisch sein? Ich lasse dies als Herausforderung im Raum stehen: Gibt es wirklich keine Möglichkeit, das Elektronenmikroskop leistungsstärker zu machen?

Das wundervolle biologische System

Das biologische Beispiel der Niederlegung von Information in
sehr kleinem Maßstab brachte mich auf die Idee, mir etwas anderes auszudenken, das eigentlich machbar sein müßte. Biologie
beschränkt sich nicht auf die Niederschrift von Informationen;
sie *macht etwas* damit. Ein biologisches System kann extrem klein
sein. Viele Zellen sind wirklich winzig, aber äußerst aktiv: Sie
stellen verschiedene Substanzen her; sie wandern umher; sie
schlängeln sich dahin, machen alle möglichen wunderbaren
Sachen – und all das in sehr kleinem Maßstab. Und sie speichern
Information. Malen Sie sich einmal die Möglichkeit aus, wir könnten irgend etwas ungeheuer verkleinern, das dann tut, was wir
wollen – daß wir etwas herstellen könnten, das sich auf dieser
Ebene steuern läßt.

Es könnte sogar wirtschaftliche Vorteile mit sich bringen,
Dinge sehr klein zu machen. Ich darf Sie an einige der Probleme
bei Rechenmaschinen erinnern. In Computern müssen wir eine
ungeheure Menge an Informationen speichern. Die Schreibweise, die ich vorhin erwähnte, bei der alles als Metallablagerungen fixiert wird, ist dauerhaft. Für Computer wäre es jedoch weit
interessanter, etwas zu schreiben, es wieder zu löschen und dann
etwas anderes zu schreiben. (Denn normalerweise wollen wir das
Material, auf das wir gerade geschrieben haben, nicht vergeuden.
Könnten wir allerdings alles auf sehr kleinem Raum schriftlich
festhalten, würde das keine Rolle mehr spielen; man könnte das

Material, nachdem man die Informationen gelesen hat, einfach wegwerfen – besonders teuer käme das nicht.)

Miniaturisierung des Computers

Ich weiß nicht, wie man das rein praktisch in kleinem Maßstab hinkriegt, doch ich weiß sehr wohl, daß die Rechenmaschinen ungeheuer groß sind – ganze Hallen braucht man, um sie unterzubringen. Warum können wir sie nicht ganz klein machen, aus kleinen Drähten, kleinen Bauelementen zusammensetzen – und wenn ich klein sage, dann meine ich *klein*. Beispielsweise sollte der Durchmesser der Drähte nicht größer sein als zehn oder vielleicht hundert Atome, der der Stromkreise ein paar tausend Ångström. Jeder, der die logische Theorie von Computern analysiert hat, ist zu dem Schluß gekommen, Computer bergen wirklich interessante Möglichkeiten in sich – könnte man sie nur um etliche Größenordnungen komplizierter machen. Bestünden sie aus millionenmal mehr Elementen, wären sie in der Lage, sich selbständig ein Urteil zu bilden. Sie hätten Zeit genug auszurechnen, wie sie die Berechnung, die sie vornehmen sollen, am besten durchführen. Sie würden sich für ein ihrer Erfahrung nach besseres Analyseverfahren entscheiden als dasjenige, das wir ihnen vorgeben. Und noch in so manch anderer Hinsicht verfügten sie über qualitativ neue Eigenschaften.

Wenn ich Ihnen ins Gesicht sehe, ist mir auf der Stelle klar: Den hab' ich schon mal gesehen. (Meine Freunde würden jetzt vermutlich sagen, ich hätte ein unglückliches Beispiel gewählt, um das, was ich sagen will, zu veranschaulichen. Aber zumindest erkenne ich, daß das ein *Mensch* und kein *Apfel* ist.) Doch es gibt keine Maschine, die sich so schnell ein Bild von einem Gesicht machen und auch nur sagen kann: »Das ist ein Mensch.« Und noch viel weniger, daß es derselbe Mensch ist, den man ihr vorher gezeigt hat – außer es handelt sich um ein und dasselbe Bild. Hat das Gesicht sich verändert, bin ich in unmittelbarer Nähe des Gesichts oder aber weiter davon entfernt, hat das Licht sich geändert – erkenne ich das Gesicht trotzdem. Alsdann, der kleine Computer in meinem Kopf ist dazu ohne weiteres in der Lage. Die Computer, die wir bauen, jedoch nicht. Die Anzahl von Bauelementen in dem Knochengehäuse da oben ist um ein Vielfaches höher als die der Elemente in unseren »wunderbaren« Computern. Unsere mechanischen Computer sind ungeheuer groß, die Bauelemente in dem Gehäuse da hingegen *sub*mikroskopisch.

Wollten wir einen Computer mit all diesen wundervollen zusätzlichen Fähigkeiten konstruieren, hätte er die Größe, sagen wir mal: des Pentagon. Das hat mehrere Nachteile. Erstens benötigte man dazu viel zuviel Material; könnte durchaus sein, daß es auf der ganzen Welt nicht genügend Germanium für all die Transistoren in diesem Monsterapparat gibt. Dazu kommt noch das Problem der Wärmeerzeugung und des Energieverbrauchs; das Ganze würde also sehr, sehr teuer kommen. Eine eher praktische Schwierigkeit ergibt sich daraus, daß der Computer nur mit einer bestimmten Geschwindigkeit arbeiten könnte. Aufgrund seiner ungeheuren Größe ist eine endliche Zeit erforderlich, um eine Information von einer Stelle zur anderen zu schicken. Informationen können nicht schneller als mit Lichtgeschwindigkeit übermittelt werden – wenn also unsere Computer letztlich immer schneller und immer ausgeklügelter werden, müssen wir sie noch weiter verkleinern.

Und dafür gibt es genügend Spielraum. Meines Wissens läuft keines der Naturgesetze dem Versuch zuwider, die Computerelemente um vieles kleiner zu machen, als sie jetzt sind. Dies könnte sogar gewisse Vorteile mit sich bringen.

Miniaturisierung durch Eindampfen

Wie ließe sich so ein Apparat herstellen? Welchen Konstruktionsverfahrens würden wir uns bedienen? Eine Möglichkeit, die wir in Betracht ziehen könnten – schließlich haben wir ja auch schon über Schrift in der Form einer bestimmten Anordnung von Atomen gesprochen –, wäre, das Material und dann den Isolator unmittelbar daneben einzudampfen. In der nächsten Schicht würden wir ein Stück Draht sowie einen weiteren Isolator eindampfen und so fort. Man dampft die Teile einfach ein, bis man einen kompakten Block von dem Zeug hat, in dem alle erforderlichen Elemente – Spulen und Kondensatoren, Transistoren und so weiter – vorhanden sind, allerdings in extrem kleiner Ausführung.

Doch ich würde gern, nur so zum Spaß, darüber sprechen, daß es auch noch andere Möglichkeiten gibt. Wieso können wir eigentlich solch kleine Computer nicht auf ähnliche Weise herstellen wie die großen? Warum können wir keine Löcher bohren, Teile zurechtschneiden, löten, Elemente ausstanzen, verschiedene Formen gießen, all das in unendlich kleinem Maßstab? Wo sind die Grenzen, wie klein etwas sein muß, daß man es nicht mehr formen kann? Wie oft haben Sie schon, wenn Sie an irgend etwas verdammt Kleinem herumgefummelt haben, etwa der Armbanduhr Ihrer Frau, vor sich hin gegrummelt: »Könnte ich nur eine Ameise dazu bringen, das für mich zu machen!« Ich schlage vor, eine Ameise so zu dressieren, daß sie ihrerseits einem winzigkleinen Würmchen oder einer Milbe beibringt, das zu erledigen. Zu was allem wären kleine, doch bewegliche Maschinen imstande? Sie könnten sich durchaus als nützlich erweisen – oder auch nicht, doch ganz bestimmt würde es Spaß machen, derlei zu basteln.

Stellen sie sich irgendeine Maschine vor – ein Auto beispielsweise – und fragen Sie sich nun, wo die Schwierigkeiten lägen, wenn man eine unendlich kleine Maschine dieser Art herstellen will. Angenommen – jetzt auf das spezielle Beispiel des Autos bezogen –, es bedarf einer gewissen Präzision der Einzelteile; wir brauchen eine Genauigkeit auf, sagen wir, 0,01 Millimeter. Sind bestimmte Teile nicht so genau, etwa wenn es um die Form eines Zylinders geht oder so, funktioniert das Ganze nicht so recht. Macht man die Sachen zu klein, muß man zudem die Größe der Atome in Betracht ziehen; ich kann nicht einen Kreis aus – sozusagen – »Bällen« bilden, wenn der Kreis zu klein ist. Setze ich also eine Fehlergrenze von 0,01 Millimeter an – das entspricht einem Fehler von zehn Atomen –, kann ich, wie sich herausstellt, die Ausmaße eines Autos annähernd viertausendfach verkleinern – das bedeutet, es hat einen Durchmesser von einem Millimeter. Würde man einen neuen Autotyp entwerfen, bei dem die zulässige Abweichung viel größer ist – und das ist durchaus nicht unmöglich –, könnte man ein noch viel kleineres Auto bauen.

Es ist schon interessant zu überlegen, welche Probleme sich bei solch kleinen Maschinen ergäben. Erstens würden die Kräfte, wenn man die Einzelteile in gleichem Maße beansprucht, praktisch gegen null tendieren, sobald das Ganze immer kleiner wird; Dinge wie Gewicht und Schwerkraft könnte man praktisch außer acht lassen. Mit anderen Worten: Das Material wäre verhältnismäßig sehr viel widerstandsfähiger. Die Beanspruchungen und die Dehnung des Schwungrads infolge zentrifugaler Kräfte beispielsweise wären nur dann genauso groß, wenn man die Rotationsgeschwindigkeit im gleichen Maße erhöht, wie man die Größe verringert. Andererseits sind die Metalle, die wir verwenden, von körniger Struktur. In solch kleinem Maßstab wäre das äußerst ärgerlich, da das Material nicht homogen ist. Kunststoff, Glas und andere Dinge mit amorpher Struktur sind weit homogener. Wir müßten unsere Maschinen daher aus solchen Baustoffen herstellen.

Gewisse Probleme hängen mit dem elektrischen Teil des Systems zusammen – mit den Kupferdrähten und den magnetischen Elementen. In sehr kleinem Maßstab sind die magnetischen Eigenschaften nicht die gleichen wie in einem großen; hier kommt das »Domänen-«Problem ins Spiel. Ein großer Magnet hat Millionen Domänen; in kleinem Maßstab kann er nur über eine Domäne verfügen. Man müßte die elektrische Ausstattung nicht einfach verkleinern, sondern umgestalten. Warum also sollte man derlei nicht neu entwerfen können, damit alles wieder funktioniert?

Probleme der Schmierung

Beim Problem der Schmierung stößt man auf einige interessante Aspekte. Die effektive Viskosität von Öl würde im Verhältnis zum Ausmaß der Verkleinerung (und wenn wir die Geschwindigkeit so weit erhöhen, wie wir können) immer größer. Erhöhen wir die Geschwindigkeit nicht so drastisch und verwenden wir statt Öl Kerosin oder irgendeine andere Flüssigkeit, wäre das Ganze nicht so schwierig. Aber vermutlich brauchen wir das Ding gar nicht zu schmieren! Denn uns steht eine Menge zusätzlicher Energie zur Verfügung. Lassen Sie die Lager ruhig trocken laufen; sie werden sich nicht erhitzen, weil sich in so einem kleinen Apparat die Wärme sehr, sehr rasch verflüchtigt. Dieser rapide Wärmeverlust würde verhindern, daß das Benzin explodiert; einen internen Verbrennungsmotor könnte man also nicht einbauen. Dafür könnte man andere chemische Reaktionen nutzen, die bei niedrigen Temperaturen Energie freisetzen. Am praktischsten wäre für derart kleine Maschinen wohl eine Stromzufuhr von außen.

Worin läge der Nutzen solcher Apparate? Wer weiß? Natürlich wäre so ein kleines Auto für die Milben, die damit herumkutschieren könnten, recht komfortabel, aber ich kann mir nicht vorstellen, daß unsere christliche Nächstenliebe so weit geht. Allerdings ist uns aufgefallen, daß es möglich wäre, kleine Bauelemente für Computer in vollständig automatisierten Fabriken herzustellen, die mit Drehbänken und anderen maschinellen

Werkzeugen in diesem sehr kleinen Maßstab ausgestattet sind. Solch eine kleine Drehbank brauchte nicht unbedingt genauso auszusehen wie unsere großen. Ich überlasse es Ihrer Phantasie, diesen grob skizzierten Plan weiter auszuarbeiten, um die Vorteile der Eigenschaften sehr kleiner Gegenstände vollständig und auf eine Weise zu nutzen, mit der die Vollautomatisierung am leichtesten zu handhaben wäre.

Albert R. Hibbs*, ein Freund von mir, schlägt eine recht aufregende Spielart von relativ kleinen Maschinen vor. Seiner Ansicht nach wäre es sicher interessant – wiewohl die Vorstellung einigermaßen gewagt ist –, wenn man bei Operationen den Chirurgen verschlucken könnte. Man bugsiert den mechanischen Chirurgen in ein Blutgefäß; er wandert dann zum Herzen und »sieht sich dort um«. (Natürlich müssen die so gewonnenen Erkenntnisse nach draußen weitergegeben werden.) Er stellt fest, welche Herzklappe schadhaft ist, nimmt ein kleines Messer und schneidet sie heraus. Andere kleine Apparate könnten auf Dauer in den Körper eingebaut werden, um irgendwelche nicht vollfunktionsfähigen Organe zu unterstützen.

All das führt zu einer wichtigen Frage: Wie stellen wir solche winzigen Mechanismen her? Das überlasse ich ebenfalls Ihrer Vorstellungskraft. Doch eine – wenn auch einigermaßen verrückte – Möglichkeit will ich zur Diskussion stellen. Wie sie wissen, befinden sich in Atomkraftwerken bestimmte Substanzen und Maschinen, die man aufgrund ihrer Radioaktivität nicht berühren darf. Um Muttern zu lockern und Schraubenbolzen zu befestigen, verwenden die Leute dort »Herren- und Dienerhände«: Man bedient eine Reihe Hebel hier und steuert damit die »Hände« dort; man kann sie in die eine oder andere Richtung drehen und so ganz gut mit den Sachen umgehen.

Die meisten dieser Apparate sind einigermaßen simpel kon-

---

* Student und später Kollege Feynmans (Anm. d. Hrsg.).

struiert: Ein spezielles Kabel – in etwa dem Draht einer Marionette vergleichbar – verbindet die Kontrollmechanismen direkt mit den »Händen«. Natürlich stellte man auch Geräte mit Servomotoren her; in dem Fall ist die Verbindung zwischen dem einen und dem anderen elektrisch und nicht mechanisch. Legt man die Hebel um, werfen diese einen Hilfsmotor an, der die elektrischen Ströme in den Drähten verändert und auf diese Weise einen Motor am anderen Ende richtig einstellt.

Ich möchte nun etwas ziemlich Ähnliches konstruieren – ein elektrisches Herr-Diener-System. Allerdings will ich die Diener von modernen Maschinisten anfertigen lassen, die so sorgfältig arbeiten sollen, daß die »Diener« viermal kleiner sind als die »Hände«, die man normalerweise steuert. Wir haben also eine Vorrichtung, mit der man bestimmte Dinge im Verhältnis eins zu vier erledigen kann – die kleinen Hilfsmotoren mit ihren kleinen Händen spielen mit kleinen Muttern und Bolzen herum; sie bohren kleine Löcher; sie sind viermal kleiner. Aha! Ich konstruiere also eine viermal so kleine Drehbank, viermal so kleine Werkzeuge und sodann – nochmals im Verhältnis eins zu vier – weitere Hände, die im Vergleich zu den anderen wiederum viermal so klein sind! So wie ich es sehe, sind sie also 16mal kleiner. Wenn ich damit fertig bin, verbinde ich meine normal große Apparatur über Drähte – unter Umständen mittels Transformatoren – unmittelbar mit den 16mal so kleinen Hilfsmotoren. Auf diese Weise kann ich nun die 16mal kleineren Hände steuern.

Nun, das Prinzip ist jetzt wohl klar. Ein ziemlich kompliziertes Programm, aber sehr wohl eine Möglichkeit. Vielleicht sagen Sie jetzt, man könnte doch bei einem Schritt viel weiter gehen als von eins bis vier. Natürlich müssen alle diese Dinge sehr sorgfältig konstruiert werden, und es ist nicht unbedingt einfach, sie wie Hände zu formen. Wenn Sie gründlich nachdenken, kommen Sie vielleicht auf eine viel bessere Methode, derlei Dinge anzufertigen.

Arbeitet man mit einem Pantographen, dann ist es selbst heutzutage nicht möglich, bei nur einem Schritt das Ganze um mehr als den Faktor vier zu verkleinern. Allerdings können Sie nicht unmittelbar mit einem Pantographen arbeiten, der einen kleineren Pantographen herstellt, der dann seinerseits einen noch kleineren konstruiert – und zwar aufgrund der ungenauen Bohrung der Löcher und der Unregelmäßigkeiten in der Konstruktion. Das Ende des Pantographen wackelt viel stärker, als ihre Hände zittern. Geht man in der Größenordnung so weit herunter, würde der am Ende des einen Pantographen befestigte andere Pantograph derart hin und her zucken, daß man damit nichts Vernünftiges zuwege brächte.

Bei jedem einzelnen Schritt muß man die Genauigkeit des Apparats verbessern. Hat man beispielsweise mit Hilfe eines Pantographen eine kleine Drehbank angefertigt, stellt man plötzlich fest, die Feinmeßschraube ist unregelmäßig – weit ungleichmäßiger als die normal große; wir könnten nun diese Meßspindel mit zerbrechlichen Muttern verkanten, die man ganz normal vor- und zurückdrehen kann, bis die Feinmeßschraube in diesem Größenmaßstab ebenso genau ist wie die ursprüngliche Meßspindel in unserer Größenordnung.

Wir können Flächen glätten, indem wir unebene Flächen in dreifacher Ausfertigung – jeweils in drei Paaren – gegeneinanderreiben; anschließend sind sie glatter als vorher. Es ist also durchaus möglich, mittels der richtigen Verfahren die Präzision in kleinem Maßstab zu verbessern. Wenn wir derlei konstruieren, müssen wir also bei jedem einzelnen Schritt die Genauigkeit der Geräte verbessern, während wir uns langsam in der Größenordnung hinunterarbeiten, und akkurat passende Feinmeßschrauben, Parallelendmaße und all die anderen Teile, die wir bei präzisen Maschinen in größerem Maßstab verwenden, anfertigen. Auf jeder Stufe müssen wir innehalten und das ganze Zeug herstellen, das nötig ist, um eine Stufe tiefer zu gehen – ein äußerst langwieriges und kompliziertes Vorgehen. Vielleicht fällt Ihnen eine bessere Methode ein, um schneller auf eine kleinere Größenordnung zu kommen.

Doch nach all dieser Arbeit haben Sie erst eine einzige winzige Drehbank, die 4000mal kleiner ist als die üblichen. Wir wollen jedoch einen ungeheuer großen Computer konstruieren, und zwar indem wir mit dieser Drehbank Löcher bohren, um kleine Dichtungsringe für den Computer anzufertigen. Wie viele Dichtungsringe kann man wohl auf dieser einen Drehbank herstellen?

Hundert winzige Hände

Bei der Herstellung der ersten viermal kleineren Diener-»Hände« fertige ich gleich zehn Sätze davon an. Ich konstruiere also zehn Sätze »Hände« und verdrahte sie mit meinen ursprünglichen Hebeln, so daß sie parallel genau gleichzeitig das gleiche ausführen. Wenn ich dann meine neuen Geräte wiederum viermal so klein mache, lasse ich auch diesmal jedes einzelne zehn Kopien herstellen und habe dann hundert »Hände«, die 16mal kleiner sind.

Und wo soll ich die Millionen Drehbänke unterbringen, die ich anschließend habe? Na ja, das ist kein Problem; ihr Gesamtumfang ist weit geringer als der auch nur einer einzigen normal großen Drehbank. Stelle ich beispielsweise eine Milliarde kleiner Drehbänke her, von denen eine jede 4000mal kleiner ist als eine übliche Drehbank, habe ich jede Menge Material und Platz zur Verfügung. Denn die eine Milliarde kleiner Drehbänke besteht aus weniger als 2 Prozent des Materials, das man für eine große braucht. Die Materialkosten sind also unerheblich, verstehen Sie. Ich möchte also eine Milliarde winziger Fabriken bauen, die genau gleich sind und dann synchron arbeiten, Löcher bohren, Teile ausstanzen und so weiter.

Wenn wir in der Größenordnung immer weiter nach unten gehen, tritt eine Reihe interessanter Probleme auf. Die Dinge werden nicht einfach kleiner. Vielmehr klebt beispielsweise das Material aufgrund der Molekülanziehungskraft (Van-der-Waals-Molekularattraktion*) zusammen. Das sähe folgendermaßen aus: Wenn man ein Teil hergestellt hat und dann die Mutter von einem Bolzen schrauben will, fällt sie nicht herunter, da die Schwerkraft sich nicht mehr bemerkbar macht; es wäre sogar ziemlich schwierig, sie von dem Bolzen zu lösen. Wie in einem jener alten Filme, in denen ein Mann mit sirupverschmierten Händen versucht, ein Glas Wasser abzustellen. Und es werden noch mehr Probleme dieser Art auftreten, für die wir uns dann etwas einfallen lassen müssen.

Neuanordnung der Atome

Allerdings habe ich keine Angst davor, mich der letzten Frage zuzuwenden, ob wir nämlich – in ferner Zukunft – die Atome so anordnen können, wie wir es wollen; die Atome als solche, diese winzigen Bausteine! Was geschähe, wenn wir die Atome eins nach dem anderen so aneinanderreihen könnten, wie wir uns dies vorstellen (in vernünftigem Rahmen natürlich; beispielsweise darf man sie nicht so verteilen, daß sie chemisch instabil werden)?

Bislang waren wir es zufrieden, im Erdboden nach Mineralien zu graben. Wir erhitzen sie und stellen – in unserer üblichen Größenordnung – alles mögliche mit ihnen an und hoffen, eine saubere Substanz mit einem geringen Grad an Verunreinigung zu erhalten und so weiter. Doch immer müssen wir uns mit der

---

* Van-der-Waals-Kräfte: schwache Anziehungskräfte zwischen Atomen oder Molekülen. 1910 wurde Johannes Diderik Van der Waals (1837–1923) für seine Arbeiten zur Zustandsgleichung von Gasen und Flüssigkeiten mit dem Nobelpreis für Physik ausgezeichnet (Anm. d. Hrsg.).

Anordnung von Atomen abfinden, die die Natur uns liefert. So etwas wie beispielsweise ein Schachbrettmuster, bei dem die verunreinigten Atome exakt 1000 Ångström voneinander entfernt oder nach irgendwelchen anderen Regeln verteilt sind, gibt es schlicht nicht.

Was könnten wir mit übereinandergelagerten Strukturen anstellen, wenn die Schichten genau die richtigen wären? Welche Eigenschaften hätten die Substanzen, wenn wir die Atome tatsächlich gemäß unseren Vorstellungen anordnen könnten? Derlei vom Theoetischen her zu untersuchen wäre ungemein interessant. Zwar kann ich mir nicht genau vorstellen, was passieren würde, aber ich habe kaum einen Zweifel daran, daß eine weit größere Bandbreite von möglichen Eigenschaften solcher Substanzen gegeben wäre und uns sehr viel mehr Vorgehensweisen offenstünden, wenn wir eine gewisse *Kontrolle* über sehr kleine Dinge ausüben könnten.

Stellen Sie sich beispielsweise ein Stück Materie vor, in dem wir kleine Spulen und Kondensatoren (oder entsprechende Festkörper) mit jeweils 1000 oder 10 000 Ångström in Form eines Stromkreises, über eine große Fläche verteilt, unmittelbar nebeneinander anordnen; am anderen Ende ragen jeweils kleine Antennen heraus – eine regelrechte Aneinanderreihung von Stromkreisen also. Wäre es beispielshalber möglich, von einem ganzen Antennensatz Licht auszusenden, so wie wir von nach einem bestimmten Muster angeordneten Antennen Funkwellen aussenden, um unsere Radioprogramme nach Europa auszustrahlen? Licht in einer bestimmten, festgelegten Richtung und mit sehr hoher Intensität auszustrahlen wäre das gleiche. (Könnte allerdings sein, daß solch ein Lichtstrahl weder vom Technischen noch vom Wirtschaftlichen her sonderlich nützlich wäre.)

Ich habe mir einige Gedanken darüber gemacht, wie man Stromkreise in sehr kleinem Maßstab konstruieren könnte; als besonders schwierig erweist sich das Problem des Widerstands.

Baut man einen entsprechenden Stromkreis in kleinem Maßstab, steigt seine natürliche Frequenz, da die Wellenlänge im Gleichschritt mit der Größe abnimmt. Die Eindringtiefe verringert sich jedoch nur entsprechend der Quadratwurzel des Größenverhältnisses; daher wird das Problem des Widerstands zunehmend schwierig. Möglicherweise können wir den Widerstand mittels Supraleitfähigkeit überwinden, wenn die Frequenz nicht zu hoch ist. Vielleicht gibt es dafür auch noch andere Tricks.

Atome in einer kleinen Welt

Begäben wir uns in eine sehr, sehr kleine Welt – beispielsweise Stromkreise aus sieben Atomen –, träte eine Menge andersartiger Phänomene auf, die völlig neue Möglichkeiten eröffneten, etwas zu konstruieren. In kleinem Maßstab verhalten Atome sich wie *nichts* in einem großen Maßstab, da sie den Gesetzen der Quantenmechanik gehorchen. Wenn wir also die Größe reduzieren und mit den Atomen herumspielen, haben wir es mit anderen Gesetzmäßigkeiten zu tun und können damit rechnen, völlig andere Dinge zuwege zu bringen. Wir können uns anderer Herstellungsverfahren bedienen. Wir können nicht nur mit Kreisläufen arbeiten, sondern beispielsweise auch mit einem System, das die quantisierten Energieniveaus oder die Wechselwirkungen gequantelter Spins und so weiter einbezieht.

Wenn wir nur weit genug hinuntergehen, werden wir noch etwas feststellen, daß wir nämlich alle unsere Geräte massenweise herstellen können und jedes eine genaue Kopie aller anderen ist. Zwei große Maschinen mit genau übereinstimmenden Maßen anzufertigen ist unmöglich. Ist Ihr Apparat jedoch nur hundert Atome hoch, genügt eine Genauigkeit auf ein halbes Prozent, um sicherzugehen, daß der nächste Apparat genau die gleiche Größe hat – nämlich hundert Atome hoch ist!

Auf atomarer Ebene treten neue Kräfte, neuartige Möglichkeiten, neue Effekte auf. Die Probleme der Herstellung und des Materialnachschubs sind ganz anderer Art. Ich habe mich, wie schon gesagt, von biologischen Phänomenen inspirieren lassen: In dem Fall werden chemische Kräfte immer wieder von neuem genutzt, um alle möglichen seltsamen Dinge hervorzubringen (eines davon ist der Autor). Soweit ich das überblicken kann, sprechen die Prinzipien der Physik nicht gegen die Möglichkeit, irgendwelche Dinge Atom für Atom zu steuern. Keineswegs stellt dies den Versuch dar, gegen irgendwelche Naturgesetze zu verstoßen; im Prinzip ist es machbar – in der Praxis ist es noch nicht versucht worden, einfach weil wir zu groß sind.

Und letztlich bringen wir auch chemische Analysen zustande. Ein Chemiker kommt auf uns zu und meint: »Hör mal, ich möchte ein Molekül, in dem die Atome auf die und die Weise angeordnet sind; mach mir so ein Molekül.« Will ein Chemiker ein bestimmtes Molekül herstellen, tut er etwas sehr Geheimnisvolles. Er sieht, es hat da so einen Ring, also mischt er dies und jenes, schüttelt das Ganze und fummelt damit herum. Und am Ende eines schwierigen Prozesses gelingt es ihm normalerweise, das herzustellen, was er will. Bis meine Apparate soweit einsatzfähig sind, um das Ganze mittels Physik zu bewerkstelligen, ist er schon längst dahintergekommen, wie er schlicht alles synthetisieren kann. Es wäre also vergebliche Liebesmüh.

Dennoch ist es interessant, daß es einem Physiker im Prinzip möglich wäre (zumindest glaube ich das), jede beliebige Substanz, für die der Chemiker ihm die Formel aufschreibt, zu synthetisieren. Sagen Sie, was Sie brauchen, und der Physiker stellt es her. Wie? Indem er die Atome an die Stellen plaziert, die der Chemiker ihm nennt. Vieles würde den Chemikern und Biologen leichter fallen, könnten wir sehen, was wir machen, könnten wir Verfahren entwickeln, um auf atomarem Niveau zu arbeiten – und irgendwann wird dies, glaube ich, unweigerlich gelingen. Sie könnten nun einwenden: »Aber wer soll das machen und warum?« Na ja, schon ein paarmal habe ich auf wirtschaftliche Anwendungsmöglichkeiten hingewiesen, aber ich weiß, wenn Sie es probieren, dann einfach deswegen, weil es Ihnen Spaß macht. Warum sollte man sich nicht ein bißchen amüsieren! Wir sollten einen Wettbewerb zwischen einigen Labors veranstalten. Das eine soll einen winzigen Motor konstruieren, den es dann in ein anderes Labor schickt, das es seinerseits mit einem Ding zurückschickt, das genau in die Welle des ersten Motors paßt.

Wettbewerbe zwischen High-Schools

Einfach weil es Spaß macht und um die Kinder dafür zu interessieren, würde ich vorschlagen, daß jemand, der Kontakte zu High-Schools hat, sich so eine Art Wettbewerb ausdenkt. Schließlich und endlich stehen wir in diesem Bereich noch ganz am Anfang, aber schon die Kinder können kleiner schreiben als je zuvor. High-Schools sollten miteinander wetteifern. Die in Los Angeles könnte an die in Venedig eine Nadel schicken, auf der steht: »Wie ist das?« Sie bekommen die Nadel zurück, und im I-Tüpfelchen steht: »Halb so wild.«

Mag sein, daß sie das nicht dazu bringt, derlei zu probieren; vielleicht hilft Geld ein bißchen nach. Dann also folgender Vorschlag; allerdings kann ich das im Augenblick noch nicht machen, einfach weil ich noch nichts dafür vorbereitet habe. Ich habe die Absicht, einen Preis in Höhe von 1000 Dollar auszuschreiben: für den ersten, dem es gelingt, den Inhalt einer Buchseite auf einer Fläche unterzubringen, die in linearem Maßstab 1/25 000mal kleiner ist, und zwar so, daß man es mit einem Elektronenmikroskop lesen kann.

Und noch einen zweiten Preis biete ich an – sobald ich weiß, wie ich es formulieren soll, ohne in die Teufelsküche von Streitereien über Definitionen zu geraten –, ebenfalls in Höhe von 1000 Dollar: für den ersten, der einen funktionierenden elektrischen Motor herstellt – einen Rotationsmotor, den man von außen steuern kann und der ein Volumen – ohne die Zuleitungen zu zählen – von lediglich 2,56 Kubikmillimeter hat.

Ich glaube, es wird nicht lange dauern, bis jemand diese Preise für sich beansprucht.

Letztlich mußte Feynman beide Wetten einlösen.*

Er bezahlte beide aus – der eine Preis ging kaum ein Jahr später an Bill McLellan, einen ehemaligen Caltech-Studenten, und zwar für einen winzigen Motor, der den Bedingungen genügte, doch in gewisser Weise eine Enttäuschung für Feynman darstellte, da zu seiner Anfertigung keinerlei technische Neuerungen notwendig waren. 1983 hielt Feynman den gleichen Vortrag – in aktualisierter Form – am Jet Propulsion Laboratory. Er sagte voraus, »mit der heutigen Technologie können wir ohne weiteres ... Motoren konstruieren, die in jeder Dimension 40mal kleiner sind, 64 000mal kleiner als ... McLellans Motor also – und wir können Tausende davon auf einmal herstellen«.

Allerdings sollte es weitere 26 Jahre dauern, bis er den anderen Preis ausbezahlen mußte, diesmal an einen graduierten Stanford-Studenten namens Tom Newman. Feynman hatte gefordert, einen dem Umfang nach allen 24 Bänden der *Encyclopaedia Britannica* entsprechenden Text auf einer Nadelspitze unterzubringen. Laut Newmans Berechnungen war jeder Buchstabe lediglich fünfzig Atome breit. Mittels einer Elektronenstrahllithographie – die er anfertigte, als sein Doktorvater gerade nicht da war – gelang es ihm schließlich, die erste Seite von Charles

---

* Das nun folgende stammt aus der Zusammenfassung von *Feynman and Computation*. Herausgegeben von Anthony J. G. Hey. Reading, Mass.: Perseus, 1998; Abdruck mit freundlicher Genehmigung (Anm. d. Hrsg.).

Dickens' *A Tale of Two Cities* (dt.: *Eine Geschichte aus zwei Städten*) im Maßstab 1 / 25 000 zu reproduzieren.

Dieser Abhandlung Feynmans wird oft das Verdienst zugeschrieben, Bewegung in die Nanotechnologie gebracht zu haben; mittlerweile finden regelmäßig Wettbewerbe unter dem Titel »Feynman Nanotechnology Prize« statt.

Was ist Wissenschaft?

*Was ist Wissenschaft? Das weiß doch jeder! Oder etwa nicht? Im April
1966 hielt der großartige Lehrer Richard Feynman eine Rede vor der
National Science Teachers' Association, in der er seinen Kollegen erklärte,
wie man Studenten beibringt, wissenschaftlich zu denken und die Welt
neugierig, aufgeschlosssen zu betrachten und – dies vor allem – immer
zu zweifeln. Gleichzeitig würdigte er den ungeheuren Einfluß, den sein
Vater – der Uniformen verkaufte – auf seine Art, die Welt zu betrachten,
ausgeübt hatte.*

Ich danke Mr. DeRose für die Gelegenheit, vor Ihnen, die Sie
Naturwissenschaften unterrichten, sprechen zu können. Auch ich
lehre Naturwissenschaften. Und ich habe genügend Erfahrung –
wenn auch nur darin, graduierte Studenten in Physik zu unterrichten –, um zu wissen, daß ich nicht weiß, wie man das macht.

Ich bin mir sicher, Sie, wirkliche Lehrer, die auf der untersten
Stufe in der Hierarchie der Lehrer, der Ausbilder von Lehrern,
der Fachleute für Lehrpläne, arbeiten, sind sich ebenfalls sicher,
daß auch Sie nicht wissen, wie man unterrichtet; ansonsten hätten
Sie sich nicht die Mühe gemacht, zu dieser Tagung zu kommen.

Das Thema »Was ist Wissenschaft?« habe ich mir nicht selber
ausgesucht. Mr. DeRose hat es gewählt. Allerdings möchte ich
gleich sagen, daß meiner Ansicht nach »Was ist Wissenschaft?«

keinesfalls gleichbedeutend mit »Wie lehrt man Naturwissenschaften?« ist. Und darauf muß ich Sie aus zwei Gründen aufmerksam machen. Erstens könnte die Art, wie ich meinen Vortrag beginne, den Eindruck erwecken, ich wollte Ihnen erzählen, wie Sie Naturwissenschaften unterrichten sollen. Das ist keineswegs meine Absicht, denn von kleinen Kindern verstehe ich rein gar nichts. Ich habe eines, also weiß ich, daß ich in der Hinsicht nichts weiß. Zweitens glaube ich, die meisten von Ihnen leiden irgendwie (einfach weil soviel darüber geredet wird, so viele Abhandlungen darüber verfaßt werden und es so viele Experten auf dem Gebiet gibt) an mangelndem Selbstvertrauen. In gewisser Weise hält man Ihnen ständig Vorträge, die Dinge stünden nicht gerade zum besten, und Sie sollten lernen, besser zu lehren. Ich werde Sie ganz gewiß nicht für Ihre schlechte Arbeit schelten und Ratschläge erteilen, wie dem endgültig abgeholfen werden könnte; das liegt mir fern.

Genaugenommen kommen nämlich sehr gute Studenten ans Caltech, und in all den Jahren wurden sie, wie ich festgestellt habe, immer besser. Wie das passiert ist, weiß ich nicht. Und mich würde interessieren, ob Sie das wissen. Jedenfalls will ich mich nicht einmischen – das Ganze läuft doch sehr gut!

Erst vor zwei Tagen fand bei uns eine Konferenz statt, auf der wir beschlossen, für höhere Semester keinen Einführungskurs in die Quantenmechanik mehr abzuhalten; es ist schlicht nicht nötig. Zu meiner Studienzeit gab es für diese Semester keinen solchen Kurs – man hielt Quantenmechanik für zu schwierig. Als ich dann zu unterrichten anfing, gab es einen. Und jetzt bringen wir schon den Anfangssemestern Quantenmechanik bei, denn nun stellen wir fest, den höheren Semestern von anderen Hochschulen brauchen wir sie gar nicht mehr zu erklären. Und warum nicht? Weil mittlerweile an den Universitäten besser unterrichtet wird – und deswegen kommen die Studenten bereits besser ausgebildet zu uns.

Was ist Wissenschaft? Sie wissen das natürlich alle, müssen es wissen, wenn Sie Naturwissenschaften unterrichten. Schließlich weiß das jedes Kind. Was soll ich also sagen? Falls Sie es nicht wissen, so finden Sie in jeder für Lehrer gedachten Ausgabe eines Lehrbuchs eine umfassende Erörterung des Themas. Es gibt da ein gewissermaßen schiefes und verwässertes, leicht verworrenes Zitat, einen einige Jahrhunderte alten Ausspruch von Francis Bacon, der damals als tiefgründige Wissenschaftsphilosophie galt. Einer der größten experimentellen Wissenschaftler jener Zeit, William Harvey*, erklärte jedoch, was Bacon als Wissenschaft definiere, sei die Art von Wissenschaft, wie ein Lordsiegelbewahrer sie betreiben würde. Er sprach von Beobachtung, überging jedoch den ausschlaggebenden Faktor der Beurteilung, was man beobachten und worauf man achten soll.

Was Philosophen als Wissenschaft definieren und erst recht das, was Lehrerausgaben dafür halten, hat nichts mit Wissenschaft zu tun. Herauszufinden, was es wirklich ist, war die Aufgabe, die ich mir selber stellte, nachdem ich zugesagt hatte, diesen Vortrag zu halten.

Nach einiger Zeit fiel mir ein kurzes Gedicht ein:

> Ein Tausendfüßler, froh fürbaß,
> bis eine Kröt' ihn fragt im Spaß:
> »Ich bitte dich, o sage mir:
> welch' Fuß als erster kommt herfür?«
> Darob geriet in Zweifel er,
> es quälte ihn das gar so sehr,
> daß er flugs plumpste in den Graben,
> und nicht mehr wußte, wie zu traben.

Zeit meines Lebens habe ich wissenschaftlich gearbeitet und immer gewußt, was das ist, doch ich bin nicht in der Lage, Ihnen das

---

* William Harvey (1578–1657) entdeckte den Blutkreislauf (Anm. d. Hrsg.).

zu erklären, weshalb ich eigentlich hierhergekommen bin: welcher Fuß zuerst kommt. Außerdem macht mir das Gedicht jetzt regelrecht angst – möglicherweise weiß ich, wenn ich wieder nach Hause komme, plötzlich nicht mehr, wie das geht: forschen.

Eine ganze Menge Reporter wollte eine Art Zusammenfassung dieses Vortrags von mir haben; ich habe mir jedoch erst kurz vorher Gedanken darüber gemacht, was ich zu diesem Thema sagen will; das ging also nicht. Doch ich sehe sie förmlich, wie sie jetzt alle rausrennen und irgend so eine Überschrift des Tenors verfassen: »Professor bezeichnet den Präsidenten der NSTA als Kröte.«

Unter diesen Umständen – angesichts des schwierigen Themas und wegen meiner Abneigung gegen philosophische Darlegungen – werde ich jetzt einen in seiner Art reichlich unüblichen Vortrag halten: Ich werde Ihnen einfach erzählen, wie ich gelernt habe, was Wissenschaft ist.

Zu verdanken habe ich das meinem Vater. Als meine Mutter mit mir schwanger war, so wird berichtet – mir selber ist das Gespräch nicht so recht präsent –, erklärte mein Vater: »Wenn es ein Junge ist, wird er Wissenschaftler.« Woher wußte er das? Nie hat er mich aufgefordert, Wissenschaftler zu werden; er selber war Geschäftsmann, Verkaufsleiter eines Uniformherstellers. Aber er las viel und wirklich gerne etwas zu wissenschaftlichen Themen.

Als ich noch ganz klein war – das ist die erste Geschichte, an die ich mich erinnere – und beim Essen auf so einem hohen Kinderstuhl saß, spielte mein Vater nach dem Essen immer mit mir. Irgendwo in Long Island City hatte er einen ganzen Haufen alter rechteckiger Badezimmerkacheln gekauft. Wir stellten sie hochkant hin, eine neben die andere, und dann durfte ich die hinterste anstupsen und zusehen, wie das Ganze in sich zusammenfiel. So weit, so gut.

Dann wurde das Spiel etwas raffinierter. Die Kacheln hatten verschiedene Farben. Ich mußte also eine weiße, zwei blaue, eine weiße, zwei blaue, dann wieder eine weiße und wieder zwei blaue aufstellen – manchmal wollte ich noch eine dritte blaue hinlegen, aber nein: Es mußte eine weiße sein. Sie merken schon die Hinterlist: Mach ihm zuerst eine Freude und spiel mit ihm, und dann trichtere ihm etwas mit erzieherischem Wert ein! Na ja, meiner Mutter, einer eher gefühlvollen Frau, fiel allmählich die Hinterhältigkeit seines Vorgehens auf; sie meinte:»Mel, bitte, laß das arme Kind doch eine blaue Kachel hinstellen, wenn es das will.« Dann erwiderte mein Vater:»Nein, ich will, daß er auf Muster achtet. Das ist die einzige Art von Mathematik, die ich ihm auf dieser untersten Stufe beibringen kann.« Müßte ich einen Vortrag darüber halten, was Mathematik ist, dann hätte ich die Frage bereits beantwortet. In der Mathematik geht es um Muster, um Regelmäßigkeiten. (Tatsache ist, diese Art von Erziehung brachte sehr wohl etwas. Als ich in den Kindergarten kam, mußten wir einen experimentellen Test machen. Damals flochten und webten wir. Mittlerweile hat man das gestrichen – es ist zu schwierig für Kinder. Wir flochten Buntpapier durch senkrechte Streifen, um ein bestimmtes Muster zu erhalten. Die Kindergärtnerin war so überrascht, daß sie meinen Eltern einen Brief schrieb und berichtete, dieses Kind sei ja höchst ungewöhnlich. Offenbar wisse der Junge schon im voraus, welches Muster herauskäme; außerdem flechte er erstaunlich kniffelige Muster. Das Kachelspiel hat also durchaus etwas genutzt.)

Noch eine andere Geschichte möchte ich Ihnen erzählen, als Beweis dafür, daß Mathematik aus nichts anderem besteht als aus Mustern. Als ich in Cornell war, faszinierte mich die Studentenschaft, die mir wie eine recht verwässerte Mischung von einigen wenigen vernünftigen Leuten und einer großen Masse Dummköpfe vorkam, die Hauswirtschaft und dergleichen studierten, darunter eine Menge Mädchen. Oft saß ich in der Cafeteria, um dort etwas zu essen, und dann versuchte ich, sie bei ihren Gesprächen zu belauschen, ob auch nur ein einziges intelligentes Wort fiel. Sie können sich vermutlich meine Überra-

schung vorstellen, als ich etwas in meinem Augen Ungeheuer-
liches entdeckte.

Ich hörte ein Gespräch zwischen zwei Mädchen; die eine erklärte:»Wenn du eine gerade Linie kriegen willst, verstehst du,
gehst du bei jeder Aufwärtsreihe ein paar Reihen weiter nach
rechts, das heißt, wenn du immer gleich weit gehst, sooft du
eine Reihe raufgehst, dann kriegst du eine gerade Linie.« Ein tief-
gründiges Prinzip analytischer Geometrie! Und so ging das weiter.
Ich war ziemlich erstaunt, denn mir war nicht klar gewesen, daß
der weibliche Verstand analytische Geometrie begreifen kann.

Das Mädchen fuhr fort:»Angenommen, von der anderen Seite
kommt eine andere Reihe, und du willst jetzt rauskriegen, wo die
beiden sich schneiden. Stell dir das mal so vor: Auf der einen
Linie gehst du zwei nach rechts und gleichzeitig eins nach oben;
in der anderen Linie geht es drei nach rechts und eins nach oben,
und zwar sind sie am Anfang zwanzig Reihen auseinander«, und
so weiter. Ich war völlig verblüfft. Sie rechnete aus, wo die beiden
Linien sich schnitten! Schließlich stellte sich heraus, das eine
Mädchen erklärte dem anderen, wie man Socken mit einem
Muster aus Spitzkaros strickt.

Bei dem Ganzen habe ich also etwas gelernt: Das weibliche
Denken ist in der Lage, analytische Geometrie zu kapieren. Die
Leute, die seit Jahren darauf bestehen (und zwar entgegen allem
Augenschein), der männliche und der weibliche Verstand seien
gleich strukturiert und zu rationalem Denken fähig, haben
vielleicht doch nicht so unrecht. Das Problem könnte einfach
sein, daß wir nie eine Möglichkeit gefunden haben, mit dem weib-
lichen Denken zu kommunizieren. Wenn Sie es richtig anstellen,
kommt vielleicht etwas dabei heraus.

Doch jetzt will ich Ihnen weiter von meinen frühen Erlebnissen
mit der Mathematik berichten.

Mein Vater brachte mir noch etwas anderes bei – ich kann es
nicht so recht erklären, es war eher ein Gefühl, nicht so sehr

etwas, das er mir erklärte –, nämlich daß das Verhältnis des Durchmessers zum Umfang eines Kreises immer gleich ist, egal, wie groß der Kreis ist. Mir kam das einigermaßen einleuchtend vor, aber dieses Verhältnis hatte eine wundervolle Eigenschaft. Es war eine fast magische Zahl, eine tiefgründige Zahl: pi* Die Zahl hatte irgend etwas Geheimnisvolles an sich, etwas, das ich als Junge nicht verstand, aber es war etwas Großartiges. Und das Ergebnis war, daß ich überall nach diesem π suchte.

Als ich später in der Schule lernte, wie man Brüche mit Dezimalstellen schreibt und wie man 3 1/8 so ausdrückt, schrieb ich 3,125. Und weil ich mir einbildete, gesehen zu haben, wie ein Schulfreund hinschrieb, das sei gleich π, das Verhältnis des Umfangs zum Durchmesser eines Kreises, schrieb ich das auch noch hin. Der Lehrer besserte es zu 3,1416 aus.

Ich erzähle Ihnen all das, um Ihnen zu zeigen, wie so eine Beeinflussung sich auswirken kann. Die Vorstellung, es gäbe da ein Geheimnis, etwas Magisches, das die Zahl an sich habe, war für mich ungemein wichtig, nicht, wie groß die Zahl tatsächlich war. Sehr viel später, als ich im Labor – in meinem Labor zu Hause, meine ich – Experimente durchführte und so herumspielte, nein, entschuldigen Sie, ich habe nie wirklich experimentiert, niemals; ich habe nur herumgespielt. Radios und irgendwelche technische Spielereien habe ich gebastelt – herumgespielt eben. Mit der Zeit lernte ich aus Büchern und Lehrbüchern, daß es Formeln gibt, die sich auf Elektrizität anwenden lassen – bei Strom und Widerstand und so. Eines Tages, als ich mir in einem solchen Buch die Formeln anschaute, entdeckte ich eine für die Frequenz eines Resonanzkreises; sie lautete 2 π $\sqrt{LC}$, wobei L die Induktivität und C die Kapazität des Stromkreises ist. Und da war wieder dieses π – aber wo war der Kreis? Sie lachen, doch mir war es damals sehr ernst. π war etwas, das mit Kreisen zusammenhing,

---

* Der griechische Kleinbuchstabe π.

und jetzt kam π plötzlich bei einem Stromkreis heraus, wo es für den Kreis stand. Wissen Sie, die Sie gerade gelacht haben, wie das π hierherkommt?

Ich kann nicht anders, ich liebe das Ding einfach. Muß ständig überall danach suchen. Mir darüber den Kopf zerbrechen. Und dann wurde mir natürlich klar, die Spulen sind ja kreisförmig. Ungefähr ein halbes Jahr später stieß ich auf ein anders Buch, in dem die Induktivität von runden und quadratischen Spulen angegeben war, und in diesen Formeln kamen wieder πs vor. Also habe ich wieder darüber nachgedacht und bin schließlich dahintergekommen, das π kommt nicht von den runden Spulen. Jetzt verstand ich das alles besser; aber tief im Innern weiß ich immer noch nicht so recht, wo dieser Kreis ist; wo das π herkommt. [...]

Nun würde ich gerne ein, zwei Bemerkungen zu Wörtern und Definitionen anbringen – ich darf doch meine kleine Geschichte kurz unterbrechen? –, denn es ist notwendig, die Begriffe zu lernen. Mit Wissenschaft hat das allerdings nichts zu tun. Das heißt nun nicht, weil es nicht wissenschaftlich ist, brauchten wir das niemandem beizubringen. Aber es geht nicht darum, was man unterrichten soll, vielmehr sprechen wir darüber, was Wissenschaft ist. Wenn man weiß, wie Celsius in Fahrenheit umgerechnet wird, ist das nicht Wissenschaft. Es ist notwendig, das zu wissen, aber Wissenschaft im eigentlichen Sinne ist es nicht. Wenn wir uns darüber unterhalten, was Kunst ist, würden Sie ja auch nicht sagen, Kunst bedeute zu wissen, daß ein 3-B-Bleistift weicher ist als ein 2-H-Stift. Da besteht ein deutlicher Unterschied. Aber das heißt nicht, daß ein Kunsterzieher das seinen Schülern nicht beibringen soll oder daß ein Künstler auch ohne dieses Wissen ganz gut zurechtkommt. (In Wirklichkeit finden Sie das binnen einer Minute heraus, indem Sie es einfach probieren; doch das ist ein wissenschaftliches Vorgehen, und Kunstlehrer kommen vielleicht gar nicht auf die Idee, etwas auf die Weise zu erklären.)

Um miteinander zu sprechen, brauchen wir Wörter, und das ist ganz in Ordnung so. Gar keine schlechte Idee ist es allerdings, sich einmal den Unterschied zu überlegen, und ebenso ist es gut zu wissen, wann wir die Werkzeuge der Wissenschaft – etwa die Wörter – erklären und wann die Wissenschaft als solche.

Um dies zu veranschaulichen, greife ich ein bestimmtes wissenschaftliches Buch heraus und kritisiere es; zwar ist das einigermaßen unfair, denn ich bin sicher, mir würde ohne weiteres so einiges Negative einfallen, das ich über andere Bücher sagen könnte.

Es gibt da ein Lehrbuch für den Unterricht in Naturwissenschaften, und zwar für die erste Stunde in der ersten Klasse, das auf recht ungeschickte Weise beginnt, denn es setzt bei einer falschen Vorstellung davon an, was Wissenschaft ist. Auf einem Bild ist ein Hund zu sehen, ein aufziehbarer Spielzeughund. Eine Hand nähert sich dem Schlüssel, und jetzt bewegt der Hund sich. Unter dem Bild steht: »Was setzt ihn in Bewegung?« Später kommt ein Bild mit einem echten Hund und dazu die Frage: »Was setzt ihn in Bewegung?« Und dann ein Bild von einem Motorrad mit der Frage: »Was setzt es in Bewegung?«

Zuerst dachte ich, jetzt kommt es, jetzt erklären sie, worum es in den Naturwissenschaften geht: um Physik, Biologie, Chemie. Aber nein. Die Antwort in der Lehrerausgabe lautete: »Energie setzt ihn in Bewegung.«

Nun ist Energie jedoch ein sehr komplexer Begriff, und es ist sehr, sehr schwer, ihn richtig zu verwenden. Damit will ich sagen, es ist gar nicht so einfach, Energie so gut zu verstehen, daß man den Begriff richtig einsetzt, um aus dem Konzept Energie etwas korrekt ableiten zu können. Für eine erste Klasse ist das zu hoch. Man könnte genausogut sagen: »Der liebe Gott setzt ihn in Bewegung«, oder: »Geisteskraft setzt ihn in Bewegung«, oder: »Beweglichkeit setzt ihn in Bewegung.« (Tatsächlich könnte man ebenso gut behaupten: »Energie läßt ihn stehenbleiben.«)

Betrachten Sie das Ganze mal unter dem Gesichtspunkt, daß es sich hier lediglich um die Definition von Energie handelt. Aber es sollte umgekehrt sein. Wir könnten beispielsweise sagen: »Wenn etwas sich bewegt, steckt Energie in ihm«, jedoch nicht: »Energie setzt es in Bewegung.« Ein sehr feiner Unterschied. Das gleiche gilt für den Satz von der Trägheit. Vielleicht kann ich den Unterschied noch ein wenig deutlicher herausarbeiten:

Wenn Sie ein Kind fragen: »Was setzt einen Spielzeughund in Bewegung?«, oder wenn Sie irgend jemand Beliebigen fragen: »Was setzt einen Spielzeughund in Bewegung?«, dann müssen die darüber nachdenken. Die Antwort lautet, daß man die Feder aufziehen muß; diese entrollt sich und setzt das Gerät in Gang. Das nenne ich eine vernünftige Art, eine Stunde in Naturwissenschaften zu beginnen. Die Schüler sollen das Spielzeug auseinandernehmen, sich ansehen, wie es funktioniert, wie raffiniert das Getriebe und die einzelnen Rädchen konstruiert sind. Und auf diese Weise etwas über das Spielzeug, darüber, wie so ein Ding zusammengebaut ist, über die Findigkeit der Leute, die die Rädchen und all die anderen Bestandteile entwerfen, lernen. Das ist gut. Die Frage ist in Ordnung. Nur die Antwort ist ein bißchen unglücklich, denn die Verfasser des Buches versuchten, den Schülern das Konzept Energie zu erklären. Gelernt haben die jedoch gar nichts dabei.

Angenommen, ein Schüler sagt: »Ich glaube nicht, daß Energie ihn in Bewegung setzt.« Wohin führt dann die nun folgende Diskussion?

Schließlich habe ich mir eine Möglichkeit ausgedacht zu testen, ob man eine Idee oder aber nur eine Definition erklärt hat. Und zwar geht das so. Sie sagen: »Versuch mal, ohne das neue Wort zu gebrauchen, das du eben gelernt hast, das, was ich dir gerade erklärt habe, mit eigenen Worten zu sagen.« – »Erklär mir, ohne das Wort ›Energie‹ zu verwenden, was du über die Bewegung des Hundes weißt.« Du kriegt es nicht hin. Also hast du nichts weiter gelernt als die Definition. Über Wissenschaft weißt du jetzt auch nicht mehr als zuvor. Das kann durchaus in Ordnung sein. Vielleicht willst du nichts über Naturwissenschaften erfahren. Du mußt Definitionen lernen. Aber ist das für eine erste Klasse nicht einigermaßen mißlich?

Meiner Ansicht nach ist es sehr schlecht, in der ersten Stunde eine mystische Formel zu lernen, um eine Frage beantworten zu können. In dem Buch kommen noch etliche andere Beispiele dieser Art vor – »Die Schwerkraft läßt es herunterfallen«, »Deine Schuhsohlen nutzen sich aufgrund der Reibung ab«. Sohlen treten sich ab, weil sie auf dem Gehsteig scheuern und weil die kleinen Unebenheiten und Hubbel auf dem Gehsteig Stückchen davon losreißen. Einfach zu sagen: »Die Reibung ist dafür verantwortlich«, ist schlimm, denn mit Wissenschaft hat das nichts zu tun.

Mein Vater setzte sich ein wenig mit Energie auseinander und verwendete den Begriff, sobald ich in etwa eine Vorstellung davon hatte. Ich weiß, wie er es angestellt hätte, denn im wesentlichen hat er das gleiche gemacht, wenn auch nicht mit dem Beispiel Spielzeughund. Hätte er es mir auf die Weise beibringen wollen, dann hätte er gesagt: »Er bewegt sich, weil die Sonne scheint.«

Und ich hätte widersprochen: »Nein. Was hat das damit zu tun, daß die Sonne scheint? Er hat sich bewegt, weil ich ihn aufgezogen habe.«

»Und warum, mein Lieber, kannst du den Spielzeughund aufziehen?«

»Ich esse was.«

»Und was ißt du, mein Lieber?«

»Gemüse.«

»Und warum wächst das?«

»Weil die Sonne scheint.«

Mit dem Hund ist es genau das gleiche. Und was ist mit Benzin? Angesammelte Sonnenenergie, die von Pflanzen eingefangen und im Boden gespeichert wird. Es gibt noch mehr Beispiele, die letztlich alle bei der Sonne landen. Die gleiche Idee, auf die unser Lehrbuch zusteuerte, ist jetzt auf recht aufregende Weise formuliert worden. Alles, was wir sehen und was sich bewegt, tut dies, weil die Sonne scheint. Auf diese Weise erklärt man die Beziehung zwischen zwei Energiequellen – das kann das Kind nicht abstreiten. Es könnte sagen: »Ich glaube nicht, daß das so ist, weil die Sonne scheint.« Dann können Sie ein Gespräch mit ihm anfangen. Es gibt da also einen Unterschied. (Später forderte ich ihn mit den Gezeiten heraus sowie damit, warum die Erde sich dreht – und wieder rührte ich an etwas Geheimnisvolles.)

Das ist nur ein Beispiel für den Unterschied zwischen Definitionen (die notwendig sind) und Wissenschaft. Der einzige Einwand in diesem speziellen Fall ist, daß das in der ersten Schulstunde passierte. Die Erklärung, was Energie ist, sollte erst später kommen, und mit Sicherheit nicht auf eine so simple Frage wie die: »Was setzt einen Hund in Bewegung?« Einem Kind sollte man eine kindliche Antwort geben: »Mach ihn auf, dann schauen wir uns das mal an.«

Auf Spaziergängen durch den Wald, die ich mit meinem Vater unternahm, lernte ich eine Menge. Zum Beispiel über Vögel. Anstatt sie zu benennen, sagte Vater: »Schau mal, siehst du, wie der Vogel da ständig in seinen Federn rumpickt? Warum, glaubst du, pickt er in seinem Gefieder?«

Ich probierte es damit: »Weil das Gefieder so zerzaust ist; es versucht, die Federn wieder glattzustreichen.«

Darauf meinte er: »Okay, und wann plustern die Federn sich auf, oder wie zerzaust er sie?«

»Beim Fliegen. Wenn er rumspaziert, ist alles in Ordnung; wenn er aber fliegt, plustern sich die Federn.«

Er fuhr dann fort: »Du glaubst also, wenn der Vogel gerade gelandet ist, muß er öfter in seinem Gefieder picken, als wenn er mit glattgestrichenen Federn ein Weilchen auf dem Boden herumgehüpft ist. Okay, schauen wir uns das mal an.«

Wir sahen also genau hin und beobachteten den Vogel, und es stellte sich heraus, soweit ich sehen konnte, pickte der Vogel immer gleich oft in seinem Gefieder herum, egal, wie lange er herumgehüpft oder ob er gerade gelandet war.

Ich hatte also falsch geraten, aber die richtige Antwort wußte ich auch nicht. Schließlich erklärte mein Vater es mir:

»Das kommt so: Vögel haben Läuse. Von einer Feder löst sich eine kleine Schuppe, und die ist eßbar; die Laus frißt sie also. Und die Laus hat so ein Wachs in den Gelenken zwischen den einzelnen Gliedern der Beine; das Wachs sickert heraus. Nun gibt es da eine Milbe, die auch dort lebt und das Wachs fressen kann. Sie hat jetzt eine derart gute Futterquelle, daß es mit der Verdauung nicht so recht klappt, also kommt aus ihrem Hinterteil eine Flüssigkeit, in der zuviel Zucker ist; und von diesem Zucker ernährt sich wiederum ein anderes winziges Lebewesen.« Und so weiter.

Die Fakten stimmen nicht ganz. Aber die Idee. Erstens hatte ich etwas über Parasitismus gelernt, wie eins vom anderen profitiert und wiederum für ein anderes Nahrung liefert.

Zweitens gibt es, so erklärte er weiter, überall auf der Erde, wo sich etwas Freßbares findet, irgendwelche Lebewesen, die diese Nahrungsquelle auf irgendeine Weise nutzen können; jeder noch so winzige Rest wird von irgend etwas gefressen.

Der springende Punkt bei dem Ganzen ist nun, daß all dies das Ergebnis von Beobachtung war. Zwar war ich nicht in der Lage, endgültige Schlußfolgerungen daraus zu ziehen, doch es war wie ein wundervolles Goldstück, und das Ergebnis war großartig. Es war etwas Wunderbares.

Angenommen, er hätte mir aufgetragen, zu beobachten, eine Liste anzufertigen, alles niederzuschreiben, dies und jenes zu tun, hinzusehen. Und wenn die Liste dann fertig gewesen wäre, hätte sie zusammen mit hundertdreißig anderen Tabellen hinten in einem Notizbuch gestanden. Ich hätte dabei nichts weiter gelernt, als daß Beobachtung etwas ziemlich Langweiliges ist und daß nicht viel dabei herauskommt.

Wenn man Leuten beibringen will, Beobachtungen anzustellen, ist es meiner Ansicht nach sehr wichtig – zumindest war es das für mich –, ihnen zu zeigen, daß dabei etwas Wundervolles herauskommt. Damals begriff ich, was Wissenschaft ist. Es bedeutet: Geduld zu haben. Sieht man genau hin und beobachtet und paßt auf, dann bekommt man dafür eine großartige Belohnung (wenn auch vielleicht nicht jedesmal). Die Folge dessen war, daß ich mich als Erwachsener ungeheuer gewissenhaft Jahre hindurch Stunde um Stunde mit bestimmten Problemen beschäftigte – manchmal jahrelang, manchmal nicht ganz so lange. Oft hatte ich keinen Erfolg, und eine Menge wanderte in den Papierkorb. Doch hin und wieder fand ich das Goldstück einer neuen Erkenntnis als Ergebnis von Beobachtung. Als Kind hatte ich gelernt, damit zu rechnen – ich hatte nicht gelernt, daß Beobachten nicht der Mühe wert sei.

Übrigens lernten wir im Wald noch andere Sachen. Wir gingen spazieren und sahen all das, was dort hingehört, und unterhielten uns über alles mögliche; wie die Pflanzen wachsen, wie die Bäume darum kämpfen, möglichst viel Licht zu bekommen, und deshalb versuchen, so hoch sie nur können zu wachsen und das Problem zu lösen, wie sie das Wasser weiter als elf oder zwölf Meter in die Höhe kriegen. Wie die kleinen Pflanzen auf dem Boden versuchen, das wenige Licht einzufangen, das durch die Zweige dringt, und all das Wachsen und so weiter.

Nachdem wir uns das alles angesehen hatten, nahm mein Vater mich eines Tages wieder mit in den Wald und erklärte: »Die ganze Zeit haben wir uns jetzt den Wald angeschaut, aber wir haben nur die Hälfte von dem gesehen, was da vor sich geht. Genau die Hälfte.«

Ich fragte: »Wie meinst du das?«

Er sagte: »Wir haben uns angesehen, wie alle diese Dinge wachsen; doch für jedes kleine bißchen Wachstum muß es genausoviel Verfall geben, sonst würden die Substanzen mit der Zeit ausgehen. Überall lägen abgestorbene Bäume rum, nachdem sie alles aufgebraucht haben, was sie aus der Luft und dem Boden kriegen konnten. Es würde nicht in den Boden oder in die Luft zurückgelangen, und dann könnte nichts mehr wachsen, weil ja nichts mehr da ist. Für jedes bißchen Wachstum muß es genausoviel Verfall geben.«

Und dann folgten viele Spaziergänge durch die Wälder, auf denen wir alte Baumstümpfe aufstemmten und innen drinnen so komische Käfer und Pilze sahen – Bakterien konnte er mir keine zeigen, aber wir sahen die Auswirkungen, weil alles weicher wurde. Und jetzt sah ich den Wald als einen Prozeß der fortwährenden Umwandlung von Substanzen.

Viele solche Dinge gab es, Beschreibungen von irgendwelchen Sachen auf ganz komische Weise. Oft fing er so an: »Angenommen, ein Marsmensch käme hier runter und sähe sich die Welt an.« Das war eine sehr gute Methode, die Welt zu betrachten. Wenn ich beispielsweise mit meiner elektrischen Eisenbahn spielte, erklärte er mir: »Da ist ein großes Rad, das von Wasser angetrieben wird, und dieses Rad wird durch Kupferdrähte zusammengehalten, die in alle Richtungen wegstehen; und dann gibt es da kleine Räder, die drehen sich alle, wenn das große Rad sich dreht. Der einzige Zusammenhang zwischen ihnen besteht darin, daß nichts als Kupfer und Eisen da ist, keinerlei bewegliche Teile. Man dreht ein Rad hier, und schon drehen sich all die Rädchen, die überall verteilt sind. Und dein Zug ist eines davon.«

Eine wunderbare Welt war es, von der mein Vater mir erzählte.

Was Wissenschaft ist, könnte man, glaube ich, in etwa so zusammenfassen: Auf unserem Planeten fand eine Evolution von Leben bis hin zu der Stufe statt, auf der sich intelligente Tiere entwickelten. Ich meine damit nicht nur menschliche Wesen, sondern auch Tiere, die spielen und aus Erfahrungen lernen können (etwa Katzen). In diesem Stadium mußte allerdings jedes Tier aus eigener Erfahrung lernen. Sie entwickelten sich allmählich, schrittweise, bis irgendein Tier schneller aus seiner und sogar aus der Erfahrung anderer lernen konnte, indem es ihnen zusah. Oder eines zeigte es dem anderen oder sah etwas, das das andere gerade machte. Schließlich kam es soweit, daß alle es lernen konnten, doch die Vermittlung funktionierte nicht besonders gut, und sie starben. Oder vielleicht starb das Tier, das etwas gelernt hatte, noch ehe es seine Erfahrung an andere weitergeben konnte.

Die Frage lautet nun: Ist es möglich, etwas, das jemand anderer zufällig gelernt hat, schneller zu lernen, als es vergessen wird, entweder aufgrund eines schlechten Gedächtnisses oder weil derjenige, der etwas gelernt oder erfunden hat, stirbt?

Vielleicht kam dann eine Zeit, als bei irgendeiner Spezies die Geschwindigkeit des Lernens so zugenommen hatte, daß sie einen Punkt erreichte, an dem etwas völlig Neues passierte: Ein Tier konnte etwas lernen, es an andere weitergeben, und zwar schnell genug, daß es für die Spezies als Ganzes nicht verlorenging. So wurde eine Anhäufung von Gattungswissen möglich.

Man hat dies als Zeitbindung bezeichnet. Ich weiß nicht, wer diesen Begriff eingeführt hat. Jedenfalls haben wir hier einige solche Exemplare, die dasitzen und versuchen, eine Erfahrung mit einer anderen zu verknüpfen; jeder versucht, vom anderen zu lernen.

Dieses Phänomen, daß eine Gattung ein Gedächtnis für Dinge hat, die von Generation zu Generation weitergegeben werden, war etwas ganz Neues auf dieser Welt. Doch es krankte an etwas: Es war auch möglich, irrtümliche Ideen weiterzugeben. Es war möglich, Vorstellungen weiterzugeben, die für die Gattung nicht gerade nützlich waren. Die Gattung hat Ideen, die aber nicht unbedingt alle von Vorteil sind.

Es kam also eine Zeit, zu der die Ideen, auch wenn sie sehr langsam angesammelt wurden, nicht samt und sonders Ansammlungen von praktischem und nützlichem Wissen waren; vielmehr gab es auch ungeheure Anhäufungen von allen möglichen Vorurteilen und seltsamen, verrückten Glaubensvorstellungen.

Dann entdeckte man eine Möglichkeit, die Krankheit zu vermeiden. Nämlich zu bezweifeln, ob alles, was aus der Vergangenheit überliefert wird, wirklich wahr ist, und zu versuchen, *ab initio,* von Anfang an, und aus eigener Erfahrung zu lernen, wie die Dinge wirklich sind – und nicht so sehr der früheren Erfahrung in der Form, in der sie weitergegeben wird, zu trauen. Und das ist Wissenschaft: Das Ergebnis der Entdeckung, daß es der Mühe wert ist, alles durch erneute, unmittelbare Erfahrung nochmals zu überprüfen, und nicht unbedingt der Gattungserfahrung der Vergangenheit zu trauen. So sehe ich es. Das ist die beste Definition, die mir einfällt.

Um Sie ein wenig in Begeisterung zu versetzen, möchte ich Sie alle an Dinge erinnern, über die Sie sehr gut Bescheid wissen. In der Religion werden moralische Lektionen erteilt – und das nicht nur einmal. Vielmehr wird man immer wieder neu angespornt. Und ich glaube, es ist notwendig, sich immer wieder aufs neue anregen zu lassen und immer daran zu denken, wie wertvoll Wissenschaft für Kinder, Erwachsene, für alle ist – in verschiedener Hinsicht; nicht nur werden sie auf die Weise zu besseren Bürgern, die die Natur wirksamer unter Kontrolle bringen können und so. Es gibt auch noch anderes.

Beispielsweise den Wert einer von der Wissenschaft geprägten Weltsicht. Die Schönheit und die Wunder der Welt, die man mit Hilfe dieser neuen Erfahrungen entdeckt. Das heißt die Wunder der Art, von denen ich Ihnen gerade erzählt habe. Daß Dinge sich bewegen, weil die Sonne scheint: eine tiefgründige Vorstellung, wahrhaft merkwürdig und wundersam. (Allerdings bewegt sich nicht alles nur deswegen, weil die Sonne scheint. Die Erde dreht sich unabhängig davon, und seit kurzem wird auf der Erde bei

Kernreaktionen Energie erzeugt; das ist also eine neue Energiequelle. Wahrscheinlich werden Vulkane im allgemeinen von
einer anderen Energiequelle gespeist als vom Sonnenlicht.)

Hat man sich erst einmal mit den Naturwissenschaften befaßt,
sieht die Welt ganz anders aus. Beispielweise bestehen Bäume
hauptsächlich aus Luft. Verbrennt man sie, werden sie wieder zu
Luft, und in der flackernden Wärme wird die flammende Hitze
der Sonne wieder freigesetzt, die gebunden wurde, um Luft in
Bäume umzuwandeln; die Asche hingegen besteht aus den wenigen Überbleibseln der Bestandteile, die nicht aus der Luft, sondern aus dem Boden kamen.

Derlei ist einfach wunderschön – und die Naturwissenschaften
bieten eine Fülle solch wunderbarer Dinge. Sie sind wahrhaft
inspirierend, und mit ihrer Hilfe kann man auch andere begeistern.

Eine weitere Eigenschaft der Naturwissenschaft ist, sie macht
einem den Wert rationalen Denkens wie auch die Bedeutung der
Gedankenfreiheit klar; die positiven Ergebnisse sind eine Folge
des Zweifelns, ob alles, was gelehrt wird, auch wirklich stimmt.
Man muß hier – vor allem beim Unterrichten – zwischen Wissenschaft als solcher und der Form beziehungsweise den Verfahren,
derer man sich gelegentlich bedient, um zu wissenschaftlichen
Ergebnissen zu gelangen, unterscheiden. Nichts ist einfacher, als
zu sagen: »Wir schreiben, experimentieren und beobachten, tun
dies und jenes.« Die Form kann man exakt nachahmen. Doch
große Religionen verbreiten sich, indem ihre Anhänger sich zwar
an die Formen halten, sich aber nicht mehr an den wirklichen
Gehalt der Lehren der großen Religionsstifter erinnern. Auf die
gleiche Weise ist es möglich, die Form zu übernehmen und das
dann als Wissenschaft zu bezeichnen – während es doch nichts
weiter als Pseudowissenschaft ist. In dieser Hinsicht leiden wir alle
unter der Tyrannei der vielen Institutionen, die pseudowissen-
schaftlichen Beratern ausgeliefert sind.

Beispielsweise gibt es viele Untersuchungen zum Unterrichten, in denen die Leute Beobachtungen anstellen, Listen und Statistiken anfertigen, doch das macht diese Studien noch lange nicht zu Wissenschaft, zu allgemein anerkanntem und verbindlichem Wissen. Sie stellen lediglich eine Nachäffung von Wissenschaft dar – so wie die Südseeinsulaner Flugplätze anlegen und aus Holz Radartürme bauen und erwarten, daß jetzt ein großes Flugzeug kommt. Sie bauen sogar hölzerne Flugzeuge, die genauso aussehen wie diejenigen, die sie auf den Flugplätzen der Ausländer gesehen haben, aber merkwürdigerweise fliegen die nicht. Das Ergebnis solch wissenschaftlicher Nachahmung sind die Experten – und viele von Ihnen sind genau das: Experten. Vielleicht sollten Sie, die Lehrer, die wirklich Kinder unterrichten, die noch ganz am Anfang stehen, gelegentlich an den Experten zweifeln. Lernen Sie von der Wissenschaft, daß Sie den Experten mißtrauen *müssen*. Tatsache ist, ich kann Wissenschaft auch so definieren: Naturwissenschaft ist der Glaube an die Unwissenheit der Experten.

Wenn jemand sagt, die Wissenschaft lehre dies oder jenes, dann verwendet er das Wort nicht korrekt. Nicht die Wissenschaft, sondern die Erfahrung lehrt uns etwas. Wenn jemand erklärt, die Wissenschaft habe gezeigt, dies oder jenes sei so und so, könnten Sie fragen: »Wie zeigt Wissenschaft das – wie haben die Wissenschaftler das herausgefunden –, wie, was, wo?« Nicht Wissenschaft hat es gezeigt, sondern dieses Experiment, jene Auswirkung. Und Sie haben das gleiche Recht wie alle anderen, selber zu beurteilen, ob man zu einer wiederholbaren Schlußfolgerung gekommen ist, sobald Sie von einem Experiment hören (allerdings müssen wir das *gesamte* Beweismaterial in Betracht ziehen).

Auf einem Gebiet, das so kompliziert ist, daß wahre Wissenschaft noch nicht in der Lage ist, zu konkreten Ergebnissen zu gelangen, müssen wir uns auf eine Art altmodischer Weisheit verlassen, auf eine Art unzweideutiger Offenheit. Ich versuche, den

Grundstufenlehrern etwas Hoffnung zu machen, sie zu ermutigen, etwas mehr Vertrauen in den gesunden Menschenverstand und die natürliche Intelligenz zu haben. Die Experten, die Ihnen Richtlinien vorgeben, könnten sich irren.

Jetzt habe ich vermutlich das ganze System kaputtgemacht, und in Zukunft werden die Studenten, die ans Caltech kommen, nichts mehr taugen. Ich glaube, wir leben in einem unwissenschaftlichen Zeitalter, in dem fast all die Mitteilungen, Fernsehsendungen, Bücher und so weiter, mit denen wir überhäuft werden, unwissenschaftlich sind. Das soll nicht heißen, daß sie schlecht sind, aber sie sind unwissenschaftlich. Und die Folge dessen ist eine beträchtliche intellektuelle Tyrannei im Namen der Wissenschaft.

Abschließend möchte ich noch sagen, kein Mensch lebt jenseits des Grabes weiter. Jede Generation, die aufgrund eigener Erfahrung etwas herausfindet, muß diese Entdeckung weitergeben. Allerdings muß sie dies in einem behutsam ausgewogenen Verhältnis zwischen Respekt und Respektlosigkeit tun, damit die Gattung (jetzt, da sie die Krankheit kennt, für die sie anfällig ist) ihren jungen Menschen nicht allzu starr ihre Irrtümer aufzwingt, sondern angesammeltes Wissen zwar weitergibt, obendrein aber das Wissen, daß dies vielleicht kein Wissen ist.

Man muß den Kindern beibringen, etwas aus der Vergangenheit anzunehmen – oder zurückzuweisen, in einem harmonischen Gleichgewicht, das beträchtliches Geschick erfordert. Von allen Fächern bergen allein die Naturwissenschaften die Lehre in sich, wie gefährlich es ist, an die Unfehlbarkeit der größten Lehrer der vorangegangenen Generation zu glauben.

Machen Sie also weiter. Ich danke Ihnen.

Der klügste Mensch der Welt

Ein wunderbares Interview, das Feynman 1979 der Zeitschrift Omni
*gab. Hier erzählt Feynman von dem, womit er sich am besten auskennt
und was ihm am meisten Spaß macht, nämlich Physik – und von dem,
was er am wenigsten ausstehen kann: Philosophie. (»Die Philosophen
sollten lernen, über sich selber zu lachen.«) Und er spricht von der
Arbeit, die ihm den Nobelpreis einbrachte, der Quantenelektrodynamik (QED); schließlich wendet er sich der Kosmologie, den Quarks
und den vertrackten unendlichen Größen zu, die so viele Gleichungen
vermasseln.*

»Meines Erachtens ist diese Theorie einfach eine Art und
Weise, die Schwierigkeiten unter den Teppich zu kehren«, erklärte Richard Feynman. »Natürlich bin ich mir nicht sicher.« Das
klingt wie jene Art von Kritik, wenn auch höflich abgeschwächt,
die auf einer wissenschaftlichen Konferenz nach einem umstritte-
nen Vortrag beim Publikum laut wird. Doch Feynman stand auf
dem Podium und hielt seine Dankesrede als Nobelpreisträger.
Die Theorie, die er in Frage stellte, die Quantenelektrodynamik,
war vor kurzem als »die genaueste je entwickelte« bezeichnet
worden; ihre Voraussagen erwiesen sich regelmäßig mit einer
Wahrscheinlichkeit von eins zu einer Million als zutreffend. Als
Feynman, Julian Schwinger und Sin-Itiro Tomonaga in den vierzi-

ger Jahren unabhängig voneinander diese Theorie entwickelten, hatten ihre Kollegen sie überschwenglich als »Großreinemachen« – als die Lösung lange ungeklärter Probleme – und als eine umfassende und gründliche Verschmelzung der beiden großen physikalischen Ideen des 20. Jahrhunderts – der Relativitätstheorie und der Quantenmechanik – begrüßt.

Seine ganze berufliche Laufbahn hindurch vereinte Feynman in sich theoretische Brillanz und respektlose Skepsis. Nachdem er 1942 in Princeton bei John Wheeler promoviert hatte, wurde er für das Manhattan Project angeheuert. Dort in Los Alamos war er das fünfundzwanzig Jahre alte »Wunderkind«, das sich weder von den überragenden Geistesgrößen der Physik in seiner nächsten Umgebung (Niels Bohr, Enrico Fermi, Hans Bethe) noch von der Dringlichkeit dieses Projekts mit höchster Geheimhaltungsstufe einschüchtern ließ. Das Sicherheitspersonal nervte er durch die Leichtigkeit, mit der er Safes öffnete – indem er manchmal auf die kaum merklichen Drehungen des Verriegelungsmechanismus lauschte, manchmal aber auch einfach riet, welche physikalische Konstante der Safeinhaber sich wohl als Kombination ausgesucht hatte. (Seitdem hat Feynman sich nicht geändert; viele seiner Studenten am Caltech beherrschen die Kunst des Safeknackens ebenso gut wir ihre Physik.)

Nach dem Krieg arbeitete Feynman an der Cornell University. Dort war, wie er in dem Interview berichtet, Bethe der Katalysator für seine Ideen zur Lösung »des Problems der unendlichen Größen«. Die exakten Energieniveaus der Elektronen in Wasserstoffatomen sowie die Kräfte, die zwischen den Elektronen wirken (die sich so schnell bewegen, daß man relativistische Veränderungen berücksichtigen muß), waren bereits seit drei Jahrzehnten das Thema bahnbrechender Arbeiten. Jedes Elektron, so die Theorie, war von flüchtigen »virtuellen Teilchen« umgeben, die ihre Massenenergie aus dem Vakuum zogen; diese Teilchen zogen wiederum andere an – das Ergebnis war eine mathematische Kaskade, die für jedes Elektron eine unendliche Ladung voraussagte. Tomonaga hatte 1943 eine Möglichkeit gefunden, dieses Problem zu umgehen. Seine Vorstellungen wurden genau zu dem Zeitpunkt bekannt, als Feynman in Cornell und Schwinger in Harvard den gleichen entscheidenden Schritt vollzogen, und 1965 teilten die drei sich den Nobelpreis für Physik. Mittlerweile gehörten Feynmans mathematische Werkzeuge, die »Feynman-Integrale«, sowie die Diagramme, die er zum Aufspüren von Wechselwirkungen zwischen Elementarteilchen entwickelt hatte, bereits zum unerläßlichen Rüstzeug eines jeden theoretischen Physikers. Der Mathematiker Stanislaw Ulam, ebenfalls ein Los-Alamos-Veteran, bezeichnet die Feynman-Diagramme als »ein Zeichensystem, das die Gedanken in Richtungen vorantreiben kann, die sich als nützlich oder gar neu und von entscheidender Bedeutung erweisen könnten«. Die Vorstellung, Teilchen könnten sich möglicherweise in der Zeit rückwärts bewegen, ist beispielsweise ein Ergebnis dieser Schreibweise, das sich wie von selber ergab.

1950 wechselte Feynman ans Caltech in Pasadena. Sein Akzent ist nach wie vor unverkennbar der des verpflanzten New Yorkers. Dennoch ist Südkalifornien offenbar die Umgebung, die ihm von Natur aus behagt. Beispielsweise spielt in den »Feynman-Geschichten«, die seine Kollegen sich erzählen, seine Vorliebe für Las Vegas und das Nachtleben eine große Rolle. »Meine Frau wollte einfach nicht glauben, daß ich wirklich eine Einladung zu einem Vortrag annehmen würde, bei dem ich einen Smoking anziehen muß«, meint er. »Aber ein paarmal habe ich meine Meinung geändert.« Im Vorwort zu *The Feynman Lectures on Physics*, die seit ihrer Zusammenstellung und Veröffentlichung im Jahre 1963 an nahezu allen Colleges als Lehrbücher verwendet werden, sieht man ihn, wie er mit irrem Grinsen eine Conga bearbeitet. (Es heißt, auf den Bongos könne er mit der einen Hand zehn Schläge, mit der anderen elf ausführen; versuchen Sie das mal, dann kommen Sie möglicherweise zu dem Schluß: Quantenelektrodynamik ist leichter.)

Zu Feynmans weiteren Leistungen zählen sein Beitrag zum Verständnis der Phasenumwandlungen unterkühlten Heliums sowie seine Überlegungen zur Theorie der Betazerfalls von Atomkernen, die er zusammen mit seinem Kollegen Murray Gell-Mann* am Caltech ausarbeitete. Wie er betont, sind beide Probleme noch weit von einer endgültigen Lösung entfernt; er geht sogar so weit, die Quantenelektrodynamik als »Schwindel« zu bezeichnen, da sie wichtige logische Fragen offenlasse. Was für ein Mensch ist das, der derartige Leistungen vollbringt und sie gleichzeitig unnachgiebig bezweifelt? Lesen Sie weiter, dann sehen Sie es.

Omni: Für einen Außenstehenden scheint es das Ziel der Hochenergiephysik, die elementarsten Bestandteile von Materie zu entdecken. Und es sieht so aus, als ließe diese Suche sich bis zum Atom, dem »unteilbaren« Teilchen der Griechen, zurückverfolgen. Doch in den großen Beschleunigern erzeugen Sie Bruchstücke, die schwerer sind als die Teilchen, mit denen Sie angefangen haben, und es könnte sein, daß Quarks sich nicht weiter spalten lassen. Was würde das für diese Suche bedeuten?

Feynman: Ich glaube, eine Suche war das nie. Physiker versuchen herauszufinden, *wie die Natur sich verhält;* vielleicht reden sie so nebenbei und etwas gedankenlos von irgendwelchen »letzten«, nicht weiter spaltbaren Teilchen, einfach weil es zu einem gegebenen Zeitpunkt ganz danach aussieht, aber... Angenommen, irgendwelche Leute erforschen einen neuen Kontinent, O.K.? Sie sehen, dort fließt Wasser. Derlei haben sie schon anderswo

---

* Murray Gell-Mann (*1929) wurde 1969 für seine Beiträge und Entdeckungen auf dem Gebiet der Klassifizierung von Elementarteilchen und ihrer Wechselwirkungen mit dem Nobelpreis ausgezeichnet. 1954 führten Gell-Mann und G. Zweig das Konzept der Quarks ein (Anm. d. Hrsg.).

gesehen, und sie bezeichnen es als »Flüsse«. Also sagen sie sich, jetzt suchen wir weiter, bis wir das Quellgebiet dieser Flüsse finden; sie ziehen flußaufwärts, und alles läuft glatt, wunderbar. Aber siehe da, als sie weit genug vorgedrungen sind, stellen sie fest, das Ganze sieht völlig anders aus: Vor ihnen liegt ein riesiger See oder Quellen, oder der Fluß strömt im Kreis. Jetzt könnten Sie sagen: »Aha! Sie haben also versagt!« O nein, durchaus nicht! Der *eigentliche* Grund, weshalb sie hierherkamen, war doch, daß sie das Land erforschen wollten. Und wenn sich dann herausstellt, es gibt kein Quellgebiet, dann geraten sie möglicherweise ein wenig in Verlegenheit, wenn sie das erklären müssen. Aber das ist auch alles. Solange alles auf einen einheitlichen Bauplan hindeutet, daß nämlich in jedem Rad ein anderes, kleineres steckt und so fort, solange sucht man nach dem innersten Rad – doch es könnte auch ganz anders sein. Und in dem Fall sucht man irgendwas, eben das, was man – zum Teufel noch mal – findet!

Omni: Aber bestimmt haben Sie doch irgendwelche Vemutungen, was Sie dort finden; da müssen doch Berge und Täler und so weiter sein ...?

Feynman: Schon, aber was ist, wenn Sie dorthin kommen und nichts als Wolken finden? Man kann mit bestimmten Dingen rechnen, man kann irgendwelche Lehrsätze über die Topologie von Wasserscheiden aufstellen, aber was ist, wenn Sie dort nichts weiter finden als vielleicht eine Art Nebel, aus dem Dinge hervorquellen und sich zusammenballen, und es keine Möglichkeit gibt, das Land von der Luft zu unterscheiden? Die Vorstellung, von der Sie ausgegangen sind, hat sich in nichts aufgelöst! Das ist ja das Aufregende, das von Zeit zu Zeit passiert. Es ist anmaßend zu sagen: »Wir werden das ›letzte‹ Teilchen oder die einheitlichen Gesetze der Feldtheorie oder ›das‹ Irgendwas finden. Wenn etwas völlig Überraschendes herauskommt, freut der Wissenschaftler sich um so mehr. Wahrscheinlich glauben Sie, er sagt jetzt: »Oh – na ja, das ist eigentlich nicht so, wie ich es erwartet habe, es gibt kein letztes Teilchen. Also interessiert es mich nicht weiter«? O nein, das wird er nicht sagen, sondern: »Was, zum Teufel, *ist* denn das?«

Omni: Ihnen wäre es also lieber, wenn es so läuft?

Feynman: Eigentlich ist das völlig egal: Ich krieg' das raus, was eben rauskommt. Ebensowenig kann man immer voraussagen, ob es etwas Überraschendes sein wird. Vor ein paar Jahren war ich sehr skeptisch hinsichtlich der Eichung in den Feldtheorien*, teilweise weil ich eigentlich damit rechnete, daß die starken nuklearen Wechselwirkungen sich in höherem Maße von der Elektrodynamik unterscheiden, als es jetzt aussieht. Ich hatte mit Nebel gerechnet, aber nun hat es ganz den Anschein, als gäbe es hier doch Berge und Täler.

Omni: Werden physikalische Theorien weiterhin immer abstrakter und mathematischer werden? Wäre ein Theoretiker wie etwa Faraday Anfang des 19. Jahrhunderts heute vorstellbar, der mathematisch nicht besonders gebildet ist, dafür aber eine ungeheure Begabung für intuitive Einsichten besitzt?

Feynman: Ich würde sagen, das ist äußerst unwahrscheinlich. Erstens braucht man die Mathematik einfach, um zu verstehen, was bis jetzt erreicht worden ist. Außerdem ist das Verhalten subnuklearer Systeme – verglichen mit denen, die das menschliche Gehirn entwickelte – so seltsam und schwer zu erklären, daß die Analyse äußerst abstrakt sein *muß:* Um Eis zu verstehen, muß man Dinge verstehen, die völlig anders aussehen als Eis. Faradays Modelle waren mechanische – Federn und Drähte und gespannte Bänder im Raum –, und seine Vorstellungen leitete er aus grundlegender Geometrie her. Ich glaube, unter diesem Gesichtspunkt haben wir alles verstanden, was es zu verstehen gibt; was wir in die-

---

* Theorien in der Elementarteilchenphysik, die die verschiedenen Wechselwirkungen zwischen subatomaren Teilchen beschreiben (Anm. d. Hrsg.).

sem Jahrhundert herausgefunden haben, ist so verschieden und immer noch so unklar, daß man noch mehr Mathematik brauchen wird, um irgendwelche Fortschritte zu machen.

Omni: Grenzt dies nicht die Zahl der Leute ein, die etwas dazu beitragen oder auch nur verstehen können, worum es geht?

Feynman: Oder irgend jemand anderer entwickelt eine Art und Weise, über derlei Probleme nachzudenken, die sie leichter verständlich macht. Vielleicht bringt man das alles den Kindern einfach immer früher bei. Wissen Sie, es stimmt nicht, daß das, was man als abstruse, schwer verständliche Mathematik verschreit, wirklich so schwierig ist. Nehmen Sie nur so etwas wie das Programmieren von Computern und die durchdachte Logik, die man dazu braucht – die Art von Denken, von der Mama und Papa gesagt hätten, das ist nur was für Professoren. Na schön, mittlerweile gehört es mehr oder weniger bereits zum Alltag, man kann damit sogar seinen Lebensunterhalt verdienen; die Kinder werden neugierig, schnappen sich so einen Computer und stellen damit ganz verrückte, wunderbare Sachen an!

Omni: ... mitsamt Werbung für Programmierschulen auf jedem Streichholzheftchen!

Feynman: Richtig. Ich halte nichts von der Vorstellung, es gäbe da ein paar absonderliche Leute, die als einzige in der Lage seien, Mathematik zu verstehen, während der Rest der Welt normal sei. Mathematik ist eine Entdeckung des Menschen, und sie ist um nichts komplizierter als das, was Menschen zu begreifen imstande sind. Ich hatte mal ein Rechenbuch, und in dem stand: »Was ein Narr kann, bringt auch ein anderer fertig.« Was wir über die Natur herausfinden konnten, mag für jemanden, der das nicht studiert hat, abstrakt und bedrohlich wirken, doch Narren haben das zuwege gebracht, und in der nächsten Generation werden alle Narren es begreifen.

All das hat eine Neigung zum Bombastischen, damit es nur ja recht tiefgründig und bedeutungsschwer klingt. Mein Sohn macht gerade ein Seminar in Philosophie; gestern abend haben wir uns etwas von Spinoza angesehen – eine ausgesprochen kindische Art des Argumentierens! Da ging es um all diese Attribute und Substanzen, all dieses bedeutungslose Geschwafel. Wir mußten einfach lachen. Wie konnten wir das? Da haben wir diesen großen holländischen Philosophen – und wir lachen über ihn. Und das allein deshalb, weil es dafür keine Entschuldigung gibt! Zur gleichen Zeit lebte Newton, Harvey untersuchte den Blutkreislauf, es gab Leute, die Verfahren der Analyse beherrschten, mit deren Hilfe man Fortschritte erzielte! Man kann jede einzelne von Spinozas Behauptungen hernehmen und dann genau das Gegenteil behaupten und sich anschließend die Welt ansehen – und es ist unmöglich zu sagen, welche Behauptung nun zutrifft. Sicher, die Leute hatten Ehrfurcht vor ihm, weil er den Mut aufbrachte, all diese großen Fragen anzugehen, aber es bringt nichts, diesen Mut aufzubringen, wenn die Frage nirgendwohin führt.

Omni: In Ihren Briefen, die veröffentlicht wurden, werden einige Kommentare des Philosophen zur Wissenschaft erwähnt ...

Feynman: Nicht die Philosophie als solche regt mich auf, sondern die Wichtigtuerei, die Schwülstigkeit. Wenn die doch nur über sich *lachen* könnten! Wenn sie es nur fertigbrächten zu sagen: »Ich glaube, das verhält sich so, aber Leibniz dachte, es sei so, und das war auch nicht schlecht geraten.« Wenn sie zugeben würden, daß sie sich das alles so noch am ehesten erklären können ... Doch das tun nur ganz wenige; statt dessen packen sie die Gelegenheit beim Schopf, daß es möglicherweise kein letztes, endgültiges Elementarteilchen gibt, und erklären dir, du sollst zu arbeiten aufhören und lieber ernsthaft und tiefsinnig nachgrübeln. »Du hast das nicht gründlich genug durchdacht, ich werde dir erst einmal die Welt als solche erklären.« Nun, ich habe vor, sie zu erforschen, *ohne* sie zu definieren!

Omni: Woher wissen Sie, welches Problem die richtige Größenordnung hat, um es anzugehen?

Feynman: Auf der High-School hatte ich so eine Vorstellung, ich könnte die Bedeutung des Problems hernehmen und sie mit der Chance, es zu lösen, multiplizieren. Sie wissen ja, wie so ein technisch denkender Junge ist, der will alles gleich optimieren ... jedenfalls, wenn man die richtige Kombination zwischen diesen Faktoren hinkriegt, verbringt man sein Leben nicht damit, bei einem wirklich schwierigen Problem nicht weiterzukommen oder aber sich mit jeder Menge kleiner Probleme herumzuschlagen, die andere genausogut lösen könnten.

Omni: Nehmen wir einmal das Problem, für dessen Lösung Sie, Schwinger und Tomonaga mit dem Nobelpreis ausgezeichnet wurden. Drei unterschiedliche Ansätze: War das Problem einfach reif für eine Lösung?

Feynman: Nun, die Quantenelektrodynamik haben sich Ende der zwanziger Jahre Dirac und andere ausgedacht, gleich nach der Quantenmechanik selbst. Ihre Theorie war im wesentlichen richtig, aber als man daranging, Antworten zu berechnen, verrannte man sich in komplizierte Gleichungen, die nur sehr schwer zu lösen waren. Zwar gelang eine recht gute annähernde Lösung, doch als man versuchte, sie mittels bestimmter Korrekturen weiterzuentwickeln, tauchten plötzlich diese unendlichen Größen auf. Zwanzig Jahre lang wußten das alle: Es stand in jedem Buch zur Quantentheorie hinten drin.

Dann kamen die Ergebnisse der Experimente von Lamb* und Retherford** zu den Energieverschiebungen des Elektrons in Wasserstoffatomen. Bis dahin hatten die ungefähren Voraussagen

---

* Willis Lamb (*1913) erhielt für seine Entdeckungen zur Feinstruktur des Wasserstoffspektrums 1955 den Nobelpreis für Physik (Anm. d. Hrsg.).

** Robert C. Retherford, amerikanischer Physiker; 1947 zeigte er in Experimenten mit Willis Lamb die Energieseparation im Wasserstoff (Lamb shift) und trug so zur Entwicklung der Quantenelektrodynamik bei (Anm. d. Hrsg.).

ausgereicht, doch jetzt hatte man eine sehr präzise Zahl: 1060 Megahertz oder so. Und alle sagten: »Verdammt noch mal, das Problem muß einfach gelöst werden . . .« Allen war bewußt gewesen, es gab Schwierigkeiten mit der Theorie, aber jetzt hatte man diese ungeheuer genaue Zahl.

Hans Bethe nahm also diese Zahl und stellte einige Schätzungen an, wie man die Unendlichkeiten umgehen könnte, indem man diese Kraft von jener subtrahiert, so daß die Größen, die ansonsten dazu neigen, ins Unendliche zu gehen, gestoppt werden. Wahrscheinlich würden sie in dieser Größerordnung gebremst. Und er nannte eine Zahl von rund 1000 Megahertz. Ich kann mich noch gut erinnern, er hatte einen Haufen Leute zu einer Party bei sich zu Hause in Cornell eingeladen, aber dann mußte er plötzlich weg, zu einer Besprechung. Noch während der Party rief er an und sagte mir, er sei im Zug dahintergekommen. Als er zurückkam, hielt er einen Vortrag darüber und zeigte, wie dieses Abschneideverfahren die unendlichen Größen ausschaltet. Das Ganze war allerdings noch ziemlich vorläufig und verwirrend, und er meinte, es wäre gut, wenn jemand ihm zeigte, wie man das in Ordnung bringen könnte. Anschließend ging ich zu ihm und erklärte: »Das ist nicht weiter schwer, ich kann das erledigen.« Verstehen Sie, ich hatte mir schon vorher Gedanken darüber gemacht, als ich noch Student in einem der höheren Semester am MIT war. Sogar eine Antwort hatte ich mir damals zurechtgebastelt – die natürlich falsch war. Und jetzt traten Schwinger, Tomonaga und ich auf den Plan und entwickelten eine Methode, dieses Verfahren zu einer soliden Analyse zu machen – technisch, um die Lorentz-Invarianz während der ganzen Prozedur aufrechtzuerhalten. Tomonaga hatte bereits einen Vorschlag zur Diskussion gestellt, wie man das anstellen könnte, und gleichzeitig entwickelte Schwinger ein eigenes Verfahren.

Ich ging also zu Bethe und erklärte ihm, wie ich das machen wollte. Das Lustige war, ich hatte keine Ahnung, wie man auch nur die einfachsten Probleme auf diesem Gebiet löst – das hätte ich schon längst beherrschen müssen, aber ich war die ganze Zeit vollauf damit beschäftigt gewesen, mit meiner eigenen Theorie herumzuspielen –, also wußte ich nicht, wie ich es anstellen sollte herauszufinden, ob meine Methode funktionierte. Wir probierten sie schließlich an so einer Tafel gemeinsam aus. Und sie war falsch. Sogar noch schlimmer als zuvor. Ich ging nach Hause und dachte nach, zerbrach mir den Kopf, und kam zu dem Schluß, daß ich lernen mußte, Aufgaben zu lösen. Das tat ich auch, dann ging ich wieder zu Bethe, und wir probierten es erneut – und es funktionierte! Wir sind nie dahintergekommen, was beim ersten Mal danebengegangen war ... irgend so ein dummer Fehler.

Omni: Wie weit hat Sie das zurückgeworfen?

Feynman: Nicht sehr: einen Monat vielleicht. Aber es hat mir gutgetan, denn auf die Weise sah ich noch einmal alles durch, was ich bisher gemacht hatte, und war schließlich überzeugt, es mußte einfach funktionieren, die Diagramme, die ich erfunden hatte, um den Überblick zu bewahren, waren wirklich in Ordnung.

Omni: War Ihnen damals schon klar, daß man sie »Feynman-Diagramme« nennen und in Büchern abdrucken würde?

Feynman: Nein, niemals – doch, einmal, ganz kurz. Ich war schon im Schlafanzug und saß auf dem Boden. Um mich herum waren überall Blätter mit den lustigen Diagrammen verstreut, auf denen diese Kleckse mit den herausragenden Linien zu sehen waren. Ich sagte mir: Wäre es nicht spaßig, wenn diese Diagramme wirklich etwas bringen und andere Leute auf einmal damit arbeiten würden und die *Physical Review* alle diese komischen Bilder veröffentlichen müßte? Natürlich konnte ich das nicht voraussehen – erstens hatte ich keine Ahnung, wie viele von diesen Bildern in der *Physical Review* erscheinen würden, und zweitens kam ich nie auf die Idee, jemand könnte etwas damit anfangen – denn dann hätten sie ja nicht mehr so lustig ausgesehen ...

[An diesem Punkt wurde die Unterhaltung in Professor Feynmans Büro verlegt; dort verweigerte das Tonbandgerät den
Dienst. Das Kabel, der Schalter, der Kopf für »Aufnahme«, alles
war in Ordnung; schließlich schlug Feynman vor, die Tonband-
kassette herauszunehmen und wieder einzusetzen.]

Feynman: Bittesehr. Sehen Sie, man braucht nur ein wenig über
die Welt Bescheid zu wisssen. Und damit kennen Physiker sich
aus.

Omni: Das heißt, man muß das Ding auseinandernehmen und
wieder zusammensetzen?

Feynman: Richtig. Irgendwo ist da immer ein bißchen Staub
oder eine unendliche Größe oder irgendwas.

Omni: Da würde ich gerne nachhaken. In Ihren Vorlesungen
erklären Sie, mit unseren physikalischen Theorien könne man
recht gut verschiedenartige Klassen von Phänomenen vereinheit-
lichen, aber dann tauchen Röntgenstrahlen oder Mesonen oder
so etwas Ähnliches auf: »In allen Richtungen hängen stets viele
lose Fäden herunter.« Könnten Sie mir einige solche losen Enden
in der heutigen Physik nennen?

Feynman: Na ja, da sind zum Beispiel die Massen der Teilchen:
Die Eichungstheorie ergibt wunderschöne Muster für die Wechselwirkungen, aber nicht für die Massen. Wir müssen aber diese
unregelmäßige Zahlenfolge verstehen. Bei der starken nuklearen
Wechselwirkung haben wir die Theorie der verschiedenfarbigen*
Quarks und Elektronen sehr präzise und vollständig ausgearbeitet; allerdings ermöglicht sie nur sehr wenige handfeste Voraussagen. Es ist vom Technischen her äußerst schwierig, die Theorie

---

* »Farbe« ist in Wirklichkeit ein Name, den die Physiker einer bestimmten Eigenschaft der Quarks und Gluonen gaben – sie sind nicht wirklich farbig, doch mangels einer besseren Bezeichnung für eine
neuartige Eigenschaft von Elementarteilchen hat man sich dafür entschieden.

wirklich streng zu überprüfen, und das ist eine Herausforderung. Ich bin zutiefst überzeugt, das ist eines dieser losen Enden; zwar gibt es nichts, das gegen die Theorie spricht, doch es ist ziemlich unwahrscheinlich, daß wir irgendwelche Fortschritte machen, solange es uns nicht gelingt, eindeutige Voraussagen anhand eindeutiger Zahlen zu überprüfen.

Omni: Was ist mit der Kosmologie? Beispielsweise mit Diracs Andeutung, die grundlegenden Konstanten könnten sich möglicherweise im Lauf der Zeit ändern, oder der Vorstellung, die Naturgesetze hätten zur Zeit des Big Bang ganz anders ausgesehen?

Feynman: Das würde eine Menge Fragen aufwerfen. Bislang hat die Physik immer versucht, Gesetzmäßigkeiten und Konstanten herauszufinden, ohne zu fragen, woher sie kommen. Doch möglicherweise nähern wir uns dem Punkt, an dem wir uns schließlich gezwungen sehen, auch die geschichtliche Entwicklung in Betracht zu ziehen.

Omni: Haben Sie irgendwelche Vermutungen in der Hinsicht?

Feynman: Nein.

Omni: Überhaupt keine? Keine Tendenz in irgendeiner Richtung?

Feynman: Nein, wirklich nicht. So bin ich in fast allem. Vorhin haben Sie mich nicht gefragt, ob es meiner Ansicht nach ein grundlegendes, letztes Teilchen gibt oder ob alles nur Nebel ist; ich hätte Ihnen geanwortet, daß ich nicht den leisesten Schimmer habe. Nun, um intensiv an etwas zu arbeiten, muß man sich selbst dazu bringen zu glauben, daß die Antwort da drüben liegt; also fängt man dort an zu graben, stimmt's? Vorübergehend hat man also eine vorgefaßte Meinung, geht von bestimmten Annahmen aus – aber die ganze Zeit über lacht man insgeheim. Vergessen Sie alles, was Sie über objektive Wissenschaft gehört haben. Jetzt, in diesem Interview, während wir uns über den Big Bang unterhalten, habe ich keinerlei vorgefaßte Meinung – wenn ich jedoch arbeite, dann habe ich jede Menge Vorurteile.

Omni: Vorurteile in welcher Richtung ... Vorlieben wofür? Symmetrie, Einfachheit ...?

Feynman: Das hängt ganz davon ab, wie ich an dem Tag gerade gelaunt bin. An einem Tag bin ich überzeugt, es gäbe eine bestimmte Art von Symmetrie, an die alle Leute glauben, und am nächsten Tag versuche ich rauszukriegen, was für Folgen es hat, wenn das nicht so ist. Und dann werden alle fuchsteufelswild. Aber genau das ist das Ungewöhnliche an guten Wissenschaftlern: Solange sie sich mit etwas beschäftigen, egal, mit was, sind sie sich ihrer nicht so sicher wie die anderen normalerweise. Sie können mit ständigen Zweifeln leben, immer denken: »Vielleicht ist es so«, und sich entsprechend verhalten; dabei wissen sie die ganze Zeit, es ist nur ein »Vielleicht«. Viele Leute finden das schwierig; sie glauben, es sei ein Zeichen für Losgelöstheit und Gleichgültigkeit. Es ist keine Gleichgültigkeit oder gar Kälte! Es ist ein weit tieferes, anteilnehmenderes Verständnis; es bedeutet: Könnte ja sein, daß du irgendwo gräbst, wo du vorübergehend glaubst, die Antwort zu finden; und plötzlich kommt jemand daher und erklärt: »Hast du gesehen, auf was die da drüben gestoßen sind?« Und du schaust auf und sagst: *»Herrje! Ich grabe ja an der falschen Stelle!«* Das passiert laufend.

Omni: Noch etwas passiert in der heutigen Physik offenbar ziemlich häufig: Die Entdeckung irgendwelcher Anwendungsmöglichkeiten in Bereichen der Mathematik, die vorher als »reine« Wissenschaft galten, etwa Matrixalgebra oder Gruppentheorie. Sind Physiker jetzt aufgeschlossener als früher? Ist die zeitliche Verzögerung geringer?

Feynman: Es hat nie so etwas wie eine Verzögerung gegeben. Nehmen Sie nur die Quaternionen von Hamilton*: Den Großteil

---

* Der irische Mathematiker Sir William Rowan Hamilton (1805–1865) erfand die Quaternionen, eine alternative Theorie zur Tensor- und Vektoranalysis (Anm. d. Hrsg.).

dieses ungeheuer aussagekräftigen mathematischen Systems ließen die Physiker unter den Tisch fallen und behielten nur den Teil bei – den mathematisch belanglosesten –, der zur Vektoranalysis wurde. Doch als man die ganze Aussagekraft der Quaternionen für die Quantenmechanik brauchte, hat Pauli* das System auf der Stelle in anderer Form neu erfunden. Sie können jetzt zurückblicken und sagen, Paulis Spinmatrizen und -operatoren seien nichts anderes gewesen als Hamiltons Quaternionen ... aber selbst wenn Physiker neunzig Jahre lang das System im Kopf behalten hätten, mehr als ein paar Wochen hätte das nicht ausgemacht.

Nehmen wir mal an, Sie leiden an einer Krankheit, Granulomatose oder was auch immer. Sie schlagen das also in einem medizinischen Lexikon nach. Könnte sehr wohl passieren, daß Sie anschließend besser darüber Bescheid wissen als Ihr Arzt, obwohl der so lange Medizin studiert hat ... verstehen Sie? Es ist viel einfacher, etwas über einen speziellen, eingegrenzten Gegenstand zu lernen als über einen ganzen Fachbereich. Die Mathematiker forschen in allen Richtungen, und es geht einfach schneller, wenn ein Physiker nur das herausgreift, was er brauchen kann, viel schneller, als wenn er versucht, mit allem Schritt zu halten, das möglicherweise irgendwie von Nutzen sein könnte. Das Problem, das ich bereits erwähnt habe, die Schwierigkeiten mit den Gleichungen in den Quark-Theorien – das sind Probleme der Physiker, und wir werden sie auch lösen. Und dabei werden wir vielleicht zeitweise zu Mathematikern. Es ist etwas Wundervolles und etwas, das ich nicht so recht verstehe: Die Mathematiker haben Gruppen und so weiter untersucht, noch ehe sie in der Physik auftauchten – doch in Hinblick auf die Geschwindig-

---

* Wolfgang Pauli (1900–1958) erhielt für seine Entdeckung des Ausschließungs- oder Eindeutigkeitprinzips 1945 den Nobelpreis für Physik (Anm. d. Hrsg.).

keit des Fortschritts in der Physik ist das, glaube ich, überhaupt nicht wichtig.

Omni: Noch eine Frage zu Ihren Vorlesungen: Darin behaupten Sie, die nächste große Epoche eines Erwachens des menschlichen Verstandes könnte sehr wohl eine Methode hervorbringen, um den *qualitativen* Gehalt von Gleichungen zu verstehen. Was wollen Sie damit zum Ausdruck bringen?

Feynman: In dieser Passage ging es um die Schrödinger-Gleichung*. Also, von dieser Gleichung können Sie zu in Molekülen gebundenen Atomen kommen, zu chemischen Valenzen – wenn Sie sich jedoch die Gleichung anschauen, sehen Sie nichts von der unendlichen Vielfalt der Phänomene, die die Chemiker sehr wohl kennen; oder die Vorstellung, Quarks seien für immer gebunden, so daß man nirgendwo ein freies Quark findet – vielleicht finden Sie eines, vielleicht nicht. Der springende Punkt ist jedoch, wenn Sie sich die Gleichungen ansehen, die angeblich das Verhalten von Quarks beschreiben, dann leuchtet Ihnen nicht ein, warum das so sein soll. Schauen Sie sich mal die Gleichungen für das Verhalten der Atom- und Molekularkräfte in Wasser an – Sie werden bestimmt nicht sehen, wie das Wasser sich verhält; irgendwelche Turbulenzen sehen Sie einfach nicht.

Omni: Und dann stecken Leute mit Fragen zu den Turbulenzen in der Klemme – die Meteorologen, die Ozeanographen, die Geologen und die Flugzeugbauer, stimmt's?

Feynman: Völlig richtig. Und einer dieser Leute, die in der Klemme stecken, könnte sich so darüber ärgern, daß er es auf eigene Faust rauskriegt, und dann betreibt er Physik. Bei Tur-

---

* Erwin Schrödinger (1887–1961) wurde zusammen mit P.A.M. Dirac 1933 für die Entdeckung neuer, fruchtbarer Formulierungen der Atomtheorie mit dem Nobelpreis für Physik ausgezeichnet (Anm. d. Hrsg.).

bulenzen ist das Problem nicht eine physikalische Theorie, die lediglich einfache Fragen lösen kann – wir können *gar keine* klären. Denn wir haben keine wirklich gute grundlegende Theorie.

Omni: Vielleicht liegt es an der Art, wie Lehrbücher verfaßt sind, aber offenbar ist nur wenigen Leuten, die nicht unmittelbar etwas mit Naturwissenschaften zu tun haben, klar, wie ungeheuer schnell wirklich komplizierte physikalische Probleme sich verselbständigen, sobald es um die Theorie geht.

Feynman: Das ist ein Zeichen für eine sehr schlechte Ausbildung. Wenn man in und mit der Physik älter wird, lernt man eines: Wir können nur einen sehr kleinen Bruchteil dessen klären, was da ist. Unsere Theorien sind wirklich sehr begrenzt.

Omni: Sind Physiker in unterschiedlichem Maße befähigt, die qualitativen Konsequenzen einer Gleichung zu überblicken?

Feynman: O ja – aber das beherrscht eigentlich niemand besonders gut. Dirac meinte, ein physikalisches Problem *zu verstehen* bedeute, die Antwort zu finden, ohne Gleichungen zu lösen. Möglicherweise hat er da ein bißchen übertrieben: Vielleicht verschafft man sich durch das Lösen von Gleichungen die Erfahrung, die für ein Verständnis notwendig ist – doch bis man versteht, muß man eben Gleichungen lösen.

Omni: Wie können Sie als Lehrer diese Fähigkeit fördern?

Feynman: Das weiß ich nicht. Es ist mir schlicht nicht möglich zu beurteilen, bis zu welchen Grad ich meinen Studenten wirklich etwas vermittle.

Omni: Wird eines Tages ein Wissenschaftshistoriker Ihren Einfluß auf die berufliche Laufbahn Ihrer Studenten nachzeichnen, so wie andere es bei den Schülern von Ernest Rutherford und Niels Bohr und Enrico Fermi getan haben?

Feynman: Das bezweifle ich. Meine Studenten enttäuschen mich immer wieder. Ich bin nicht der Typ von Lehrer, der genau weiß, was er tut.

Omni: Sie können aber Einflüsse in der anderen Richtung aufzeigen, beispielsweise den Einfluß, den Hans Bethe oder John Wheeler auf Sie ausübte ...?

Feynman: Sicher. Aber ich weiß nicht, wie das bei *mir* aussieht. Vielleicht ist das einfach in meinem Wesen begründet: Ich weiß es nicht. Ich bin kein Psychologe oder Soziologe, ich weiß nicht, wie man es anstellt, Leute zu verstehen – und das gilt auch für mich selber. Sie fragen, wie kann dieser Kerl überhaupt unterrichten, was treibt ihn dazu, wenn er nicht weiß, was er tut? Ehrlich gesagt, ich liebe es zu unterrichten. Es macht Spaß, mir neue Möglichkeiten auszudenken, die Dinge zu betrachten, während ich sie erkläre, sie verständlicher zu machen – aber vielleicht mache ich sie ja gar nicht klarer. Vielleicht dient das alles nur meinem ureigenen Vergnügen und Zeitvertreib.

Ich habe gelernt, ohne Wissen zu leben. Ich bin nicht auf Erfolg aus. Und was ich vorhin über die Wissenschaft gesagt habe – ich glaube, mein Leben ist erfüllter, weil ich mir darüber im klaren bin, daß ich nicht weiß, was ich tue. Mich begeistert einfach die Unermeßlichkeit dieser Welt!

Omni: Als wir vorhin in Ihr Büro zurückgingen, sind Sie stehengeblieben, um sich über eine Vorlesung zum Farbensehen zu unterhalten. Ziemlich abseitig in Hinblick auf die Grundlagenphysik, finden Sie nicht? Würde ein Physiologe da nicht sagen, Sie »wildern in fremdem Revier«?

Feynman: Physiologie? Muß das unbedingt Physiologie sein? Hören Sie, geben Sie mir ein bißchen Zeit, und ich halte eine Vorlesung über alles mögliche in Physiologie. Es wäre mir ein Vergnügen, das zu studieren und alles darüber zu erfahren, denn ich kann Ihnen *garantieren,* es wäre ungemein interessant. Ich weiß nichts, aber eines weiß ich: *Alles ist interessant,* wenn man sich wirklich eingehend damit befaßt.

Mein Sohn ist genauso, der hat viel mehr Interessen als ich in seinem Alter. Er interessiert sich für Magie, für das Programmieren von Computern, für die Frühgeschichte der Kirche, für Topo-

logie – herrje, der wird noch ganz schön in Schwierigkeiten geraten, weil es so viele interessante Dinge gibt. Wir setzen uns gern
zusammen hin und reden darüber, wie sehr und wie oft sich das,
was bei einem Unternehmen rauskommt, von dem unterscheidet,
was man sich davon erwartet hat; nehmen Sie nur die Landungen
der *Viking* auf dem Mars. Wir haben versucht, uns zu überlegen,
wie viele Möglichkeiten, dort zu leben, es wohl geben könnte,
die sie mit dieser Ausrüstung gar nicht entdecken *konnten*.
O ja, er ist mir sehr ähnlich, zumindest habe ich also die Vorstellung, daß alles interessant ist, wenigstens an einen Menschen
weitergegeben.

Natürlich weiß ich auch nicht, ob das gut ist oder nicht ... Verstehen Sie?

Cargo-Kult-Wissenschaft: Einige Bemerkungen zu Wissenschaft, Pseudowissenschaft und wie man lernt, sich selber nichts vorzumachen

Abschlußrede am Caltech im Jahre 1974

Frage: *Was haben Medizinmänner, außersinnliche Wahrnehmung, Südseeinsulaner, Rhinozeroshörner und Wesson-Öl mit einem Studienabschluß zu tun?*
Antwort: *Es sind alles Beispiele, die Feynman listig nutzt, um die Absolventen davon zu überzeugen, Ehrlichkeit in der Wissenschaft bringe mehr als aller Ruhm und alle kurzfristigen Erfolge der Welt. In dieser Rede an die Caltech-Absolventen des Jahres 1974 erteilt Feynman den scheidenden Studenten noch eine Lektion, wie man – trotz Gruppendruck und ungnädiger Förderausschüsse – seine wissenschaftliche Integrität wahrt.*

Im Mittelalter hegte man allerlei absonderliche Ideen; beispielsweise glaubte man, ein Stück vom Horn eines Rhinozeros wirke potenzsteigernd. (Noch so eine verrückte Sache, die aus dem Mittelalter stammt, sind die Hüte, die wir heute aufhaben – der meine sitzt mir ziemlich wacklig auf dem Kopf.) Dann entdeckte man eine Methode zur Unterscheidung der verschiedenen Vorstellungen – man probierte einfach aus, ob sie funktionierten; falls nicht, wurden sie *ad acta* gelegt. Dieses Verfahren wurde natürlich systematisch zur Wissenschaft ausgebaut. Diese entwickelte sich so prächtig, daß wir nun im wissenschaftlichen Zeitalter leben. In einem derart wissenschaftlichen Zeitalter sogar, daß es uns schwerfällt zu verstehen, wie es überhaupt je Medizinmänner und Wunderheiler geben konnte, wenn doch nichts – oder kaum etwas – von dem, was sie rieten, wirklich half.

Doch selbst heute noch begegne ich jeder Menge Leute, die mich früher oder später in ein Gespräch über UFOs oder Astrologie, oder irgendeine Art Mystizismus, erweitertes Bewußtsein, neue Formen der Bewußtheit, außersinnliche Wahrnehmung und so weiter verwickeln. Und so bin ich denn zu dem Schluß gekommen: Dies ist keineswegs eine wissenschaftliche Welt.

Die meisten Leute glauben an so viel Wundersames, daß ich beschloß zu untersuchen, warum sie das tun. Und das, was man als meine Neugier oder Wißbegierde bezeichnet, brachte mich in eine ausgesprochen knifflige Situation, da ich auf solche Unmengen Blödsinn stieß, daß ich darüber viel mehr erzählen könnte, als in diesem Vortrag möglich ist. Es ist überwältigend. Als erstes befaßte ich mich mit verschiedenen Formen von Mystizismus und mystischen Erfahrungen. Ich stieg in Isolationstanks (da drinnen ist es dunkel und still, und man treibt in einer Lösung aus Bittersalz dahin) – stundenlang hatte ich Halluzinationen, ich kann da also durchaus mitreden. Dann fuhr ich nach Esalen, einer Brutstätte für derartige Vorstellungen (es ist wunderschön dort; Sie sollten gelegentlich mal hinfahren). Und jetzt war ich wirklich erschüttert. Ich hatte ja keine Ahnung gehabt, *was* es alles gibt.

Ich ging zum Beispiel in ein Thermalbad, und dort sah ich einen jungen Mann und ein Mädchen. Er sagt zu ihr: »Ich lerne gerade Massieren – darf ich ein bißchen an dir üben?« Sie stimmt zu, steht auf, geht zu einer Bank, und er fängt mit ihrem Fuß an – bearbeitet ihren großen Zeh, wackelt damit hin und her. Dann dreht er sich zu einer Frau um, offenbar seine Lehrerin, und fragt: »Ich spüre da so eine Art kleine Beule. Ist das die Hypophyse?« Sie antwortet: »Nein, das fühlt sich anders an.« Jetzt mische ich mich ein: »Sie sind noch verdammt weit weg von der Hypophyse, Mann.« Beide schauen mich an – ich habe meine Deckung auffliegen lassen, verstehen Sie –, und sie erklärt: »Das ist eine Reflexzonenmassage.« Also machte ich die Augen zu und tat so, als meditierte ich.

Das ist nur ein Beispiel für die Art von Dingen, die mich schier sprachlos machen. Auch mit außersinnlicher Wahrnehmung und PSI-Phänomenen beschäftigte ich mich; damals war gerade Uri Geller der letzte Schrei, ein Mann, der angeblich Schlüssel verbiegen konnte, indem er mit dem Finger darüberrieb. Auf seine Einladung hin besuchte ich ihn zu einer Vorführung von Gedankenlesen und Schlüsselverbiegen in seinem Hotelzimmer. Das Gedankenlesen klappte schon mal nicht – ich vermute, meine Gedanken kann kein Mensch lesen. Dann hielt mein kleiner Sohn ihm einen Schlüssel hin; Geller strich mit dem Finger darüber, aber nichts passierte. Daraufhin erklärte er uns, unter Wasser funktioniere das Ganze besser. Sie können sich nun also ausmalen, wie wir alle im Badezimmer standen; der Wasserhahn war aufgedreht, und Geller hielt den Schlüssel darunter und rieb ihn mit dem Finger. Nichts. Ich hatte daher keine Gelegenheit, dieses Phänomen zu untersuchen.

Doch dann begann ich zu überlegen, was es sonst noch alles gibt, woran wir glauben. (Damals fielen mir die Wunderheiler ein, und wie leicht es gewesen wäre, sie bloßzustellen, hätte man sich – und den anderen – nur klargemacht, daß nichts wirklich half.) Und da stieß ich auf Dinge, an die noch mehr Leute glauben, etwa daß wir wissen, wie man Kinder erzieht. Es gibt große Schulen für bestimmte Methoden, lesen oder rechnen zu lernen und so weiter, doch wenn man genau hinsieht, merkt man, die Noten im Lesen werden immer schlechter – oder zumindest kaum besser –, obwohl die immer gleichen Leute fortwährend versuchen, die Methoden zu verbessern. Das ist so ein Wunderheilmittel, das nicht funktioniert. Man sollte es genauer untersuchen; woher wollen die wissen, daß ihre Methode etwas bringt? Ein anderes Beispiel ist der Umgang mit Kriminellen. Wir haben ganz offensichtlich keinerlei Fortschritte gemacht – zwar jede Menge Theorien entwickelt, jedoch keinerlei Fortschritte erzielt: Die Art und Weise, wie wir Straftäter behandeln, ließ die Verbrechensrate keineswegs abnehmen.

Und doch bezeichnet man derlei als wissenschaftlich. Wir untersuchen diese Methoden. Und ich glaube, ganz normale Leute mit eigentlich recht vernünftigen Vorstellungen lassen sich von dieser Pseudowissenschaft einschüchtern. Eine Lehrerin, die ein recht gutes Gespür dafür hat, wie sie ihren Schülern das Lesen beibringen könnte, wird vom Schulsystem gezwungen, es auf andere Art und Weise zu versuchen – oder läßt sich sogar einreden, ihre Methode sei nicht unbedingt geeignet. Oder eine Mutter bestraft ihren Jungen, weil er etwas angestellt hat, und fühlt sich dann ihr Leben lang schuldig, weil sie »etwas falsch« gemacht hat – zumindest laut den Experten.

Wir sollten uns also wirklich die Theorien, die nichts bringen, und Wissenschaften, die keine Wisenschaften sind, einmal genauer ansehen.

Ich habe versucht, eine Grundregel aufzustellen, um mehr solche Dinge aufzuspüren, und zwar habe ich folgendes System entwickelt: Jedesmal wenn Sie auf einer Cocktailparty in ein Gespräch vertieft sind, bei dem Ihnen durchaus nicht unbehaglich zumute ist, kommt höchstwahrscheinlich die Gastgeberin auf Sie zu und fragt: »Müßt ihr denn immer fachsimpeln?«, oder Ihre Frau schlendert vorbei und flüstert vorwurfsvoll: »Warum flirtest du denn schon wieder?« – und dann können Sie sicher sein, daß Sie sich über etwas unterhalten haben, von dem kein Mensch auch nur die geringste Ahnung hat.

Mit dieser Methode entdeckte ich noch mehr solche Dinge, die ich bislang übersehen hatte – darunter die Wirksamkeit verschiedener Spielarten der Psychotherapie. Ich fing also an, die Bibliothek zu durchforsten und so weiter, und nun habe ich Ihnen so viel zu erzählen, daß ich das alles gar nicht schaffe. Daher muß ich mich auf ein paar kleine Beispiele beschränken. Ich werde mich auf solche Dinge konzentrieren, an die ziemlich viele Leute glauben. Vielleicht halte ich nächstes Jahr eine Reihe von Vorträgen über alle diese Themen. Das wird ganz schön viel Zeit in Anspruch nehmen.

Die pädagogischen und psychologischen Untersuchungen, die ich erwähnt habe, sind, meine ich, Beispiele für das, was ich gern als Cargo-Cult-Wissenschaft bezeichne. In der Südsee gibt es ein Volk, das einen Cargo-Kult praktiziert. Während des Krieges haben sie gesehen, wie Flugzeuge mit jeder Menge guter Sachen landeten; nun möchten sie natürlich, das das gleiche wieder passiert. Also haben sie so etwas Ähnliches wie Landebahnen angelegt und neben ihnen Signalfeuer angezündet; eine Hütte aus Holz haben sie auch gebaut, und in der sitzt ein Mann, der auf dem Kopf zwei so Dinger aus Holz hat, die wie ein Kopfhörer aussehen und von denen zwei Bambusstöcke wie Antennen abstehen – das ist der Flugkontrolleur. Und jetzt warten sie darauf, daß ein Flugzeug landet. Sie machen alles richtig. Der Form nach einwandfrei. Alles sieht genauso aus wie damals. Aber es haut nicht hin. Nicht ein Flugzeug landet. Daher bezeichne ich derlei als Cargo-Kult-Wissenschaft, da sie allem Anschein nach alle Regeln befolgen und sich an die Form wissenschaftlicher Untersuchungen halten, doch irgend etwas Wesentliches übersehen, denn es landen einfach keine Flugzeuge.

Nun müßte ich Ihnen natürlich erklären, was sie falsch machen, doch das wäre ungefähr genauso schwierig, als wollte ich den Südseeinsulanern erklären, wie sie es anstellen müssen, um es zu ein bißchen Wohlstand zu bringen. Denn dazu bedarf es mehr, als etwa anders geformte Kopfhörer zu bauen. Es gibt etwas sehr Wesentliches, das, so habe ich festgestellt, bei allen Cargo-Kult-Wissenschaften fehlt. Und zwar handelt es sich dabei um die Vorstellung, die Sie hoffenlich während des Studiums an unserer Universität mitbekommen haben – zwar haben wir nie ausdrücklich gesagt, was es ist, sondern lediglich gehofft, Sie würden es durch all die Beispiele für wissenschaftliche Untersuchungen irgendwie mitkriegen. Es ist daher recht interessant, es nun ausdrücklich zur Sprache zu bringen und zu benennen. Es geht um eine Art wissenschaftliche Integrität, ein Prinzip wissenschaftlichen Denkens, das in etwa völliger Ehrlichkeit entspricht – etwas, um das man sich mit aller Kraft bemühen sollte. Wenn Sie beispielsweise ein Experiment durchführen, sollten Sie alles dokumentieren, was möglicherweise gegen seine Richtigkeit spricht – und nicht nur das, was Ihrer Ansicht nach dafür spricht: andere Ursachen, die Ihre Ergebnisse erklären könnten; irgend etwas, das Sie durch ein anderes Experiment ausgeschaltet haben und wie das abgelaufen sein könnte – um sicherzugehen, daß jeder weiß, daß es ausgeschaltet wurde.

Einzelheiten, die Zweifel an Ihrer Interpretation wecken könnten, müssen Sie, falls Sie davon wissen, erwähnen. Und sobald Sie vermuten, irgend etwas stimme nicht, stimme möglicherweise nicht, müssen Sie alles daransetzen, um es zu erklären. Wenn Sie beispielsweise eine Theorie aufstellen und bekanntmachen oder veröffentlichen, müssen Sie auch alle Fakten erwähnen, die nicht dazu passen, nicht nur diejenigen, die damit übereinstimmen. Dazu kommt noch ein ziemlich heikles Problem. Wenn Sie lange gründlich nachgedacht haben, um eine sorgfältig ausgearbeitete Theorie aufzustellen, wollen Sie ja schließlich bei der Erklärung, worauf sie zutrifft, sichergehen, daß sie nicht nur für das gilt, was Sie auf die Idee zu der Theorie gebracht hat, sondern daß die abgeschlossene Theorie noch zu weiteren Ergebnissen führt.

Kurz gesagt, es geht darum, möglichst *alle* Informationen mitzuteilen, um anderen die Einschätzung des Werts Ihres Beitrags zu erleichtern, und nicht nur das offenzulegen, was eine Beurteilung in der einen oder anderen Richtung ermöglicht.

Am besten läßt sich dies anhand des Gegenbeispiels Werbung veranschaulichen. Gestern abend hörte ich, Wesson-Öl werde von Speisen nicht aufgesogen. Nun, das stimmt. Es ist nicht gelogen; doch es geht ja nicht nur darum, nicht zu lügen, sondern um wissenschaftliche Aufrichtigkeit, und das liegt auf einer völlig anderen Ebene. Man sollte in dem Fall nämlich den Werbespruch dahingehend ergänzen, daß *kein* Öl in Speisen einzieht, wenn man sie bei einer bestimmten Temperatur zubereitet. Bei größerer Wärmezufuhr dringt *jedes* Öl in die Nahrungsmittel ein – auch das von Wesson. Folglich wurde nur die – stillschweigende – Folgerung verkündet, die allerdings zutrifft, und nicht die ganze Wahrheit. Und genau um diesen Unterschied geht es in unserem Fall.

Die Erfahrung lehrt uns, letztlich kommt immer die Wahrheit ans Licht. Andere werden Ihr Experiment wiederholen und feststellen, ob Sie recht hatten oder nicht. Entweder stimmen die Naturphänomene zu Ihrer Theorie, oder aber sie widersprechen ihr. Gut möglich, daß Sie vorübergehend berühmt werden und Aufsehen erregen, doch wenn Sie bei Ihrer Arbeit nicht mit äußerster Sorgfalt vorgehen, erwerben Sie sich nie einen guten Ruf als Wissenschaftler. Und an genau dieser Integrität, dieser Vorsicht, möglichst sich selber nichts vorzumachen, mangelt es den Forschungen der Cargo-Kult-Wissenschaften weitgehend.

Ein Großteil ihrer Schwierigkeiten beruht natürlich auf den Fragestellungen und der Tatsache, daß wissenschaftliche Methoden sich nicht auf diese anwenden lassen. Dennoch bleibt festzuhalten, daß dies nicht die einzige Schwierigkeit ist. Es ist der Grund, *weshalb* keine Flugzeuge landen – doch fest steht erst einmal, *daß* keine landen.

Vor allem aus Erfahrung haben wir gelernt, wie man einige Möglichkeiten, sich selber zum Narren zu halten, umgeht. Ein Beispiel: Millikan maß die Ladung eines Elektrons mittels tropfenden Öls; wie wir wissen, stimmt das Ergebnis nicht so ganz. Es liegt ein bißchen daneben, da er einen falschen Wert für die Dichte der Luft angesetzt hat. Nun ist es recht interessant, sich einmal anzusehen, wie die Geschichte der Messung der Elektronenladung nach Millikan weiterging. Berechnet man sie als eine Funktion der Zeit, erhält man einen etwas höheren Wert als Millikan; der nächste liegt dann wieder ein wenig höher, der nächste ebenfalls, bis man schließlich bei einer insgesamt höheren Zahl anlangt.

Warum hat man nicht gleich gemerkt, daß der zutreffende Wert höher liegt? Das ist eine Geschichte, der sich die Wissenschaftler heute schämen – da die Leute ganz offensichtlich ein wenig schwindelten, etwa so: Ergab sich eine Zahl, die zu weit über dem von Millikan berechneten Wert lag, glaubten sie, irgend etwas sei nicht in Ordnung – und dann suchten und fanden sie einen Grund, weshalb irgend etwas nicht stimmen konnte. Erhielten sie hingegen eine Zahl näher bei der Millikans, sahen sie einfach nicht so genau hin. Die Zahlen, die zu weit danebenlagen, ließen sie also einfach unter den Tisch fallen und ähnliche Tricks – Tricks, die wir mittlerweile kennen. Und jetzt geben wir dieser Versuchung nicht mehr so leicht nach.

Doch dieser lange Lernprozeß, wie man es anstellt, sich selber nichts vorzumachen – streng seine wissenschaftliche Integrität zu wahren –, wurde leider nicht eigens in den Lehrplan aufgenommen. Wir hoffen einfach, daß Sie es durch eine Art Osmose mitbekommen haben.

Das grundlegende Prinzip ist: Sie dürfen sich selber nichts vormachen – denn bei sich selber passiert es am leichtesten. In der Hinsicht müssen Sie also sehr vorsichtig sein. Haben Sie es geschafft, sich selber nicht an der Nase herumzuführen, dann ist es nicht mehr schwer, auch anderen Wissenschaftlern nichts weiszumachen. Dann brauchen Sie nur noch auf die ganz normale Weise ehrlich zu sein.

Ich möchte noch etwas hinzufügen, das zwar für einen Wissenschaftler nicht von ganz so ausschlaggebender Bedeutung ist, an das ich aber irgendwie glaube: Wenn Sie als Wissenschaftler sprechen, sollten Sie auch einem Laien kein X für ein U vormachen. Damit will ich Ihnen nicht sagen, wie Sie es anstellen sollen, wenn Sie Ihre Frau betrügen oder Ihrer Freundin etwas vorschwindeln wollen oder so; denn dann sprechen Sie ja nicht als Wissenschaftler, sondern eben als ein ganz gewöhnlicher Mensch. Derlei Probleme können wir getrost Ihnen und Ihrem Rabbi überlassen. Ich spreche vielmehr von einer ganz speziellen Art von Ehrlichkeit: daß man nicht lügt, sondern alles daransetzt zu zeigen, inwiefern man sich möglicherweise irrt – so sollten Sie sich verhalten, wenn Sie als Wissenschaftler sprechen. Als Wissenschaftler sind wir dazu verpflichtet, und zwar vorrangig anderen Wissenschaftlern, aber, so finde ich, auch Laien gegenüber.

Ich zum Beispiel war einigermaßen überrascht, als ich mich mit einem Freund unterhielt, der eine Rundfunksendung vorbereitete. Er arbeitet über Kosmologie und Astronomie und fragte sich jetzt, wie er erklären sollte, welche Anwendungsmöglichkeiten es dafür gebe. »Na ja«, meinte ich, »gar keine.« Er wandte ein: »Schon, aber dann kriegen wir keine Gelder mehr für weitere Forschungen auf diesem Gebiet.« *Ich* finde das irgendwie unaufrichtig. Wenn man als Wissenschaftler auftritt, dann sollte man dem Laien erklären, was man macht – und wenn die Leute einen unter diesen Umständen nicht mehr unterstützen wollen, dann ist das ihre Entscheidung.

Ein Beispiel für diesen Grundsatz: Wenn Sie sich entschlossen haben, eine Theorie zu überprüfen, oder wenn Sie eine bestimmte Vorstellung darlegen wollen, sollten Sie immer genau das veröffentlichen, was herausgekommen ist. Verkünden wir nur bestimmte Ergebnisse, dann kriegen wir es zwar irgendwie hin, daß die Argumentation überzeugend wirkt. Wir müssen jedoch beide Arten von Ergebnissen veröffentlichen. Nehmen wir noch einmal ein Beispiel aus der Werbung: Angenommen, eine bestimmte Zigarettenmarke zeichnet sich durch irgend etwas Besonderes aus, beispielsweise einen niedrigen Nikotingehalt. Natürlich verkündet das Unternehmen jetzt lauthals, das bedeute, die Zigarette schade Ihnen nicht – doch sie verschweigen beispielsweise, daß dafür der Teeranteil höher oder irgend etwas anderes mit der Zigarette nicht so ganz in Ordnung ist. Mit anderen Worten: Die Wahrscheinlichkeit, daß etwas der Öffentlichkeit bekanntgemacht wird, hängt weitgehend von der Art der Antwort ab. Und genau das sollte nicht so sein.

Das ist auch dann von Bedeutung, wenn Sie von einer Regierungsstelle als Berater herangezogen werden. Angenommen, ein Senator fragt Sie um Rat, ob man wohl in seinem Staat eine Bohrung durchführen sollte; Sie kommen jedoch zu dem Schluß, in einem anderen Staat wären die Aussichten günstiger. Veröffentlichen Sie ein solches Ergebnis nicht, dann, so will es mir scheinen, erteilen Sie keinen wissenschaftlichen Rat. Sie lassen sich benutzen. Entspricht Ihre Antwort zufällig den Absichten der Regierung oder der jeweiligen Politiker, können sie dies als Argument zu ihren Gunsten verwenden; stellt sich jedoch das Gegenteil heraus, werden sie es mit Sicherheit gar nicht erst veröffentlichen. Das hat nichts mehr mit wissenschaftlicher Beratung zu tun.

Andere Fehler sind bezeichnender für schlechte Wissenschaft. In Cornell unterhielt ich mich oft mit Leuten aus dem Fachbereich Psychologie. Eine der Studentinnen erzählte mir, sie wolle ein Experiment durchführen, das in etwa so aussah – ich erinnere mich nicht in allen Einzelheiten daran, jedenfalls hatte irgendwer festgestellt, daß unter bestimmten Umständen X Ratten etwas Bestimmtes A tun. Sie wollte nun wissen, ob die Tiere auch dann noch das Verhalten A zeigen, wenn sie die Umstände zu Y verändert. Sie hatte also vor, das Experiment unter den Bedingungen Y durchzuführen und zu beobachten, ob sie sich nach wie vor gemäß A verhielten.

Ich erklärte ihr, es sei notwendig, zuerst in ihrem Labor das Experiment jener anderen Person zu wiederholen – unter den Bedingungen X, um zu sehen, ob es ebenfalls zu dem Ergebnis A führt; anschließend könnte sie es mit Y probieren und beobachten, ob A sich verändere. Denn dann wüßte sie, der tatsächliche Unterschied beruhe genau auf dem, was sie ihrer Meinung nach unter Kontrolle hatte.

Sie war begeistert von dem Vorschlag und ging damit zu ihrem Professor. Seine Antwort lautete: »Nein, das können Sie nicht machen, denn das Experiment ist bereits durchgeführt worden; Sie würden also nur Ihre Zeit vergeuden.« Das war ungefähr 1935, und offensichtlich war es damals üblich, psychologische Experimente nicht zu wiederholen, sondern lediglich die Voraussetzungen zu verändern und zu sehen, was dann passierte.

Heutzutage besteht eine gewisse Gefahr, daß sich dies wiederholt, und zwar sogar auf einem Gebiet, das alle interessiert: dem der Physik. Ich war ziemlich bestürzt, als ich von einem Experiment an dem großen Beschleuniger des National Accelerator Laboratory erfuhr, bei dem jemand Deuterium verwendet hatte. Um die Ergebnisse des Experiments mit dem schweren Wasserstoff damit zu vergleichen, was geschähe, wenn es sich um leichten Wasserstoff handelt, nahm er die Ergebnisse eines Experiments, das jemand anderer an einem anderen Beschleuniger durchgeführt hatte. Als ich ihn nach dem Grund dafür fragte, erklärte er, man habe ihm nicht genügend Zeit zugestanden (für jedes Experiment wird immer nur ziemlich wenig Zeit bewilligt, da das Gerät dermaßen teuer ist), um das Experiment mit leichtem Wasserstoff selber durchzuführen; es käme ohnehin nichts Neues dabei heraus. Den für die Forschungsprogramme des NAL zuständigen Leuten liegt derart viel an neuen Ergebnissen – einfach damit sie mehr Geld bekommen, um das Ganze am Laufen zu halten und damit Eindruck in der Öffentlichkeit zu machen –, daß sie möglicherweise die Experimente selber, den Sinn und Zweck des ganzen Unternehmens, wertlos machen. Den experimentellen Wissenschaftlern dort wird es oft ziemlich schwergemacht, ihre Arbeit so durchzuführen, wie ihre wissenschaftliche Integrität es verlangt.

Allerdings wurden nicht alle Experimente in der Psychologie auf diese Weise ausgeführt. Beispielsweise machte man zahlreiche Experimente, bei denen man Ratten durch allerlei Labyrinthe laufen ließ und so weiter – ohne nennenswerte Ergebnisse zu erzielen. 1937 probierte es dann ein gewisser Young jedoch mit einer sehr interessanten Versuchsanordnung: Er konstruierte einen langen Korridor; auf der einen Seite waren Türen, durch die die Ratten hereinkamen, auf der anderen Seite Türen, hinter denen etwas zu fressen versteckt war. Er wollte herausfinden, ob er die Ratten dazu abrichten könnte, jeweils durch die dritte Tür zu laufen, gleichgültig, wo er sie losrennen ließ. Ging nicht. Die Ratten wuselten schnurstracks zu der Tür, hinter der sie beim letzten Mal das Futter gefunden hatten.

Die Frage war nun, woher wußten die Ratten, daß dies dieselbe Tür wie vorher war, obwohl doch der Korridor so wundervoll gleichförmig angelegt war? Offensichtlich hatte die Tür irgend etwas an sich, das sie von den anderen unterschied. Also strich Young die Türen sorgfältig an, eine exakt wie die andere; alle hatten genau die gleiche Oberflächenstruktur. Wieder wußten die Ratten ganz genau, wo sie hinrennen mußten. Dann kam er auf die Idee, möglicherweise röchen die Ratten das Futter. Also veränderte er nach jedem Probedurchlauf mit irgendwelchen Chemikalien den Geruch. Das half auch nichts. Nun vermutete er, daß die Ratten sich vielleicht nach den Lichtverhältnissen und der Laborausstattung richteten, so wie jeder vernünftige Mensch.

Also deckte er den Laufgang ab, doch wieder wußten die Ratten ganz genau, wohin sie laufen mußten.

Schließlich stellte er fest, sie orientierten sich danach, wie der Boden klang, wenn sie darüber trippelten. Und diesen Umstand konnte er nur neutralisieren, indem er den Gang mit Sand unterfütterte. Auf diese Weise hatte er einen möglichen Anhaltspunkt nach dem anderen geklärt, und schließlich gelang es ihm, die Ratten auszutricksen, so daß sie lernen mußten, immer zur dritten Tür zu rennen. Sobald er es mit nur einer der Bedingungen nicht so ganz genau nahm, merkten die Ratten es.

Vom wissenschaftlichen Standpunkt aus gesehen, ist das ein erstklassiges Experiment. Ein Experiment, das es als sinnvoll erscheinen läßt, derartige Versuche mit Ratten durchzuführen, denn es zeigt, nach welchen Anhaltspunkten die Tiere sich tatsächlich richten – und nicht, was man glaubt, wonach sie gehen. Es handelt sich um ein Experiment, das genau angibt, an welche Bedingungen man sich halten muß, um wirklich sorgfältig vorzugehen und ein Experiment mit Ratten unter Kontrolle zu haben.

Ich habe mir angesehen, wie es mit diesen Forschungen weiterging. Die beiden nächsten Experimente erwähnten das von Mr. Young mit keinem Wort. Sie verwendeten keines seiner Kriterien: den Korridor mit Sand zu unterfüttern oder sehr sorgfältig vorzugehen. Sie ließen einfach die Ratten wie eh und je losrennen; die großartigen Entdeckungen Mr. Youngs waren schlicht in der Versenkung verschwunden. Auch seine Abhandlungen wurden nicht zitiert – schließlich hatte er nichts über die Ratten herausgefunden. In Wirklichkeit hatte er *alles* darüber herausgefunden, wie man vorgehen muß, wenn man etwas über Ratten herausfinden will. Doch derlei Experimenten keine Beachtung zu schenken ist charakteristisch für die Cargo-Kult-Wissenschaften.

Ein weiteres Beispiel sind die Experimente des Mr. Rhine und

anderer zu außersinnlicher Wahrnehmung. Als verschiedene
Leute Kritik äußerten – und auch sie selber unterzogen ihre Experimente einer kritischen Überprüfung –, verbesserten sie ihre
Verfahren, und schon wurden die Wirkungen immer geringer, bis
sie schließlich ganz verschwanden. Sämtliche Parapsychologen
bemühen sich um wiederholbare Experimente – daß man das
gleiche noch einmal macht und dabei die gleichen Ergebnisse
erzielt –, und sei es auch nur statistisch. Sie lassen eine Million
Ratten losrennen – nein, in dem Fall handelt es sich ja um Menschen –, sie stellen alles mögliche an und erzielen gewisse statisti-
sche Effekte. Wenn sie es dann das nächste Mal probieren, stellen
diese sich nicht mehr ein. Und dann kommt so jemand daher und
erklärt, es sei unsinnig, ein wiederholbares Experiment zu fordern. Und das soll *Wissenschaft* sein?

Und dieser Mensch erzählt in einer Rede, die er anläßlich seines Ausscheidens als Direktor des Instituts für Parapsychologie
hielt, von einer neuen Einrichtung. Er legt dar, was als nächstes zu
tun sei, und erklärt, vor allem sei eines wichtig: Man müsse sichergehen, nur solche Studenten auszubilden, die ihre Fähigkeit, in
ausreichendem Maße PSI-Ergebnisse zu erzielen, unter Beweis
gestellt hätten – und dürfe seine Zeit nicht mit ehrgeizigen und
wißbegierigen Schülern vergeuden, die nur Zufallsergebnisse
vorweisen könnten. Ich halte es für äußerst gefährlich, in der
Lehre für ein solches Vorgehen einzutreten – den Studenten
nur beizubringen, wie sie zu bestimmten Ergebnissen kommen,
nicht aber, wie man ein Experiment wissenschaftlich einwandfrei
durchführt.

Ich wünsche Ihnen also – mehr Zeit bleibt mir nicht mehr,
daher gebe ich Ihnen nur einen Wunsch mit auf den Weg –, ich
wünsche Ihnen also das Glück, irgendwo eine Stelle zu finden, wo
Sie genügend Freiheit haben, um sich die Art von Integrität, von
der ich gesprochen habe, zu bewahren, wo Sie nicht, um Ihre Stellung zu behalten oder um weiter finanzielle Mittel bewilligt zu

bekommen, gezwungen sind, Ihre Integrität aufzugeben. Diese Freiheit wünsche ich Ihnen. Und ich darf Ihnen noch einen letzten kleinen Rat geben: Sagen Sie nie zu, einen Vortrag zu halten, wenn Sie nicht ganz genau wissen, worüber Sie sprechen und was Sie – zumindest so in etwa – sagen wollen.

KAPITEL 9

Richard Feynman erschafft
ein Universum

*In einem bislang unveröffentlichten Interview, das unter der Schirm-
herrschaft der American Association for the Advancement of Science geführt wurde, läßt Feynman sein Leben Revue passieren – er erinnert
sich an seinen ersten Vortrag in einem Saal, in dem jede Menge Nobelpreisträger saßen; an die Aufforderung, beim Bau der ersten Atombombe
mitzuarbeiten, und wie er darauf reagierte; an die Cargo-Kult-Wissenschaften und an jenen schicksalsschweren Telefonanruf mitten in der
Nacht, als ein Reporter ihm eröffnete, gerade sei ihm der Nobelpreis ver-
liehen worden. Feynmans Antwort darauf: »Das hätten Sie mir auch
morgen früh sagen können.«*

Sprecher: Mel Feynman arbeitete als Verkaufsleiter bei einem Uni-
formhersteller in New York City. Am 1. Mai 1918 freute er sich
über die Geburt seines Sohnes Richard. Siebenundvierzig Jahre
später erhielt Richard Feynman den Nobelpreis. In vieler Hinsicht hat Mel Feynman eine Menge dazu beigetragen, wie Richard
Feynman erzählt.

Feynman: Na ja, noch ehe ich auf die Welt kam, sagte er [mein
Vater] zu meiner Mutter: »Der Junge wird mal Wissenschaftler.«
Heute, angesichts all der Emanzipationsbewegungen der Frauen,
darf man so etwas eigentlich gar nicht sagen, aber damals war das
ganz normal. Mir hat er jedoch nie gesagt, ich solle Wissenschaft-

ler werden ... Ich lernte einfach, die Dinge in meiner Umgebung wirklich zu schätzen. Ohne jeden Druck ... Später, als ich älter wurde, nahm er mich auf Spaziergänge in die Wälder mit und zeigte mir die Tiere und die Vögel und so weiter ... erzählte mir von den Sternen und den Atomen und so und erklärte mir, was an ihnen so interessant war. Er hatte eine Einstellung zur Welt und eine Art, sie zu betrachten, die für einen Mann ohne richtige wissenschaftliche Ausbildung äußerst wissenschaftlich war.

Sprecher: Seit 1950 ist Richard Feynman Professor für Physik am California Institute of Technology in Pasadena. Einen Teil seiner Zeit verbringt er damit, Vorlesungen zu halten; ansonsten entwickelt er Theorien über die winzigen Bruchstücke von Materie, aus denen unser Universum besteht. In seiner gesamten beruflichen Laufbahn verschlug seine gelegentlich fast poetische Phantasie ihn in viele exotische Bereiche: in die Mathematik, die man für den Bau einer Atombombe braucht, in die Genetik eines einfachen Virus und den Bereich der Eigenschaften von Helium bei niedrigen Temperaturen. Bei der Arbeit, die ihm den Nobelpreis einbrachte, ging es um die Theorie der Quantenelektrodynamik; sie trug dazu bei, daß viele physikalische Probleme schneller und gründlicher gelöst werden konnten als je zuvor. Doch um es noch einmal zu betonen – im Grunde lösten die langen Spaziergänge mit seinem Vater durch die Wälder diese lange Reihe von Errungenschaften aus.

Feynman: Er hatte so eine gewisse Art, die Dinge zu betrachten. Oft sagte er: »Stell dir einfach vor, wir wären Marsmenschen und kämen auf die Erde runter; und dort sähen wir all diese seltsamen Wesen alles mögliche tun. Was würden wir davon halten? Angenommen, wir legen uns nie schlafen. Wir sind Marsmenschen, und unser Bewußtsein arbeitet die ganze Zeit. Und da sehen wir diese Wesen, die jeden Tag acht Stunden lang einfach aufhören und die Augen zumachen und mehr oder weniger reglos daliegen. Wir würden ihnen eine Frage stellen, die uns wirklich inter-

essiert. Wir würden sagen: ›Wie ist es, wenn man das die ganze
.Zeit macht? Was passiert mit euren Ideen? Ihr lauft den ganzen
Tag rum, denkt klar – und was passiert dann? Bleiben sie plötzlich
stehen? Oder werden sie immer langsamer und machen dann
halt, oder wie genau schaltet ihr das Denken ab?‹« Später dachte
ich eingehend darüber nach und führte, als ich auf dem College
war, Experimente durch, um eine Antwort darauf zu finden – was
passiert mit deinen Gedanken, wenn du schläfst?

Sprecher: In seiner Jugend wollte Dr. Feynman Elektroingenieur
werden und sich ein wenig mit Physik befassen, um mit ihrer
Hilfe nützliche Dinge für sich und seine Umwelt herzustellen. Es
dauerte nicht lange, bis ihm klar wurde, im Grunde interessierte
er sich mehr dafür, was die Dinge am Laufen hält: für die theoretischen und mathematischen Grundsätze, die dem Funktionieren
des Universums zugrunde liegen. Sein Denken wurde sein Labor.

Feynman: Als Junge war das, was ich als Labor bezeichnete,
nichts weiter als ein Raum, um herumzuspielen, Radios und
irgendwelche Apparate und Photozellen und was weiß ich zusam-
menzubasteln. Ich war regelrecht erschüttert, als ich entdeckte,
wie so ein Labor in der Universität aussieht: ein Raum, in dem
man ungeheuer ernsthaft irgendwas mißt. In meinem Labor habe
ich verdammt nie irgendwas gemessen. Lediglich rumgespielt
und Sachen gebastelt. Das war die Art von Labor, die ich als Junge
hatte, und dem entsprach auch meine Art zu denken. Ich dachte,
so würde ich weitermachen. Na ja, in dem Labor mußte ich bestimmte Probleme lösen. Unter anderem reparierte ich Radios.
Beispielsweise mußte ich einen Widerstand mit ein paar Volt-
metern zusammenschalten, damit das Ding auf verschiedenen
Wellenlängen funktionierte. Sachen in der Art. Mit der Zeit entdeckte ich dann Formeln, elektrische Formeln; ein Freund von
mir hatte ein Buch mit elektrischen Formeln, und da stand auch
was über das Verhältnis zwischen den Widerständen drin. Sachen
wie: Die Leistung ist das Quadrat des Stroms mal der Spannung.

Die Spannung geteilt durch den Strom ist der Widerstand und all das; sechs oder sieben Formeln waren es. Ich hatte den Eindruck, sie hingen alle miteinander zusammen, waren nicht unabhängig voneinander, vielmehr ergab eine sich aus der anderen. Und so bastelte ich rum, und durch die Algebra, die ich in der Schule gelernt hatte, wußte ich, was ich tun mußte. Und mir wurde klar, daß Mathematik bei dem Ganzen eine wichtige Rolle spielt.

So kam es, daß ich mich immer mehr für die Mathematik im Zusammenhang mit Physik interessierte. Außerdem hatte Mathematik als solche einen großen Reiz für mich. Mein Leben lang war ich davon begeistert. [...]

Sprecher: Nach seinem Studienabschluß am Massachusetts Institute of Technology wechselte Richard Feynman an die ungefähr vierhundert Meilen südwestlich gelegene Princeton University, wo er schließlich promovierte. Dort hielt er im Alter von vierundzwanzig Jahren auch seinen ersten offiziellen Vortrag. Einen ungemein folgenreichen Vortrag, wie sich herausstellte.

Feynman: Als ich noch keinen Abschluß hatte, arbeitete ich als Forschungsassistent mit Professor Wheeler* zusammen; gemeinsam entwickelten wir eine neue Theorie, wie Licht funktioniert, wie die Wechselwirkung zwischen Atomen an verschiedenen Stellen abläuft; zu der Zeit war das offenbar eine recht interessante Theorie. Daher machte Professor Wigner**, der für die Seminare zuständig war, den Vorschlag, wir sollten ein Seminar darüber halten; Professor Wheeler meinte, da ich noch jung sei und nie zuvor Seminare abgehalten hätte, sei dies eine gute

---

* Der Physiker John Archibald Wheeler (*1911) wurde der Öffentlichkeit vor allem durch die Prägung des Begriffs »Schwarzes Loch« bekannt (Anm. d. Hrsg.).

** Eugene P. Wigner (1902–1995) wurde für seine Beiträge – insbesondere durch seine Untersuchungen über Symmetrieprinzipien – zur Theorie des Atomkerns und der Elementarteilchen 1963 mit dem Nobelpreis für Physik ausgezeichnet (Anm. d. Hrsg.).

Gelegenheit zu lernen, wie man das macht. Es war mein erster theoretischer Vortrag.

Ich machte mich also an die Vorbereitung. Dann kam Wigner zu mir und erklärte, er halte unsere Arbeit für so interessant, daß er eigens für dieses Seminar Einladungen verschickt habe: an Professor Pauli, einen bedeutenden Physikprofessor, der als Gastprofessor aus Zürich hierhergekommen war, an Professor von Neumann, den größten Mathematiker der Welt; an Henry Norris Russell, den berühmten Astronomen, und an Albert Einstein, der ganz in der Nähe wohnte. Ich muß kalkweiß geworden sein oder so, denn er meinte: »Jetzt werden Sie deswegen nicht nervös, machen Sie sich keine Sorgen. Vor allem, wenn Professor Russell einschläft, denken Sie sich nichts – der schläft in Vorlesungen immer ein. Und wenn Professor Pauli nickt, brauchen Sie nicht gleich zu glauben, alles sei gut gelaufen; er nickt nämlich immer: Er hat Schüttellähmung«, und so weiter. Das beruhigte mich ein bißchen, aber ein wenig mulmig war mir immer noch zumute. Also versprach Professor Wheeler mir, er würde alle Fragen beantworten – ich brauchte nichts weiter zu tun, als den Vortrag zu halten.

Ich erinnere mich noch gut, wie ich reinkam – können Sie sich das vorstellen, es war das erste Mal, und es war, als ginge ich durch ein Höllenfeuer. Schon lange vorher hatte ich alle Gleichungen an die Tafel geschrieben – alle Tafeln waren also mit Formeln vollgekritzelt. Aber die Leute wollen nicht so viele Formeln sehen ... sie wollen die Ideen besser verstehen. Und dann erinnere ich mich, wie ich aufstand und zu reden anfing. Und da saßen nun all diese berühmten Leute unter den Zuhörern – es machte mir fürchterlich angst. Und ich sehe noch meine Hände zittern, als ich die Unterlagen aus dem Umschlag zog. Doch kaum hatte ich meine Notizen herausgeholt und zu reden angefangen, geschah etwas mit mir, etwas, das seitdem immer wieder passiert ist und das ganz wunderbar ist. Wenn ich über Physik spreche – denn ich liebe Physik –, denke ich nur noch an Physik. Es interessiert mich nicht mehr, wo ich bin; überhaupt nichts interessiert mich mehr. Und alles war ganz leicht. Ich erklärte einfach das Ganze, so gut ich konnte. Ich hatte völlig vergessen, wer da im Publikum saß. Ich dachte nur noch an das Problem, das ich erklärte. Und als ich schließlich fertig war und Fragen gestellt wurden, brauchte ich mir keine Sorgen mehr zu machen, weil Professor Wheeler sie beantworten wollte. Professor Pauli stand auf – er saß neben Professor Einstein. Er erklärte:»Meiner Ansicht nach kann diese Theorie nicht richtig sein, und zwar aus diesem und jenem und noch einem Grund und so weiter, meinen Sie nicht auch, Professor Einstein?« Einstein sagte nur:»Neeeiiiin« – es war das schönste Nein, das ich je gehört habe.

Sprecher: In Princeton wurde Richard Feynman klar, selbst wenn er sein ganzes Leben in der Welt der Mathematik verbrächte, gebe es auch noch eine andere Welt da draußen, die darauf bestehe, sehr praktische Forderungen an ihn zu stellen. Damals wütete der Zweite Weltkrieg, und in den Vereinigten Staaten hatte man gerade mit der Entwicklung der Atombombe begonnen.

Feynman: Ungefähr um diese Zeit kam Bob Wilson zu mir ins Zimmer und erzählte mir von einem Projekt, an dem er gerade zu arbeiten anfing und das etwas mit der Gewinnung von Uran für Atombomben zu tun hatte. Er erklärte, um drei Uhr sei eine Besprechung; das Ganze sei geheim, aber er sei sicher, sobald ich wüßte, um was es gehe, würde ich mitmachen, also schade es nichts, wenn er es mir erzählte. Ich erwiderte:»Es war ein Fehler, daß du mir das Geheimnis verraten hast. Ich werde da nicht mitmachen. Ich mache mit meiner Arbeit weiter – schreibe meine Dissertation fertig.« Im Hinausgehen wiederholte er noch einmal:»Also, um drei Uhr ist die Besprechung.« Das war vormittags. Ich begann, im Zimmer auf und ab zu gehen und darüber nachzudenken, welche Konsequenzen es hätte, wenn die Deutschen die Bombe entwickelten und all das, und kam zu dem Schluß, das

Ganze sei wirklich aufregend und man müsse es unbedingt machen. Also ging ich um drei Uhr zu der Besprechung und arbeitete nicht mehr an meiner Doktorarbeit weiter.

Es ging um das Problem, daß wir die Uranisotope trennen mußten, wenn wir eine Bombe herstellen wollten. Uran tritt in Form zweier Isotope auf; U_{235} ist das reaktionsfähige, und das wollten wir absondern. Wilson hatte ein System zur Trennung entwickelt – und zwar sollte ein Ionenstrahl gebündelt werden; bei gleicher Energie unterscheiden die zwei Isotope sich geringfügig in ihrer Geschwindigkeit. Wenn man also kleine Massen hernimmt und diese durch eine lange Röhre jagt, überholt die eine die andere, und auf die Weise kann man sie voneinander trennen. Das war sein Plan, damals noch rein theoretisch. Meine Aufgabe bestand ursprünglich darin herauszufinden, ob der dafür entwickelte Apparat überhaupt geeignet war; war das Ganze überhaupt zu machen? Es gab eine Menge Fragen zu den Begrenzungen der Raumladung und so weiter; ich kam letztlich zu dem Schluß, ja, man könnte es machen.

Sprecher: Obwohl Feynman gezeigt hatte, theoretisch wäre Wilsons Verfahren, Uranisotope zu trennen, sehr wohl anwendbar, entschied man sich schließlich für eine andere Methode, um $Uran_{235}$ für die Atombombe herzustellen. Dennoch gab es für Richard Feynman, der ungemein komplizierte Theorien ausarbeitete, im Hauptlabor in Los Alamos, New Mexico, wo die Bombe gebaut werden sollte, genügend zu tun. Nach dem Krieg schloß er sich der Belegschaft des Laboratory of Nuclear Studies an der Cornell University an. Heute hat er etwas gemischte Gefühle hinsichtlich der Arbeit, die er damals leistete, um die Atombombe zu ermöglichen. Hatte er wirklich das Richtige getan? Oder hatte er sich falsch verhalten?

Feynman: Nein, ich glaube nicht, daß ich damals eine falsche Entscheidung getroffen habe. Ich habe mir gedacht, und zwar meiner Meinung nach völlig zu Recht, daß es äußerst gefährlich wäre, wenn die Nazis als erste die Bombe hätten. Allerdings ist mir, glaube ich, ein Denkfehler unterlaufen, nachdem die Deutschen besiegt waren – das war viel später, drei oder vier Jahre danach – und wir weiterarbeiteten. Ich hörte damals nicht auf; ich überlegte nicht einmal, daß der Grund, weshalb ich ursprünglich mitgemacht hatte, inzwischen weggefallen war. Und das habe ich damals kapiert: Wenn man aus einem wirklich triftigen Grund etwas in Angriff nimmt, muß man gelegentlich um sich blicken und feststellen, ob die ursprünglichen Motive noch gelten. Zu der Zeit, als ich die Entscheidung traf, hatte ich, glaube ich, recht; doch weiterzumachen, ohne darüber nachzudenken, das war vielleicht falsch. Ich weiß nicht, was passiert wäre, wenn ich mir das wirklich überlegt hätte. Vielleicht hätte ich auch so weitergemacht – ich weiß es nicht. Der springende Punkt ist doch: daß ich mir keine Gedanken darüber machte, als die damaligen Voraussetzungen, unter denen ich meine ursprüngliche Entscheidung getroffen hatte, sich geändert hatten, das war ein Fehler.

Sprecher: Nach fünf anregenden Jahren in Cornell zog es Dr. Feynman – wie so viele Ostküstenbewohner – nach Kalifornien und in die reizvolle Umgebung des California Institute of Technology. Aber es gab auch noch andere Gründe.

Feynman: Erstens war das Wetter in Ithaca miserabel, und zweitens gehe ich ganz gern aus, in Nachtclubs und so.

Bob Bacher lud mich ein, hierherzukommen und eine Vorlesungsreihe über einen Teilbereich meiner Arbeit in Cornell zu halten. Nach meinem Vortrag fragte er: »Darf ich Ihnen meinen Wagen leihen?« Das gefiel mir ausnehmend gut; ich nahm also sein Auto und fuhr jeden Abend nach Hollywood und zum Sunset Strip; dort hing ich rum und amüsierte mich prächtig. Diese Mischung aus gutem Wetter und einem weiteren Horizont als in einer Kleinstadt oben im Staat New York brachte mich schließlich dazu hierherzuziehen. Und es fiel mir keineswegs schwer.

Fehler war es bestimmt keiner. Noch eine Entscheidung, die nicht falsch war.

Sprecher: Am California Institute of Technology hat Dr. Feynman den Richard Chace Tolman-Lehrstuhl für theoretische Physik inne. 1954 erhielt er den Albert-Einstein-Preis, und 1962 verlieh die Atomic Energy Commission ihm den E.O.Laurence-Preis für »besonders verdienstvolle Beiträge zur Entwicklung, dem Einsatz und der Kontrolle von Atomenergie«. 1965 erhielt er schließlich die größte wissenschaftliche Auszeichnung, den Nobelpreis, den er sich mit dem Japaner Sin-Itiro Tomonaga und Julian Schwinger aus Harvard teilte. Allerdings bedeutete die Verleihung des Nobelpreises für Dr. Feynman ein unsanftes Erwachen.

Feynman: Das Telefon läutete, und ein Kerl sagte, er sei von irgendeiner Rundfunkgesellschaft. Ich war richtig wütend, weil er mich geweckt hatte – eine ganz natürliche Reaktion. Sie wissen schon, man ist nur halb wach und ärgert sich. Der Bursche erklärt also: »Wir möchten Ihnen mitteilen, daß Sie den Nobelpreis gewonnen haben.« Und ich denke insgeheim – schließlich bin ich immer noch wütend, verstehen Sie –, irgendwie hab' ich das gar nicht so richtig kapiert. Ich sagte also: »Das hätten Sie mir auch morgen früh sagen können.« Na ja, ich erklärte, daß ich schlafen wolle, und legte wieder auf. Meine Frau fragte mich: »Was war denn los?« Ich sagte: »Ich habe den Nobelpreis bekommen.« Darauf sie: »Ach komm, du machst Witze.« Ich versuche oft, sie reinzulegen, aber es gelingt mir nie. Sie durchschaut es sofort, wenn ich ihr einen Bären aufbinden will, aber diesmal hatte sie sich geirrt. Sie dachte, ich mache Witze, glaubte, irgendein betrunkener Student sei das gewesen oder so etwas. Kurz und gut: Sie glaubte es mir nicht. Doch als zehn Minuten später der zweite Anruf kam, diesmal von einer Zeitung, sagte ich zu dem Kerl: »Ja, ich weiß – lassen Sie mich jetzt in Ruhe.« Dann legte ich den Hörer neben das Telefon und hatte eigentlich vor, weiterzuschlafen und am acht Uhr den Hörer wieder auf die Gabel zu legen.

Aber ich konnte nicht mehr einschlafen, meine Frau ebensowenig. Ich stand auf und rannte rum, und schließlich legte
ich den Hörer wieder auf, und von da an nahm ich alle Anrufe
entgegen.

Nicht lange danach fuhr ich mit dem Taxi irgendwohin; der
Taxifahrer redet, und ich rede, und schließlich berichte ich ihm
von meinen Schwierigkeiten, weil diese Burschen mich ständig
fragen und ich nicht weiß, wie ich es erklären soll. Er meint: »Ich
habe ein Interview mit Ihnen gehört. Im Fernsehen. Der Kerl
sagt zu Ihnen: ›Könnten Sie mir bitte in zwei Minuten erklären,
was Sie gemacht haben, um den Nobelpreis zu bekommen.‹ Sie
haben es tatsächlich versucht – das ist verrückt. Wissen Sie, was ich
gesagt hätte: ›Verdammt noch mal, Mann, wenn ich Ihnen das in
zwei Minuten sagen könnte, hätte ich den Nobelpreis nicht verdient.‹« Seitdem gebe ich immer diese Antwort. Wenn jemand
mich fragt, sage ich: »Hören Sie, wenn das so einfach zu erklären
wäre, hätte ich den Nobelpreis nicht verdient.« Fair ist das eigentlich nicht, aber irgendwie ist es eine lustige Antwort.

Sprecher: Wie bereits erwähnt, erhielt Dr. Feynman den Nobelpreis für seine Beiträge zur Entwicklung einer Theorie, die das
neue Gebiet der Quantenelektrodynamik erschließen sollte. Dabei handelt es sich, wie Dr. Feynman es ausdrückt, um »die Theorie von allem anderen«, die sich nicht auf Kernenergie oder
Schwerkraft, sondern auf die Wechselwirkung zwischen Elektronen und Lichtpartikeln, den sogenannten Photonen, bezieht.
Sie liegt dem Stromfluß, dem Phänomen des Magnetismus und
der Erzeugung von Röntgenstrahlen sowie ihrer Wechselwirkung mit anderen Materieformen zugrunde. Das »Quanten-« in
der Quantenelektrodynamik spielt auf eine Mitte der zwanziger
Jahre entwickelte Theorie an, die behauptet, die Elektronen, die
den Kern eines jeden Atoms umkreisen, seien auf bestimmte
Quantenzustände oder Energieniveaus beschränkt. Nur auf diesen Energieebenen könnten sie existieren – nie irgendwo da-

zwischen. Der Wert dieser quantisierten Energiespiegel hängt unter anderem von der Intensität des Lichts ab, das auf das Atom fällt.

Feynman: Eines der größten und wichtigsten Hilfsmittel in der theoretischen Physik ist der Papierkorb. Man muß merken, wenn man nicht weiterkommt, hmm? Tatsächlich habe ich fast alles, was ich über Elektrizität, Magnetismus und Quantenmechanik weiß, bei dem Versuch, diese Theorie zu entwickeln, gelernt. Und den Nobelpreis bekam ich schließlich – damals, 1947 – dafür, daß ich die allgemein gängige Theorie, die gewöhnliche Theorie, beweisen wollte, indem ich sie veränderte. Denn mit dieser Theorie gab es gewisse Schwierigkeiten, und die versuchte ich zu beseitigen. Bethe hatte nämlich herausgefunden, man brauchte nur das Richtige zu machen, dann vergißt man bestimmte Dinge irgendwie, andere hingegen nicht. Man müsse es nur richtig machen, dann erhalte man auch die richtigen Antworten, die zu den Experimenten stimmen. Und er machte mir einige Vorschläge. Mittlerweile kannte ich mich so gut mit Elektrodynamik aus, eben weil ich an diesen verrückten Theorie herumgebastelt und sie in ungefähr 655 verschiedenen Versionen niedergeschrieben hatte, daß ich wußte, wie ich es anstellen mußte, wie ich diese Berechnung äußerst elegant und schnell durchführen könnte, welcher Methoden ich mich dabei bedienen mußte. Mit anderen Worten: Ich benutze das Zeug, das Rüstzeug, das ich entwickelt hatte, um eine eigene Theorie über die alte Theorie zu entwickeln – klingt eigentlich naheliegend, aber es hat Jahre gedauert, bis ich darauf kam –, und fand heraus, daß sie jetzt ungeheuer aussagekräftig war und ich nun mit der alten Theorie wesentlich schneller arbeiten konnte als irgend jemand je zuvor.

Sprecher: Neben vielem anderen bietet Dr. Feynmans Theorie der Quantenelektrodynamik neue Einsichten für das Verständnis der Kräfte, die Materie zusammenhalten. Es trägt auch zu unserem Wissen über die Eigenschaften der unendlich kleinen, kurzlebigen Teilchen bei, aus denen alles andere im Universum besteht. Als die Physiker das Wesen der Natur immer gründlicher erforschten, stellten sie fest, daß, was einst ganz einfach schien, äußerst kompliziert war, und was man für extrem schwierig hielt, unter Umständen sehr einfach war. Ihre Hilfsmittel sind die Hochenergiebeschleuniger, die atomare Teilchen in immer kleinere Fragmente aufbrechen können.

Feynman: Anfangs schauen wir uns die Materie an und sehen viele verschiedene Phänomene – Wind und Wellen und den Mond und all das Zeug. Und wir versuchen, das alles in ein neues System zu bringen. Ob die Bewegung des Windes der der Wellen vergleichbar ist und so weiter. Allmählich stellen wir fest, viele, viele Dinge sind einander ähnlich. Es herrscht gar keine solche Viefalt, wie wir glauben. Wir entdecken all die Phänomene und die zugrundeliegenden Gesetzmäßigkeiten; eines der nützlichsten Prinzipien scheint die Vorstellung, daß alle Dinge aus anderen Dingen bestehen. Wir haben zum Beispiel herausgefunden, daß jegliche Materie aus Atomen besteht – und wenn man erst einmal die Eigenschaften von Atomen kennt, dann versteht man schon eine ganze Menge. Anfangs hält man die Atome für einfach, doch dann stellt sich heraus, wenn man all die Spielarten, die Phänomene der Materie erklären will, müssen die Atome komplizierter sein, und man entdeckt, daß es 92 Atome gibt. In Wirklichkeit sind es viel mehr, da sie ein jeweils unterschiedliches Gewicht haben. Die Vielfältigkeit der Eigenschaften von Atomen zu verstehen ist dann das nächste Problem. Sobald wir dahinterkommen, daß die Atome selber aus einzelnen Betandteilen zusammengesetzt sind – in diesem speziellen Fall bestehen sie aus dem Kern, den die Elektronen umkreisen –, begreifen wir das. Denn die verschiedenen Atome sind nichts anderes als jeweils eine unterschiedliche Anzahl von Elektronen. Ein wunderbar vereinheitlichendes System, und es funktioniert.

All die verschiedenen Atome sind genau das gleiche, nur haben sie verschieden viele Elektronen. Die Kerne allerdings unterscheiden sich. Wir machten uns also daran, die Atomkerne zu erforschen. Kaum hatten wir mit Experimenten begonnen, bei denen wir Kerne aufeinanderprallen ließen – Rutherford und so weiter –, stellte sich heraus, es gab eine Unmenge verschiedener. Ab 1914 entdeckte man, daß sie auf den ersten Blick ziemlich kompliziert waren. Doch dann wurde den Leuten klar, wenn man davon ausgeht, daß sie sich ebenfalls aus einzelnen Bestandteilen zusammensetzen, sind sie gar nicht mehr so schwer zu verstehen. Sie bestehen nämlich aus Protonen und Neutronen. Und interagieren mit einer Kraft, die sie zusammenhält. Um die Kerne zu verstehen, müssen wir ein bißchen mehr über diese Kraft wissen. Zufällig wirkt im Fall von Atomen ebenfalls eine Kraft – eine elektrische Kraft, und über die wissen wir Bescheid. Außer den Elektronen gibt es da also noch diese elektrische Kraft, die wir Lichtphotonen nennen. Das Licht und die elektrische Kraft schließen sich zu einem einzigen Ding zusammen, das man als Photonen bezeichnet. Die Welt draußen sozusagen, außerhalb des Kerns, besteht also aus Elektronen und Photonen. Und die Theorie des Verhaltens von Elektronen, das ist die Quantenelektrodynamik, und für die Arbeit daran habe ich den Nobelpreis bekommen.

Doch jetzt gehen wir in den Kern und stellen fest, er könnte aus Protonen und Neutronen bestehen; allerdings wirkt da so eine seltsame Kraft. Diese Kraft zu verstehen ist das nächste Problem. Yukawa* stellte des öfteren die Möglichkeit zur Diskussion, daß noch andere Teilchen im Kern enthalten sein könnten, also führten wir Experimente durch, bei denen Protonen und Neutronen mit noch größerer Energie aufeinanderprallten, und tatsächlich:

---

* Hideki Yukawa (1907–1981) erhielt 1949 für seine Voraussage der Existenz von Mesonen den Nobelpreis für Physik (Anm. d. Hrsg.).

Es kamen neue Teilchen heraus, genauso, wie Photonen herauskommen, wenn man mit genügend hoher Energie Elektronen
zusammenstoßen läßt. Es kamen also neue Teilchen heraus:
Mesonen. Sah daher ganz so aus, als hätte Yukawa recht. Wir
machten mit dem Experiment weiter. Und dann passierte folgendes: Wir erhielten eine ungeheure Vielfalt von Teilchen; nicht
nur eine Art Photon, verstehen Sie, vielmehr ließen wir Photonen
und Neutronen zusammenprallen und hatten plötzlich mehr
als 400 verschiedene Arten von Teilchen – Lambdateilchen und
Sigmateilchen. Sie sind alle verschieden. Und π-Mesonen und
K-Mesonen und so weiter. Na ja, zufällig produzierten wir auch
Myonen, doch die haben offenbar nichts mit Neutronen und Protonen zu tun. Zumindest nicht mehr als Elektronen: ein merkwürdiges Extrateilchen, von dem wir nicht wissen, wo es hingehört. Es ist fast so etwas wie ein Elektron, nur schwerer. Wir
haben also da draußen Elektronen und Myonen, die mit diesen
anderen Dingern nicht in starke Wechselwirkung treten. Diese
anderen bezeichnen wir als Teilchen mit starker Wechselwirkung
oder Hadronen. Dazu gehören Protonen und Neutronen und
alle die Dinge, die man in dem Augenblick erhält, wenn man
sie heftig aufeinanderprallen läßt. Das Problem besteht nun
also darin, die Eigenschaften all dieser Teilchen irgendwie zu
systematisieren. Das ist ein großes Spiel, und wir alle sind daran
beteiligt. Man bezeichnet es als Hochenergie- oder Elementarteilchenphysik. Das heißt – früher nannte man es Elementarteilchenphysik, aber kein Mensch glaubt, daß 400 verschiedene
Bestandteile »elementar« sind. Eine andere Möglichkeit ist,
daß sie selber wiederum aus etwas anderem zusammengesetzt
sind. Eigentlich eine recht vernünftige Annahme. Und das stellte
sich schließlich auch heraus; man hat dafür eine Theorie erfunden – die Theorie der Quarks; daß bestimmte dieser Dinge,
etwa das Proton und das Neutron, aus drei sogenannten Quarks
bestehen.

Sprecher: Noch nie hat jemand ein Quark gesehen, was wirklich schade ist, denn es könnte sich bei ihnen um die grundlegenden Bausteine all der komplizierteren Atome und Moleküle handeln, aus denen das Universum besteht. Den Namen hat vor ein paar Jahren, ohne besonderen Grund, ein Kollege Dr. Feynmans, Murray Gell-Mann, ausgesucht. Ein wenig zu Dr. Gell-Manns Überraschung hatte der irische Romanschriftsteller James Joyce bereits dreißig Jahre zuvor in seinem Buch *Finnegan's Wake* diesen Namen vorweggenommen. Der Schlüsselsatz lautet: »Three quarks for Muster Mark« (»Drei Quarks für Mister Mark.«) Das war ein um so größerer Zufallstreffer, da, wie Dr. Feynman erklärte, die Quarks, aus denen die Teilchen des Universums bestehen, offenbar in Dreiergruppen auftreten. Auf der Suche nach Quarks lassen Physiker Protonen und Neutronen bei ungeheuer hohen Energien aufeinanderprallen und hoffen, daß sie dabei in ihre Quarkkomponenten auseinanderbrechen.

Feynman: Stimmt, und einer der Umstände, die die Quarktheorie stützen, ist die Tatsache, daß sie offenbar widersinnig ist, denn wenn die Dinge aus Quarks bestehen, müßten wir, wenn wir zwei Protonen aufeinanderschießen, gelegentlich drei Quarks erhalten. Es stellt sich jedoch heraus, daß bei dem Quarkmodell, von dem wir sprechen, die Quarks eine sehr merkwürdige elektrische Ladung haben. Alle uns bekannten Teilchen der Welt enthalten Integralladungen. Normalerweise eine elektrische Ladung plus oder minus oder gar nichts. Doch laut der Theorie der Quarks haben die Quarks Ladungen wie etwa minus ein Drittel oder plus zwei Drittel einer elektrischen Ladung. Falls solch ein Teilchen existiert, wäre es sichtbar, weil die Anzahl der Blasen, die es beim Durchqueren einer Blasenkammer hinterläßt, viel kleiner wäre. Angenommen, man hat eine Ladung von einem Drittel; dann reißt es wie ein gewöhnliches Teilchen auf seinem Weg ein Neuntel – das Quadrat – der Anzahl von Atomen mit. Und das sähe man; läßt sich nur eine schwache Spur erkennen, ist etwas nicht in

Ordnung. Man hat nach einer solchen Spur gesucht, bislang aber noch keine gefunden. Das ist eines der wirklich gewichtigen Probleme. Aber genau das ist ja das Aufregende daran. Sind wir auf der richtigen Spur oder tappen wir völlig im Finstern, weil die Antwort ganz woanders liegt, oder sind wir ganz nahe dran und haben es nur noch nicht so ganz hingekriegt? Und wenn wir es richtig hinkriegen, verstehen wir dann mit einem Mal, warum dieses Experiment so anders aussieht?

Sprecher: Und was ist, wenn diese Hochenergieexperimente mit Beschleunigern und Blasenkammern zeigen, daß die Welt aus Quarks besteht? Werden wir sie je wirklich sehen können, ganz konkret?

Feynman: Nun ja, was das Problem des Verständnisses der Hadronen und Myonen und so weiter betrifft, sehe ich derzeit keinerlei – oder so gut wie keine – praktischen Anwendungsmöglichkeiten. Früher haben die Leute oft gesagt, sie könnten sich keine Anwendungen vorstellen, und später entdeckte man doch solche Möglichkeiten. Unter diesen Umständen würden viele Leute versichern, etwas daran müsse nützlich sein. Um ganz ehrlich zu sein – ich meine, es ist einfach dumm; zu sagen, es würde nie etwas Nützliches dabei herauskommen, wäre albern. Ich bin also albern und behaupte, diese verdammten Dinger werden, soweit ich sagen kann, nie zu etwas nütze sein. Ich bin zu dumm, um da eine Möglichkeit zu sehen. Einverstanden? Aber warum macht man es dann? Anwendungsmöglichkeiten sind nicht das einzige auf der Welt. Es ist interessant zu verstehen, woraus die Welt besteht. Das gleiche Interesse, die Neugierde des Menschen, bringt ihn dazu, Teleskope zu bauen. Was hat man schon davon, wenn man herausfindet, wie alt das Universum ist? Oder was es mit diesen Quasaren auf sich hat, die in ungeheuren Entfernungen explodieren. Ich meine, worin liegt der Nutzen der ganzen Astronomie? Es gibt keinen. Trotzdem ist sie interessant. Es ist also die gleiche Form von Erforschung unserer Welt, mit der ich mich beschäftige, und ich befriedige damit meine Neugierde. Falls menschliche Neugierde ein Bedürfnis ist, dann ist der Versuch, diese Neugierde zu befriedigen, in gewissem Sinne praktisch. So sehe ich das derzeit. Ob es je praktisch in wirtschaftlichem Sinne wird, steht auf einem anderen Blatt.

Sprecher: Über die Wissenschaft und ihre Bedeutung für uns philosophiert Dr. Feynman nur äußerst ungern. Dies hindert ihn jedoch keineswegs daran, mit einigen interessanten und provozierenden Ideen dazu aufzuwarten, was seiner Ansicht nach Wissenschaft ist und was nicht.

Feynman: Nun, ich würde sagen, sie will immer noch das gleiche. Sie ist das Streben nach dem Verständis eines Wesens oder eines Dinges und geht von dem Prinzip aus, daß alles, was in der Natur geschieht, wahr und der Maßstab für die Gültigkeit einer jeglichen Theorie über diese ist. Wenn Lysenko erklärt, man brauche nur 500 Generationen hindurch Ratten die Schwänze abzuschneiden, dann hätten die neuen, später geborenen keine Schwänze mehr. (Ich weiß nicht, ob er das wirklich sagt. Sagen wir einfach, Mr. Jones behauptet das.) Wenn man das dann ausprobiert, und der Fall nicht eintritt, dann wissen wir, es ist nicht wahr. Dieses Prinzip, die Trennung dessen, was wahr ist, von dem, was unwahr ist, und zwar anhand eines Experiments oder aufgrund von Erfahrung, dieser Grundsatz und der daraus sich ergebende Wissensschatz, der mit diesem Prinzip übereinstimmt, das ist Wissenschaft.

Neben dem Experiment bringen wir auch noch ein ungeheures menschlich-intellektuelles Bemühen um Verallgemeinerung in die Wissenschaft ein. Sie ist nicht nur eine Ansammlung all der Dinge, die sich in Experimenten als wahr erweisen. Sie ist nicht bloß eine Faktenansammlung darüber, was passiert, wenn man Ratten die Schwänze abschneidet, denn soviel hätte in unseren Köpfen gar nicht Platz. Wir haben zahlreiche Verallgemeinerungen aufgestellt. Trifft es beispielsweise bei Ratten und Katzen zu, dann sagen wir, es gilt für Säugetiere; später entdecken wir, es trifft auch auf andere Tiere zu; danach stellt sich heraus, auch bei Pflanzen verhält es sich so. Schließlich wird es bis zu einem gewissen Grad eine Eigenschaft des Lebens, die wir nicht als erworbene Eigenschaft erben. Das stimmt eigentlich nicht ganz, nicht absolut. Wiederum später haben wir uns Experimente ausgedacht, die zeigen, daß Zellen über die Mitochondrien oder dergleichen Informationen weitergeben können; und auf diese Weise verändern wir uns im Lauf der Zeit. Die große Herausforderung ist jedoch, daß man alle Prinzipien sehr weit fassen muß, daß sie so allgemeingültig wie möglich sind und dennoch mit dem Experiment übereinstimmen.

Verstehen Sie, aus der Erfahrung Tatsachen abzuleiten – das klingt sehr, sehr einfach. Man muß etwas nur ausprobieren und sehen, was passiert. Doch der Mensch ist schwach, und es wird offenkundig, daß es weit schwieriger ist, als man glaubt – es einfach zu versuchen und zu beobachten. Nehmen Sie zum Beispiel die Erziehung. Irgendwer kommt daher und sieht, wie den Leuten Mathematik beigebracht wird. Daraufhin erklärt er: »Ich habe eine bessere Idee. Und zwar baue ich einen Spielzeugcomputer und zeige es ihnen damit.« Er probiert das also bei einer Gruppe Kinder aus; es sind nicht viele Kinder, vielleicht überläßt jemand ihm eine Klasse, um das Ganze mit ihr auszuprobieren. Er ist begeistert von dem, was er tut. Und aufgeregt. Er weiß genau, was er will. Auch die Kinder sind aufgeregt, denn sie wissen, das ist etwas Neues. Sie lernen sehr, sehr gut, sie lernen die normale Arithmetik viel besser als die anderen Kinder. Also macht man einen Test – sie lernen Arithmetik. Nun steht es als Tatsache fest – daß man den Arithmetikunterricht auf diese Weise verbessern kann. Es ist aber keine Tatsache, denn eine der Ausgangsbedingungen bei dem Experiment war, daß dieser spezielle Mann, der sich die Methode ausgedacht hatte, selber nach ihr unterrichtete. In Wirklichkeit will man jedoch wissen, ob das Ganze auch funktioniert, wenn ein durchschnittlicher Lehrer diese Methode lediglich in einem Buch liest (Lehrer müssen durchschnittlich sein; Lehrer gibt es auf der ganzen Welt, folglich müssen viele von ihnen durchschnittlich sein). Wird also das Lernen besser, wenn dieser durchschnittliche Lehrer versucht, den Kindern mit der im Buch beschriebenen Methode Arithmetik beizubringen?

Mit anderen Worten – es passiert folgendes: Man bekommt alle möglichen Aussagen über Erziehung, Soziologie, sogar Psychologie als Fakten aufgetischt – über alles mögliche, das, meiner Ansicht nach, Pseudowissenschaft ist. Man hat Statistiken angelegt und ist dabei angeblich sehr sorgfältig vorgegangen. Man hat Experimente angestellt, bei denen es sich jedoch nicht wirklich um kontrollierte Experimente handelte. Bei kontrollierten Experimenten kommt man nicht zu den gleichen Ergebnissen wie sie, wiederholbaren Ergebnissen also. Aber sie verkünden diesen ganzen Kram. Weil mit Sorgfalt betriebene Wissenschaft erfolgreich war, glauben sie, wenn sie etwas Ähnliches tun, können sie irgendwelche Lorbeeren einheimsen. Ich nenne ein Beispiel.

Auf den Salomoninseln haben – das wissen viele Leute – die Einheimischen nicht ganz begriffen, was es mit den Flugzeugen auf sich hatte, die während des Krieges landeten und ihnen alle möglichen herrlichen Dinge brachten. Und jetzt huldigen sie einem Flugzeugkult. Sie legen künstliche Landebahnen an, neben denen sie Feuer entzünden, um die Signallichter nachzuahmen. Und in einer Holzhütte hockt so ein armer Eingeborener mit hölzernen Kopfhörern, aus denen Bambusstäbe ragen, die Antennen vorstellen sollen, und dreht den Kopf hin und her. Auch Radartürme aus Holz haben sie und alles mögliche und hoffen, so die Fluzeuge anzulocken, die ihnen schöne Dinge bringen. Sie ahmen das damalige Verhalten nach. Tun genau das gleiche, was der andere seinerzeit gemacht hat. Nun, verdammt viele unserer neuzeitlichen Betätigungen in sehr, sehr vielen Bereichen sind genau diese Art von Wissenschaft. Etwa die Luftfahrt. Das ist eine Wissenschaft. Die Erziehungswissenschaft beispielsweise ist jedoch alles andere als eine Wissenschaft. Es ist verdammt viel Arbeit. (Auch in den geschnitzten Dingern, den hölzernen Flugzeugen, steckt eine Menge Arbeit.) Aber das heißt nicht, daß sie wirklich etwas herausfinden. Strafvollzugslehre, Gefängnisreform – verstehen, warum Menschen Verbrechen begehen; eigentlich braucht man sich nur in der Welt umzusehen – wir verstehen das alles immer besser, alle diese Dinge. Wir wissen mehr über Erziehung, wir wissen mehr über Verbrechen. Aber die Noten werden immer schlechter, und immer mehr Leute wandern ins Gefängnis; junge Leute begehen Verbrechen, und wir begreifen das überhaupt nicht. Es ist nicht damit getan, in Nachahmung der wissenschaftlichen Methode, wie wir es heute tun, etwas über diese Dinge herauszufinden. Ob eine wissenschaftliche Methode in diesen Bereichen etwas brächte, vorausgesetzt wir wüßten, wie man das anstellt – ich weiß es nicht. So jedenfalls geht es nicht. Vielleicht gibt es andere Methoden. Beispielsweise wäre es keine schlechte Idee, auf die Vorstellungen der Vergangenheit und die Erfahrungen von Menschen über einen langen Zeitraum hinweg zu hören. Es ist nur dann sinnvoll, sich nicht nach den überkommenen Vorstellungen zu richten, wenn man über eine andere unabhängige Informationsquelle verfügt, an die man sich unbedingt halten will. Doch man muß aufpassen, wem man folgt, wenn man das Wissen der Menschen, die sich die Sache angesehen und darüber nachgedacht haben und unwissenschaftlich zu einer Schlußfolgerung gekommen sind, nicht zur Kenntnis nehmen will. Sie haben genauso das Recht, recht zu haben, wie Sie heutzutage: auf gleiche Weise unwissenschaftlich zu einer Schlußfolgerung zu kommen.

Na, wie war das? Halte ich mich so einigermaßen gut als Philosoph?

Sprecher: In dieser Folge von »Future for Science« – einer auf Tonband aufgezeichneten Reihe von Interviews mit Nobelpreisträgern – hörten Sie Dr. Richard Feynman vom California Institute of Technology. Die Reihe wurde unter der Schirmherrschaft der American Association for the Advancement of Science vorbereitet.

KAPITEL 10

Wissenschaft und Religion

In einer Art Gedankenexperiment vertrat Feynman die unterschiedlichen Standpunkte eines imaginären Diskussionsforums, bei dem sich die wissenschaftliche Denkweise einerseits und eine eher geistig-idealistisch geprägte Weltsicht andererseits gegenüberstanden; er zeigte die Punkte auf, in denen Wissenschaft und Religion übereinstimmen, wie auch jene, in denen sie sich widersprechen. Damit nahm er die derzeitige Debatte zwischen diesen beiden so grundlegend verschiedenen Methoden der Wahrheitssuche um zwei Jahrzehnte vorweg. Neben anderen Fragen geht er auch darauf ein, ob Atheisten über eine Ethik verfügen, die von dem ausgeht, was die Wissenschaft sie lehrt, so wie die Moral religiöser Menschen sich auf ihren Glauben an Gott gründet – ein außergewöhnlich philosophisches Thema für den Pragmatiker Feynman.

In unserem Zeitalter der Spezialisierung verfügen Leute, die sich auf einem bestimmten Gebiet hervorragend auskennen, oft nicht über genügend Sachverstand, um sich mit einem anderen auseinanderzusetzen. Die weitreichenden Probleme des Verhältnisses zwischen verschiedenen Aspekten menschlichen Tuns wurden daher in der Öffentlichkeit immer seltener angesprochen. Wenn wir an die großartigen Diskussionen derartiger Themen in der Vergangenheit denken, verspüren wir oft so etwas wie Neid, denn die Heftigkeit einer solchen Auseinandersetzung hätte uns Spaß gemacht. Die alten Probleme – beispielsweise die Beziehung zwischen Naturwissenschaften und Religion – bestehen weiter und sind, glaube ich, so dringlich wie je. Aber nur selten werden sie öffentlich diskutiert, eben aufgrund der Grenzen, die die Spezialisierung uns setzt.

Ich persönlich interessiere mich schon seit langem für diese Frage und würde gerne darüber diskutieren. Angesichts meines offenkundigen Mangels an Wissen und Verständnis in Sachen Religion (ein Mangel, der im Verlauf dieser Erörterung immer deutlicher zum Vorschein kommen wird), will ich die Diskussion folgendermaßen gestalten: Ich gehe davon aus, daß nicht nur eine Person, sondern eine ganze Gruppe von Spezialisten aus verschiedenen Bereichen – den Naturwissenschaften, den verschiedenen Religionen und so weiter –, das Problem erörtert und wir das Problem von verschiedenen Seiten beleuchten, eben wie ein Diskussionsforum. Jeder soll seinen Standpunkt darlegen, der sich allerdings im Verlauf der anschließenden Debatte ändern kann. Außerdem stelle ich mir vor, jemand wurde ausgelost, als erster seine Ansichten vorzutragen. Und das bin ich.

Zu Beginn würde ich dem Forum folgendes Problem vortragen: Ein in einer religiösen Familie aufgewachsener junger Mann studiert ein naturwissenschaftliches Fach; das Ergebnis: Er beginnt am Gott seines Vaters zu zweifeln – und später vielleicht sogar ganz den Glauben an ihn zu verlieren. Das ist beileibe kein Einzelfall; es geschieht immer wieder. Zwar habe ich keine entsprechende Statistik vorzuweisen, doch ich vermute, viele Wissenschaftler – ehrlich gesagt, meiner Überzeugung nach sogar mehr als die Hälfte aller Naturwissenschaftler – glauben nicht mehr an den Gott ihrer Väter, das heißt, sie haben keinen Glauben im herkömmlichen Sinne mehr.

Da der Glaube an einen Gott wesentliche Voraussetzung jeglicher Religion ist, verdeutlicht die Frage, die ich ausgesucht habe, das Problem des Verhältnisses Naturwissenschaft–Religion besonders augenfällig. Was bringt den jungen Mann dazu, nicht mehr zu glauben?

Die erste Antwort, die wir wahrscheinlich zu hören bekommen, ist sehr einfach: Sehen Sie, er wird von Naturwissenschaftlern unterrichtet, und die sind (wie ich gerade hervorgehoben habe) im Innersten alle Atheisten. Und so breitet sich das Übel vom einen zum anderen aus. Falls Sie jedoch diese Ansicht vertreten, dann haben Sie meines Erachtens noch weniger Ahnung von Naturwissenschaft als ich von Religion.

Eine andere Antwort könnte lauten, nur ein wenig zu wissen sei gefährlich. Der junge Mann hat einiges gelernt und glaubt jetzt, er wisse bereits alles. Doch schon bald wird er über diese studentische Blasiertheit hinauswachsen und feststellen, daß die Welt weit komplizierter ist. Und dann wird er allmählich erneut zu der Ansicht gelangen, es müsse einen Gott geben.

Ich bin nicht der Ansicht, daß er unbedingt aus diesem Dilemma herausfinden und sich für das eine oder das andere entscheiden muß. Viele Wissenschaftler – Menschen, die hoffen, sich zu Recht als wirklich erwachsen bezeichnen zu dürfen – glauben nach wie vor an Gott. In Wirklichkeit lautet, wie ich später noch erklären werde, die Antwort nicht, daß der junge Mann glaubt, alles zu wissen – ganz im Gegenteil.

Als dritte Antwort bekommen Sie vielleicht zu hören, der junge Mann verstehe im Grunde nicht, was Wissenschaft wirklich ist. Ich glaube nicht, daß Wissenschaft die Existenz Gottes widerlegen kann – das halte ich für ausgeschlossen. Und wenn dies ausgeschlossen ist, warum sollte es dann nicht denkbar sein, den Glauben an die Wissenschaft mit dem an einen Gott – einen ganz gewöhnlichen Gott irgendeiner Religion – in Einklang zu bringen?

O ja, das ist durchaus möglich. Denn auch wenn ich gesagt habe, mehr als die Hälfte aller Naturwissenschaftler glaube nicht an Gott, so gibt es doch in der Tat viele, die an beides, an die Wissenschaft und an Gott *glauben,* und das eine schließt das andere keineswegs aus. Allerdings ist es nicht einfach, diesen – durchaus möglichen – Einklang herzustellen. Ich möchte nun zweierlei diskutieren: Warum ist dies nicht einfach? Und: Ist es der Mühe wert, es zu versuchen?

Wenn ich sage: »Ich glaube an Gott«, bleibt natürlich eines nach wie vor rätselhaft: Was ist Gott? Ich spreche hier von der Art persönlichem Gott, wie er für die abendländischen Religionen charakteristisch ist, zu dem man betet, der etwas mit der Schöpfung der Welt zu tun hat und einen in Fragen der Moral leitet.

Für den Studenten ergeben sich, wenn er sich in der Naturwissenschaft allmählich etwas besser auskennt und versucht, Wissenschaft und Religion miteinander zu verschmelzen, zweierlei Schwierigkeiten. Erstens: In der Naturwissenschaft ist Zweifeln unerläßlich. Soll die Wissenschaft Fortschritte machen, ist Ungewißheit als grundlegender Bestandteil Ihres innersten Wesens absolut notwendig. Um ein tieferes Verständnis zu erlangen, müssen wir bescheiden bleiben und zulassen, daß wir etwas nicht wissen. Nichts ist gewiß oder über jeden Zweifel hinaus bewiesen. Sie forschen aus Neugierde, weil etwas *unbekannt* ist, und nicht, weil Sie die Antwort bereits kennen. Und wenn Sie dann besser Bescheid wissen, finden Sie nicht die Wahrheit heraus, sondern daß dies oder jenes mehr oder weniger wahrscheinlich ist.

Das heißt, wenn wir weiterforschen, stellen wir fest, die wissenschaftlichen Aussagen behaupten nicht: »Das ist wahr, und das ist nicht wahr«; vielmehr sind es Aussagen darüber, was bis zu einem jeweils unterschiedlichen Grad an Wahrscheinlichkeit bekannt ist. »Es ist weit wahrscheinlicher, daß dies oder jenes wahr ist, als daß es nicht zutrifft«; oder »Dies oder jenes kann nahezu als wahr gelten, aber ein gewisse Unsicherheit besteht nach wie vor«; oder aber – und das ist das andere Extrem – »Na ja, im Grunde genommen wissen wir das nicht.« Jede wissenschaftliche Idee ist irgendwo mittendrin auf einer Skala zwischen absolut falsch und absolut richtig angesiedelt.

Es ist meiner Überzeugung nach notwendig, sich damit abzufinden, nicht nur was die Wissenschaft betrifft, sondern auch hinsichtlich anderer Dinge: Es ist von großem Wert, Unwissenheit einzugestehen. Tatsache ist, wenn wir in unserem Leben irgendwelche Entscheidungen treffen, wissen wir nicht unbedingt, ob sie richtig sind; wir bemühen uns lediglich, unser Bestes zu tun – und genau das sollten wir auch.

Ungewißheit

Sobald uns erst einmal klar ist, daß wir faktisch in Ungewißheit leben, sollten wir dies, so meine ich, auch zugeben; es ist ungemein wertvoll, sich dessen bewußt zu werden, daß wir die Antworten auf verschiedene Fragen nicht kennen. Diese Einstellung – Ungewißheit zu akzeptieren – ist für den Wissenschaftler von ausschlaggebender Bedeutung, und genau diese Sichtweise muß der Student sich als erstes aneignen. Allmählich wird sie zu einer Denkgewohnheit. Sobald man sie sich einmal erworben hat, gibt es keinen Weg mehr zurück.

Und dann passiert folgendes: Allmählich zweifelt der junge Mann alles an, denn er weiß, eine absolute Wahrheit gibt es nicht. Daher ändert seine Frage sich ein ganz klein wenig von »Gibt es einen Gott?« zu »Wie sicher ist es, daß es einen Gott gibt?« Diese ungemein feine Verschiebung ist in Wirklichkeit ein großer Schritt: Hier trennen sich die Wege von Wissenschaft und Religion. Meiner Ansicht nach kann ein wahrer Wissenschaftler nie wieder auf die gleiche Weise glauben. Zwar gibt es Wissenschaftler, die an Gott glauben, doch ich kann mir nicht vorstellen, daß sie die gleiche Vorstellung von Gott haben wie religiöse Menschen. Ich schätze, sie sagen sich in etwa folgendes: »Ich bin mir fast sicher, daß es einen Gott gibt. Eigentlich zweifle ich kaum daran.« Das ist etwas ganz anderes, als zu sagen: »Ich weiß, daß es einen Gott gibt.« Ein Wissenschaftler kann, so glaube ich, nie diesen Standpunkt einnehmen – kann nie ein wirklich religiöses Verständnis erlangen, das unerschütterliche Wissen, daß es einen Gott gibt –, jene absolute Gewißheit, die religiöse Menschen haben.

Natürlich setzt dieser Prozeß des Zweifelns nicht immer bei der Frage nach der Existenz Gottes an. Normalerweise beginnt man zuerst über bestimmte Glaubenssätze – etwa die Frage nach einem Leben nach dem Tod oder Einzelheiten der religiösen Lehre, etwa bestimmte Dinge im Leben Christi – gründlicher nachzudenken. Allerdings ist es interessanter, ohne Umschweife gleich das Kernproblem anzugehen und die zugespitztere Ansicht zu erörtern, die die Existenz Gottes bezweifelt.

Sobald die Frage nicht mehr im Bereich des Absoluten angesiedelt wird, sondern auf der Skala der Ungewißheit hin und her zu gleiten beginnt, gelangt man unter Umständen zu einer völlig anderen Einstellung. In vielen Fällen landet man bei einer Fast-Gewißheit. Andererseits könnte bei einigen die eingehende Überprüfung der Gottestheorie ihres Vaters in die Behauptung münden, daß diese nahezu mit Sicherheit falsch ist.

Der Glaube an Gott – und die Fakten der Wissenschaft

Das führt uns zu der zweiten Schwierigkeit, auf die unser Student bei dem Versuch trifft, Naturwissenschaft und Religion miteinander zu versöhnen: Warum endet dies oft damit, daß der Glaube an Gott – zumindest an den Gott der Religion – als äußerst unvernünftig und unwahrscheinlich angesehen wird? Diese Antwort hängt, meine ich, mit der Wissenschaft – den Fakten oder Bruchstücken von Fakten – zusammen, die der junge Mann lernt.

Ungemein beeindruckend ist beispielsweise die Ausdehnung des Universums, in dem wir nur ein winziges Teilchen sind, das um die Sonne wirbelt, um eine von Hunderttausenden Millionen von Sonnen in unserer Galaxie, die selber nur eine unter einer Milliarde Galaxien ist.

Und dann die enge Beziehung zwischen dem biologischen Menschen und den Tieren, zwischen den verschiedenen Lebensformen. Der Mensch ist ein Nachzügler im unermeßlichen Schauspiel der Evolution; ist denn der Rest wirklich nichts weiter als das Baugerüst für seine Erschaffung?

Und doch sind da wiederum die Atome, aus denen sich offenbar alles nach unveränderlichen Gesetzen zusammensetzt. Nichts kann sich dem entziehen: Die Sterne bestehen aus der gleichen Materie, die Tiere ebenfalls, jedoch auf derart komplizierte Weise, daß sie geheimnisvoll lebendig zu sein scheinen – wie der Mensch selber.

Ein großes Abenteuer ist es, das Universum jenseits des Menschen zu betrachten, sich vorzustellen, was es ohne den Menschen wäre – wie es während des Großteils seiner langen Geschichte war und an den meisten Orten nach wie vor ist. Ist man schließlich zu dieser objektiven Sichtweise gelangt und erkennt das Mysterium und die Majestät von Materie, und wirft man dann einen objektiven Blick zurück auf den Menschen als Materie, betrachtet Leben als Teil eines umfassenden, unergründlichen Geheimnisses, dann ist dies eine Erfahrung, die kaum in Worte zu fassen ist. Normalerweise mündet sie in Lachen, in Entzücken angesichts der Vergeblichkeit jeglichen Versuchs, das alles zu verstehen. Solch eine wissenschaftliche Sichtweise weckt Ehrfurcht vor dem Mysterium, ausgesetzt am Abgrund der Ungewißheit, doch so tief und so beeindruckend ist dies, daß die Theorie, all das sei lediglich als Bühne für Gott konstruiert, damit er den Menschen in seinem Kampf zwischen Gut oder Böse beobachten kann, wahrhaft unzulänglich scheint.

Wir wollen daher einmal annehmen, genau dies sei bei unserem Studenten der Fall, und diese Überzeugung vertiefe sich, so daß er schließlich glaubt, ein persönliches Gebet beispielsweise werde nicht erhört. (Ich versuche nicht, die Realität Gottes zu widerlegen; ich will Ihnen lediglich einen Eindruck von den Gründen – oder Mitgefühl dafür – vermitteln, warum viele zu der Ansicht gelangen, Gebete seien ohne jegliche Bedeutung.) In der Folge dieses Zweifels wendet sich das allgemeine Zweifeln natürlich als nächstes gegen ethische Probleme. Denn in der Religion, die er gelernt hat, waren moralische Fragen mit dem Wort Gottes verknüpft, und wenn Gott nicht existiert, was ist dann mit seinem Wort? Doch ich glaube – und das ist einigermaßen überraschend –, letztlich übersteht die moralische Einstellung diesen Prozeß relativ unbeschadet; anfangs wird der Student vielleicht zu dem Schluß kommen, ein paar Kleinigkeiten seien falsch, häufig aber ändert er seine Meinung später wieder, und seine Moral bleibt im wesentlichen nach wie vor die gleiche.

In gewisser Weise sind diese Vorstellungen offenbar unabhängig. Es ist letzlich möglich, an der Göttlichkeit Christi zu zweifeln und dennoch überzeugt zu sein, es sei gut, sich seinem Nächsten gegenüber so zu verhalten, wie man dies auch von ihm erwartet. Es ist möglich, beide Standpunkte gleichzeitig einzunehmen; und ich hoffe, Sie kommen zu dem Schluß, daß meine atheistischen Wissenschaftskollegen sich in Gesellschaft meist recht anständig aufführen.

Kommunismus und wissenschaftliche Weltsicht

Ganz nebenbei möchte ich bemerken – da der Begriff »Atheismus« so eng mit dem des »Kommunismus« verknüpft ist –, daß die kommunistische Weltsicht die Antithese der wissenschaftlichen ist, insofern, als im Kommunismus die Antworten auf alle Fragen – politische wie auch moralische – ohne jegliche Diskussion, ohne jeglichen Zweifel feststehen. Der wissenschaftliche Standpunkt ist das genaue Gegenteil davon – alles muß bezweifelt und erörtert werden; wir müssen alles ausdiskutieren – Dinge beobachten, sie überprüfen und entsprechend verändern. Die demokratische Regierungsform kommt dieser Idee viel näher, denn in ihr gibt es Diskussionen sowie die Möglichkeit einer Veränderung. Man läßt das Schiff nicht in einer bestimmten, festgelegten Richtung vom Stapel. Es ist wahr, unter einer Tyrannei der Ideen, wenn man genau weiß, was wahr zu sein hat, handelt man sehr entschlossen und zielstrebig, und alles sieht – eine Zeitlang – gut aus. Doch bald steuert das Schiff in die falsche Richtung, und niemand kann sie jetzt noch ändern. Daher stehen die Ungewißheiten des Lebens in einer Demokratie, finde ich, weit eher mit der Wissenschaft in Einklang.

Obwohl die Wissenschaft auf viele religiöse Vorstellungen einen gewissen Einfluß ausübt, wirkt sie sich nicht auf die moralische Einstellung aus. Religion hat vielerlei Aspekte; sie gibt Antworten auf alle möglichen Fragen. Zunächst beantwortet sie beispielsweise Fragen danach, was die Dinge sind, woher sie kommen, was es mit dem Menschen auf sich hat, was Gott ist – Gottes Eigenschaften und so weiter. Lassen Sie mich dies als den metaphysischen Aspekt von Religion bezeichnen. Sie sagt uns jedoch noch etwas anderes – wie wir uns verhalten sollen. Wir wollen einmal außer acht lassen, wie man sich bei bestimmten Zeremonien verhalten, an welche Rituale man sich halten muß; ich spreche davon, wie man sich, will man moralisch handeln, im Leben ganz allgemein verhalten soll. Die Religion gibt Antworten auf moralische Fragen; sie gibt uns einen moralischen und ethischen Kodex an die Hand. Dies will ich den ethischen Aspekt von Religion nennen.

Nun wissen wir allerdings – selbst wenn moralische Werte allgemein anerkannt sind –, die Menschen sind schwach, sehr schwach; man muß sie an die moralischen Werte erinnern, damit sie in der Lage sind, ihrem Gewissen zu folgen. Es genügt einfach nicht zu wissen, was richtig ist; man muß auch die nötige Willensstärke aufbringen, um das, was man als richtig erkannt hat, auch zu tun. Und es ist notwendig, daß die Religion Stärke und Trost spendet, zudem einen Ansporn gibt, diesen moralischen Überzeugungen gemäß zu handeln. Das ist der inspirative Aspekt von Religion. Sie motiviert den Menschen nicht nur, moralisch zu handeln – sie inspiriert auch die Künste, regt zu großen Gedanken und Taten an.

Zusammenhänge

Diese drei Aspekte von Religion sind eng miteinander verknüpft, und man ist – angesicht dieses Ineinandergreifens von Ideen – allgemein der Ansicht, einen charakteristischen Wesenszug des Systems anzugreifen bedeute, das Ganze in Frage zu stellen. Die drei Aspekte sind mehr oder weniger auf folgende Weise miteinander verbunden: Der moralische Aspekt, der ethische Kodex, ist das Wort Gottes – das führt uns zu einer metaphysischen Fragestellung. Dann kommt die Inspiration ins Spiel, denn man handelt gemäß dem Willen Gottes; man ist für Gott; ja, teilweise fühlt man sich eins mit Gott. Das ist großartig – stellt es doch das Verhalten eines Menschen in einen Zusammenhang mit dem Universum als Ganzem.

Diese drei Dinge hängen also sehr eng zusammen. Die Schwierigkeit ist nur, daß die Wissenschaft gelegentlich in Konflikt mit der ersten der drei Kategorien – dem metaphysischen Aspekt von Religion – gerät. Beispielsweise entbrannte in der Vergangenheit ein Streit darüber, ob die Erde der Mittelpunkt des Alls sei – ob die Erde sich um die Sonne drehe oder stillstehe. Die Folge war ein schrecklicher Zwist, der letztlich jedoch beigelegt wurde – indem in diesem speziellen Fall die Kirche einen Rückzieher machte. In jüngerer Zeit kam es zu heftigen Auseinandersetzungen über die Frage, ob der Mensch vom Tier abstamme.

Oft werden in solchen Situationen bestimmte religiös-metaphysische Ansichten zurückgenommen, dennoch bricht die Religion nicht in sich zusammen. Darüber hinaus kommt es anscheinend zu keinem merklichen oder gar grundlegenden Wandel der moralischen Einstellung.

Schließlich und endlich dreht sich die Erde tatsächlich um die Sonne – ist es nicht das Beste, auch die andere Wange hinzuhalten? Was bedeutet es schon, ob die Erde stillsteht oder um die Sonne kreist? Und man kann mit neuen Konflikten dieser Art rechnen. Die Wissenschaft entwickelt sich weiter; man wird Neues entdecken, das der derzeitigen methaphysischen Theorie bestimmter Religionen widerspricht. Allerdings brechen, trotz all der früheren Rückzieher der Religion, bei bestimmten Personen echte Konflikte auf, sobald sie mehr über die Wissenschaft erfahren, andererseits aber auch besser über die Religion Bescheid wissen. Hier gibt es keine echte Versöhnung der Gegensätze, es kommt zu großen Konflikten – und doch beeinträchtigt dies die moralische Einstellung keineswegs.

Tatsache ist, im metaphysischen Bereich ist ein solcher Konflikt doppelt schwierig. Erstens können die Tatsachen in Widerspruch zueinander stehen, doch selbst wo dies nicht der Fall ist, liegen verschiedene Einstellungen zugrunde. Der Geist der Ungewißheit in der Wissenschaft ist eine geistige Haltung metaphysischen Fragen gegenüber, die sich grundlegend von der Gewißheit und der Glaubenssicherheit, wie die Religion sie fordert, unterscheidet. Hinsichtlich des metaphysischen Aspekts von Religion gibt es, so glaube ich, also tatsächlich einen Widerstreit – im Konkreten wie auch im Geistigen.

Meiner Ansicht nach kann Religion unmöglich ein System metaphysischer Ideen entwickeln, bei denen absolut sicher ist, daß sie nicht irgendwann in Konflikt mit der stets fortschreitenden, stets sich verändernden Wissenschaft, die ins Unbekannte vordringt, geraten. Wir wissen nicht, wie wir die Fragen beantworten sollen; es ist unmöglich, Lösungen zu liefern, die sich nicht eines Tages als falsch erweisen. Zu diesen Schwierigkeiten kommt es, weil beide, Wissenschaft und Religion, Fragen in ein und demselben Bereich beantworten wollen.

Wissenschaft und Ethik

Allerdings glaube ich nicht, daß es hinsichtlich des ethischen Aspekts je zu einem ernsten Zusammenstoß mit der Wissenschaft kommen wird, denn meiner Überzeugung nach liegen moralische Fragen außerhalb des Zuständigkeitsbereichs der Wissenschaft.

Ich führe drei, vier Argumente an, um Ihnen zu zeigen, warum dies meines Erachtens so ist. Erstens gab es in der Vergangenheit immer wieder einen Zusammenprall der wissenschaftlichen und der religiösen Einstellung – dennoch sind die alten moralischen Ansichten nicht untergangen, haben sich nicht einmal verändert.

Zweitens gibt es gute Menschen, die die christliche Ethik leben, aber nicht an die Göttlichkeit Christi glauben. Sie befinden sich jedoch in keinerlei Zwiespalt.

Drittens findet man zwar gelegentlich wissenschaftliche Hinweise, die zum Teil dahingehend interpretiert werden können, daß sie einen Beweis beispielshalber für einen bestimmten Aspekt des Lebens Christi oder anderer religiös-metaphysischer Ideen darstellen, doch wie mir scheint, gibt es keinerlei wissenschaftlichen Beweis für die Goldene Regel. Irgendwie geht es da um etwas ganz anderes.

Und jetzt wollen wir mal sehen, ob ich es hinkriege, Ihnen eine kleine philosophische Erklärung zu liefern, warum hier ein Unterschied besteht – warum Wissenschaft die Grundlagen der Moral nicht beeinträchtigen kann.

Im allgemeinen nimmt ein menschliches Problem, auf das die Religion eine Antwort geben will, die Form folgender Frage an: Soll ich das tun? Sollen wir das tun? Sollte die Regierung etwas Bestimmtes tun? Um eine solche Frage zu beantworten, können wir sie zweiteilen: Erstens – was passiert, wenn ich dies und jenes tue? Und zweitens – will ich, daß dies geschieht? Was käme dabei Vorteilhaftes, Gutes heraus?

Erst einmal also eine Frage in der Form: Was passiert, wenn ich dies oder jenes tue? Tatsache ist, man kann Wissenschaft als eine Methode zur Beantwortung ausschließlich solcher Fragen, die sich in dieser Form stellen lassen – und als einen auf diese Weise geschaffenen Wissensfundus –, definieren. Fragen der Art: Was geschieht, wenn ich das tue? Die Antwort lautet im wesentlichen: Probier es aus und beobachte, was passiert. Später faßt man eine Menge Informationen zusammen, die man aus derlei Erfahrungen gewonnen hat. Jeder Wissenschaftler wird beipflichten, daß eine Frage – jede Frage philosophischer oder anderer Art –, die nicht so formuliert werden kann, daß sie sich experimentell testen läßt (oder, einfacher, die nicht so ausgedrückt werden kann: Was passiert, wenn ich das tue?), keine wissenschaftliche Frage ist; sie fällt nicht in den Zuständigkeitsbereich der Wissenschaft.

Ich behaupte nun folgendes: Ob Sie wollen, daß etwas Bestimmtes geschieht oder nicht – wie Sie die Folge Ihres Tuns bewerten und wie Sie diesen Wert beurteilen (das ist die Kehrseite der Frage Soll ich das tun?), kann nicht in den Zuständigkeitsbereich der Wissenschaft fallen, da eine solche Frage nicht allein dadurch beantwortet werden kann, daß man weiß, was geschehen wird. Sie müssen nach wie vor *beurteilen,* was geschieht – unter moralischen Gesichtspunkten. Aus diesem theoretischen Grund, so glaube ich, besteht völliger Einklang zwischen der moralischen Einstellung – oder dem ethischen Aspekt von Religion – und wissenschaftlicher Information.

Wenden wir uns dem dritten Aspekt von Religion – der Inspiration – zu, dann führt mich dies zu der Schlüsselfrage, die ich meinem imaginären Forum vorlegen will. Die Quelle jeglicher Inspiration – die Quelle von Stärke und Trost – ist heute in jeder Religion sehr eng mit dem metaphysischen Aspekt verknüpft. Das bedeutet: Die Inspiration rührt daraus, für Gott zu wirken, sich seinem Willen zu unterwerfen, sich mit Gott eins zu fühlen. Gefühlsmäßige Bindungen an den moralischen Kodex – die darauf beruhen –, schwächen sich jedoch beträchtlich ab, sobald ein Zweifel, und sei es ein noch so geringer, an der Existenz Gottes aufkommt; ist der Glaube an Gott von Ungewißheit angekränkelt, versagt diese spezielle Methode, sich motivieren zu lassen.

Die Antwort auf diese zentrale Frage: Wie kann man den wahren Wert von Religion als einer Quelle von Kraft und Mut für die meisten Menschen aufrechterhalten, ohne gleichzeitig einen bedingungslosen Glauben an die metaphysischen Aspekte zu fordern?, weiß ich nicht.

Die beiden großen Vermächtnisse der abendländischen Kultur

Die westliche Zivilisation gründet sich, so scheint mir, auf zwei große Vermächtnisse. Das eine ist die wissenschaftliche Lust auf Abenteuer – auf das Abenteuer ins Unbekannte hinein, in ein Unbekanntes, das man als solches erkennen und anerkennen muß, um es erforschen zu können; die Forderung, daß die unbeantwortbaren Geheimnisse des Universums unbeantwortet bleiben; die Einstellung, daß alles ungewiß ist. Zusammengefaßt: die Demut des Intellekts. Das andere große Erbe ist die christliche Ethik – daß alles menschliche Tun und Handeln auf Liebe, Brüderlichkeit, dem Wert des einzelnen beruht: die Demut des Geistes.

Die beiden Vermächtnisse stehen logisch in vollkommenem Einklang miteinander. Doch Logik ist nicht alles: Das Herz muß ebenfalls beteiligt sein, will man einer Idee gemäß leben. Wenn die Menschen sich erneut der Religion zuwenden, zu was genau kehren sie dann zurück? Ist die heutige Kirche der geeignete Ort, um einem Menschen, der an Gott zweifelt – mehr noch: der nicht an Gott glaubt –, Trost zu spenden? Ist die heutige Kirche ein Ort, um dem Trost und Mut zu spenden, der am Wert solchen Zweifelns festhält? Haben wir nicht bislang Stärke und Trost daraus geschöpft, daß wir das eine oder das andere dieser beiden im Einklang stehenden Vermächtnisse auf eine Weise bewahrten, die sich gegen die Werte des anderen richtete? Wo sollen wir die Inspiration finden, um diese beiden Säulen der abendländischen Kultur zu stützen, damit sie gemeinsam, nebeneinander in voller Kraft dastehen, ohne einander zu fürchten? Ist das nicht das Kernproblem unserer Zeit?

Das stelle ich zur Diskussion.

Quellennachweis

»Vom Vergnügen, etwas herauszufinden« ist die Transkription eines Interviews, das Feynman für ein Fernsehprogramm von BBC 2 mit dem Titel *Horizon: Vom Vergnügen, etwas herauszufinden* gab; der Abdruck erfolgt mit freundlicher Genehmigung des Produzenten Christopher Syckes sowie Carl Feynmans und Michelle Feynmans.

»Die Computer der Zukunft« wurde ursprünglich 1985 als Nishina Memorial-Vorlesung veröffentlicht und wird hier mit freundlicher Genehmigung Professor K. Nishijimas als Vertreter der Nishina Memorial Foundation nochmals abgedruckt.

»Los Alamos aus der Froschperspektive« wurde erstmals vom California Institute of Technology in der Zeitschrift *Engineering and Science* publiziert; wir danken für die Erlaubnis zum Wiederabdruck.

»Die Bedeutung der Wissenschaftskultur für die Gesellschaft – Anspruch und Wirklichkeit« wurde mit freundlicher Genehmigung der Società Italiana di Fisica wiederabgedruckt.

»Da unten ist jede Menge Platz« erschien ursprünglich unter der Ägide des California Institute of Technology in der Zeitschrift *Engineering and Science;* der Abdruck erfolgt mit dessen Genehmigigung.

Bei »Was ist Wissenschaft?« handelt es sich um einen genehmigten Nachdruck aus *The Physics Teacher,* Vol. 9, pp. 313–320; Copyright © 1969 American Association of Physics Teachers.

Der Nachdruck von »Der klügste Mensch der Welt« erfolgte mit freundlicher Genehmigung von OMNI, © Omni Publications International, Ltd.

»Cargo-Kult-Wissenschaft: Einige Bemerkungen zu Wissenschaft, Pseudowissenschaft und wie man lernt, sich selber nichts vorzumachen«
wurde ursprünglich vom California Institute of Technology in der Zeitschrift *Engineering and Science* veröffentlicht. Der Nachdruck erfolgt mit
freundlicher Genehmigung.

»Wissenschaft und Religion« wurde erstmals vom California Institute of
Technology ebenfalls in der Zeitschrift *Engineering and Science* publiziert
und ist hier mit dessen Genehmigung wiederabgedruckt.

Register

PIPER

John und Mary Gribbin
Richard Feynman

Die Biographie eines Genies. Aus dem Amerikanischen
von Thorsten Schmidt. 416 Seiten mit 30 Abbildungen. Geb.

Er war genialer Physiker, knackte Safes, fand die Ursache für die
Challenger-Katastrophe und spielte für sein Leben gern Bongo-
Trommeln. Das exemplarische Leben des Nobelpreisträgers – tem-
peramentvoll erzählt von John und Mary Gribbin.
Richard Feynman war der beliebteste Naturwissenschaftler unserer
Zeit und schon zu Lebzeiten eine Legende. John und Mary Gribbin
haben in ihrer Biographie zum erstenmal Feynmans schillernde Per-
sönlichkeit mit seinen genialen wissenschaftlichen Entdeckungen
verbunden. Feynman war unter allen Naturwissenschaftlern unserer
Zeit derjenige, der das beste »Gespür« für die Wissenschaft hatte,
der die Physik nicht auf eine Folge von Gleichungen reduzierte, vielmehr die Intuition besaß, um den Kern der Sache zu »schauen«.
Er ging auch an die Physik ganz menschlich heran; Humor, Respektlosigkeit und den Hang zum Abenteuer legte er auch als Physiker
nie ab. Deshalb konnte er Physik auch so gut erklären.

PIPER

David L. Goodstein/Judith R. Goodstein
Feynmans verschollene Vorlesung

Die Bewegung der Planeten um die Sonne. Aus dem Amerikanischen von Anita Ehlers. 233 Seiten. Geb.

Der Superstar der Physik und ein wundervolles Thema: Warum bewegen sich die Planeten in Ellipsen um die Sonne und nicht in Kreisen? Dies erklärt Richard Feynman auf genial einfache Weise.

Was Kepler gefunden und Newton vor 300 Jahren bewiesen und womit er eine wissenschaftliche Revolution ausgelöst hatte, das beweist Feynman nochmals mit den einfachen Mitteln der Geometrie – und damit für jeden verständlich. Die Planeten bewegen sich nicht in Kreisen, sondern in Ellipsen. Die Vorlesung galt lange Jahre als verschollen. Die Archivarin Judith Goodstein fand die Tonbandaufnahme im CalTech-Archiv. Ihr Mann, ein Feynman-Schüler, und sie haben die Vorlesung rekonstruiert und kommentiert. Neben diesem Text enthält das Buch ein Kapitel zur Geschichte des heliozentrischen Weltbildes und vor allem eine einfühlsame Kurz-Biographie Richard Feynmans.

PIPER

Richard P. Feynman

Was soll das alles?

Gedanken eines Physikers. Aus dem Amerikanischen
von Inge Leipold. 153 Seiten. Geb.

Von einem großen Wissenschaftler – und Feynman war einer der be-
deutendsten Physiker dieses Jahrhunderts – kann man immer profi-
tieren. Selbst wenn Feynman in den hier postum publizierten Texten
kaum über Physik spricht, sich vielmehr Themen zuwendet, die jeden nachdenklichen Menschen angehen, lohnt es, mit ihm zusammen zu reflektieren, seine Denkanstöße aufzunehmen. Ihn beschäftigt die Neugier des Menschen, alle Rätsel des Universums aufzu-
klären. Er wirbt um Verständnis dafür, daß wir nicht alles wissen
werden, was wir wissen wollen. Die Rolle der Kreativität in den
Wissenschaften bedenkt er ebenso wie den Wert, den Wissenschaft
erst aus ihrer Anwendung gewinnt. Und er diskutiert den Konflikt
und die Vereinbarkeit von Religion und Wissenschaft, Krieg und
Frieden, das Mißtrauen gegenüber Politikern. Über all dies und
mehr denkt Feynman nach – mit viel gesundem Menschenverstand
und der Weisheit eines genialen Wissenschaftlers.

PIPER

Richard P. Feynman
QED

Die seltsame Theorie des Lichts und der Materie. Aus dem Amerikanischen von Siglinde Summerer und Gerda Kurz. 175 Seiten mit 93 Abbildungen. Serie Piper 1562

Der amerikanische Physiker Richard P. Feynman galt als einer der größten theoretischen Physiker dieses Jahrhunderts. Für seine Beiträge zur Theorie der Quantenelektrodynamik erhielt er 1965 (mit zwei Kollegen) den Nobelpreis für Physik. Mit dieser Quantenelektrodynamik – kurz: QED – befaßt sich dieses Buch, in dem er erklärt: »Mein Hauptanliegen ist, die seltsame Theorie des Lichts und der Materie, oder richtiger die Wechselwirkung zwischen Licht und Elektronen, so genau wie möglich zu beschreiben.«
Der Leser wird Feynmans lebendige und unterhaltsame Art der Darstellung genießen, wenn ihm der berühmte Physiker und begabte Lehrer eine der maßgeblichen physikalischen Theorien dieses Jahrhunderts erklärt.

»Feynmans Talent, komplexe Vorgänge einfach und packend darzustellen, zeigt sich auch in diesem Buch auf anschauliche und äußerst vergnügliche Weise.«
Österreichischer Rundfunk

Richard P. Feynman
Vom Wesen physikalischer Gesetze

Vorwort zur deutschen Ausgabe von Rudolf Mößbauer. 216 Seiten
mit 33 Abbildungen. Serie Piper 1748

Auch in diesem Buch erweist sich der geniale Physiker Richard P.
Feynman als großer Lehrer, der naturwissenschaftliche Zusammen-
hänge verständlich und unterhaltsam darzustellen vermag. Hier er-
fährt man, was physikalische Gesetze sind und welche allgemeinen
Wesensmerkmale diesen zugrundeliegen. »Unsere Epoche ist das
Zeitalter der Entdeckung der fundamentalen Naturgesetze – eine
aufregende, eine wunderbare Zeit, die aber nicht wiederkehren
wird.« In diesem Buch können die Leser teilhaben an Feynmans
Entdeckerfreude. In seinem Vorwort schreibt Rudolf Mößbauer
über Feynman: »Seine Vorträge boten ein sprühendes Feuerwerk
von Gedanken und Ideen, das seine Zuhörer intellektuell anregen
und zu Begeisterungsstürmen hinreißen konnte.«

PIPER

Richard P. Feynman
»Sie belieben wohl zu scherzen, Mr. Feynman!«

Abenteuer eines neugierigen Physikers. Gesammelt von Ralph
Leighton. Herausgegeben von Edward Hutchings. Vorwort zur
deutschen Ausgabe von Harald Fritzsch. Aus dem Amerikanischen
von Hans-Joachim Metzger. 463 Seiten. Serie Piper 1347

Der amerikanische Physiker und Nobelpreisträger galt und gilt
unter seinen Kollegen als einer der größten Theoretiker dieses Jahrhunderts und als ein Mann, der für jede Überraschung gut war. Sein
Buch wurde in den USA zum Bestseller, es löste Kontroversen aus
und wurde manchem zum Ärgernis.

»Wer Dick Feynmans Memoiren nicht gelesen hat, weil sie bisher
nur in der amerikanischen Originalausgabe verfügbar waren, hat seit
dem Erscheinen der deutschen Übersetzung keine Ausrede mehr.
Das Buch, das in den USA monatelang auf der Bestsellerliste stand
und zu einem richtigen Klassiker geworden ist, braucht auch keine
Empfehlung. Es muß nur davor gewarnt werden, es ins Büro mit-
zunehmen: Sonst braucht man eine Ausrede, warum man an jenem
Tag völlig arbeitsunfähig war und hinter geschlossener Türe pausen-
los lachte und lachte.«
Neue Zürcher Zeitung

PIPER

Ian Robertson
Das Universum in uns

Wie wir das ungenutzte Potential des Gehirns ausschöpfen können.
350 Seiten. Geb.

»Lauschen Sie! Hören Sie ein Flugzeug, das über Ihnen fliegt? Das
Bellen eines Hundes? Das Zwitschern von Vögeln? Während Sie
sich ganz auf das konzentrieren, was Sie hören, schicken Sie einen
elektrischen Spannungsstoß durch Millionen von Neuronen in ihrem
Gehirn. Dadurch verändern Sie es.« So beginnt Ian Robertsons
spannendes und leicht verständliches Buch. Der Autor, Psychologe
und Hirnforscher, erklärt und begründet die inzwischen vielfach
belegte Theorie von der Plastizität des Gehirns. Er zeigt, wie unser
Gehirn durch unsere Alltagserfahrungen, etwa durch Liebe, Streß,
Lesen, Lernen, Gespräche, Musizieren, modelliert wird. Mit vielen
Beispielen kann er verdeutlichen, wie Menschen das Potential ihres
Gehirns besser ausschöpfen können. Durch ständiges Lernen näm-
lich, also durch Gehirntraining, gestalten wir das Gehirn von der
Kindheit bis ins hohe Alter. Mit seinem Buch vermittelt Ian
Robertson vor allem auch Hoffnung. Denn das Potential des Gehirn
ist auch im Alter noch unerschöpflich.